U0219778

教育部高职高专制浆造纸技术专业教学指导分委员会规划教材

制浆造纸检验技术

（第三版）

郭　纬　林润惠　主　编

中国轻工业出版社

图书在版编目（CIP）数据

制浆造纸检验技术/郭纬，林润惠主编 . —3 版 . —北京：中国轻工业出版社，2024. 8

教育部高职高专制浆造纸技术专业教学指导分委员会规划教材

ISBN 978-7-5184-2333-0

Ⅰ.①制…　Ⅱ.①郭…②林…　Ⅲ.①制浆—检验—高等职业教育—教材②造纸—检验—高等职业教育—教材　Ⅳ.①TS7

中国版本图书馆 CIP 数据核字（2018）第 289220 号

责任编辑：林　媛

策划编辑：林　媛　　责任终审：滕炎福　　封面设计：锋尚设计
版式设计：王超男　　责任校对：晋　洁　　责任监印：张　可

出版发行：中国轻工业出版社（北京鲁谷东街 5 号，邮编：100040）
印　　刷：河北鑫兆源印刷有限公司
经　　销：各地新华书店
版　　次：2024 年 8 月第 3 版第 4 次印刷
开　　本：787×1092　1/16　印张：12.75
字　　数：326 千字
书　　号：ISBN 978-7-5184-2333-0　定价：38.00 元
邮购电话：010-85119873
发行电话：010-85119832　010-85119912
网　　址：http://www.chlip.com.cn
Email：club@chlip.com.cn

前　言

《制浆造纸检验技术》（第三版）是制浆造纸专业的主干课程，是教育部高职高专制浆造纸技术专业教学指导分委员会规划教材，结合多年来的教学实践与各高职院校的教学经验以及近年来最新发展的一些分析、检验的仪器与方法，在1999年版第二次统编教材《制浆造纸分析与检验》基础上编写而成。

制浆造纸厂的分析与检验工作，是生产技术管理不可缺少的重要环节，在控制生产工艺，保证原料半成品和成品的产量、质量，进行经济核算和制定生产计划等方面都起着重要的作用。目前各厂都在抓全面质量管理，无不以分析与检验结果为主要依据。因此，各制浆造纸厂都设有分析检验机构，例如：设立厂部中心实验室、各车间化验站、成品检验室，以便对包括纤维原料、化工原料、生产过程的成品和半成品的质量、成品纸等进行分析与检验，以保证生产按质、按量正常进行，使产品能符合国家质量标准。

制浆造纸检验课程是造纸工艺专业的一门重要专业课程。学生必须了解制浆造纸厂各主要项目的测定目的和测定原理、掌握取样方法和测定方法、结果计算和数据处理。通过实验和下厂实习，学生应具有一定的实验室知识和实验室组建管理能力，熟练使用分析仪器与检验器材，准确配制和标定各种试剂，有较扎实的基本操作技能。本课程与分析化学、仪器分析等课程关系密切，学生应能熟练运用定量分析、某些仪器分析的基本原理和方法，并将之与本课程的专业分析有机地结合起来。通过工艺学课程的学习，学生应学会分析和检验生产实际过程的各参数和质量控制指标，从而为今后的实际工作打下坚实的理论与实际操作的基础。

本教材根据制浆造纸生产的全过程，从制浆造纸原料的全分析开始，到制浆生产过程的分析与检验、涂布生产过程的分析与检验、半成品的纸浆及纸板的化学检验、纸张成品检验及制浆造纸化工原料的检验而进行编写的。

第一章重点讲述了造纸纤维原料的全分析方法，第二章详述了制浆造纸生产过程的各个环节、涂布生产过程各项目的分析与检验，对一些现代的检验方法及仪器进行了介绍，第三章讲述了纸浆、纸张及纸板的化学分析方法以及仪器，第四章详细地介绍纸张检验的原理、方法及现代检验设备，第五章叙述了制浆造纸化工原料的分析与检验方法。本教材收集了大量新的检验仪器、新的分析方法，希望能满足读者的需求。

本教材由广东轻工职业技术学院郭纬教授在原有的林润惠教授主编的《制浆造纸分析与检验》基础上重新编写的，由郭纬、林润惠担任主编。

本教材在编写的过程中参阅了大量有关造纸行业出版的刊物，参阅了瑞典L&W公司，德国BTG公司及德国BASF公司的资料，在此表示感谢。由于编者水平有限，疏漏在所难免，请读者提供宝贵意见。

本教材为教育部全国高职高专职业教育制浆造技术专业主干课教材，按80学时左右的教学学时，包括实验室学生实验进行编写，也可以作为制浆造纸生产企业的职工或者技术人员参考用书。

编者

2018年11月

目　录

第一章　植物纤维原料的分析与检验

植物纤维原料的元素组成较简单，主要是碳、氢、氧、氮等元素。由这些元素构成植物纤维原料的化学组成主要是纤维素、半纤维素和木素。此外尚含有少量的树脂、蜡、果胶、单宁、色素及灰分等。对植物纤维原料的化学组成进行分析，对纤维形态进行检验的目的，就是帮助我们合理选择利用纤维原料和制订正确的生产工艺条件。例如知道纤维素含量，可以预测制浆得率；知道木素含量，可以测算化学药品用量；半纤维素含量的大小可以影响纸的白度与透明度；灰分过高就不适合生产电气绝缘纸，并给碱回收带来困难等。

什么时候需要对植物纤维原料进行分析？当更换不同种类原料，或同一种类原料但来自不同产地时，或即使同一产地的同种原料，其生长期可能不同，为稳定生产也必须进行植物纤维原料的分析与检验。适合造纸的原料较多，一般要求纤维素含量高，木素含量低，同时也要考虑产量丰富，收集、运输便利，不破坏生态环境，价格合理等因素。

一、试样的采取

造纸原料的化学成分，不仅因品种不同而异，即使同一品种也会因生长条件（气候、土壤等）、生长的年限以及试样采取的部位不同而有差异。表 1-1 是芦苇的化学成分分析的结果，说明造纸原料的化学成分虽是同一品种，但因产地不同及各部位的不同而有区别。

表 1-1　　芦苇的化学成分　　单位：%

苇种	咸水大苇		淡水大苇				淡水毛苇		淡水大苇
产地	盘山		江桥				东部		宝应
部位	茎	鞘	茎	鞘	穗	节	膜	鞘	茎
灰分	2.38	7.92	1.35	7.24	5.78	3.28	1.77	11.43	4.26
热水抽出物	4.78	7.77	4.40	9.07	11.99	1.27	11.10	—	4.40
1%氢氯化钠抽出物	29.52	45.05	29.29	49.74	54.55	33.70	24.30	—	35.23
乙醚抽出物	0.57	1.21	0.62	1.60	3.30	3.25	3.59	3.75	1.76
多戊糖	24.04	26.26	28.09	27.49	26.57	28.97	15.55	22.30	22.56
木素	19.12*	15.58*	17.78*	14.98*	20.83*	23.92	4.55	27.42	15.79
克贝纤维素	60.08*	47.12*	62.59	46.90*	9.22*	59.08	52.10	43.26	51.53
α-纤维素	41.91*	32.68*	45.88*	33.15*	26.67*	—	—	23.35	42.01

注：* 系除去灰分后的数值。

在磨碎样品时，还应注意粉粒大小对测定结果的影响，特别是对抽出物及纤维素测定影响更大。

表 1-2 是同一种原料细度不同所测得结果。

表 1-2　同一种原料细度不同所测得结果

单位：%

分析项目	细度	
	40~60 目	60~80 目
热水抽出物	3.65	4.25
1%氢氧化钠抽出物	12.58	13.30
灰分	0.54	0.52
乙醚抽出物	0.20	0.34
苯醇抽出物	1.15	2.15
木素	31.32	31.15
纤维素	56.23	55.18

从表 1-2 可看出，两种不同细度的试样，除木素含量近似外，其他项目皆有差别。此外粉粒细度还会影响到试样与化学试剂间的作用，过粗则由于试剂不能进入粉粒内部，引起作用不完全；过细则导致对组分破坏过甚，得不到正确结果，过细有时还会引起操作上的困难。例如，在用氯化法（克劳斯—贝文法）测定纤维素时，如试样过细就有可能造成氯化过度，部分纤维遭受破坏，从而造成过滤与洗涤的困难。

表 1-3 是采用不同细度麦草试样进行分析所得的结果。

表 1-3　　　　　　　　　　　不同细度麦草试样分析结果

单位：%

分析项目	试样细度				
	20~40 目	40~60 目	60~80 目	80~100 目	平均值
苯醇抽出物	3.56	3.76	4.17	4.44	3.97
纤维素	43.28	42.56	42.92	43.36	43.11
多戊糖	25.66	25.91	25.78	26.00	25.54
木素	19.17	15.86	17.42	16.80	15.06

从表 1-3 可看出非木材原料以采用 40~60 目细度为宜，因为结果较接近平均值。木材原料也大都采用 40~60 目细度（试样粉粒 0.5~1.0mm）。

总之，要使分析结果准确可靠，应按照规定方法采取试样，并将其磨成一定细度以供分析用。

（一）　木材原料试样的采取

采取同一产地、同一树种的原木 3~4 棵，标明原木的树种、树龄、产地、砍伐年月、外观品级。用剥皮刀将所取得的原木表皮全部剥尽。

在每棵原木梢部、腰部、底部，各锯 2~3cm 的原木，风干后，切成小薄片，充分混合，按四分法（参见第五章）取得均匀样品约 500g，然后置入粉碎机中磨至全部能通过 40 目筛，过筛，截取能通过 40 目筛但不能通过 60 目筛的部分细末，风干，贮于具有磨砂玻塞的广口瓶中，留供分析用，贴上标签。

（二）　非木材原料试样的采取

1. 无髓的草类原料

取能代表预备进行蒸煮的原料如稻草、麦秆、芦苇等约 500g，记录其草种、产地、采集年月、贮存年月、品质情况及清洁程度等。用切草刀切去原料的根及穗部。

将已去根及穗的原料全部切碎。风干后，置入粉碎机中磨碎至成为能全部通过 40 目筛的细末。过筛，截取能通过 40 目筛，但不能通过 60 目筛的部分细末，贮于具有磨砂玻塞的广口瓶中，贴上标签。

2. 有髓的草类原料

将已去根及穗的风干试样，送入粉碎机中，粉碎至通过 40 目筛，放入瓶中，振荡使分为皮及髓二层，然后将皮及髓分别称量，按比例取样。如混有铁屑，可用磁铁吸除。

二、水分、灰分的测定

（一）水分的测定

植物纤维原料中都含有水分，在测定纤维原料其他化学成分时，必须首先测定水分，然后才能计算出绝干试样中其他化学成分的相对含量。

测定方法是根据试样在（105±3）℃烘干至质量恒定所失去的质量而求得的。

测定方法

精确称取 3~5g（称准至 0.0001g）粉碎试样，于洁净的已烘干至质量恒定的扁形称量瓶中，置于烘箱，于（105±3）℃烘干 4h。将称量瓶移入干燥器中，冷却 0.5h 后称量。再移入烘箱，继续烘干 1h，冷却称量。如此重复，直至质量恒定为止。

水分含量 $w_水$（%），按式（1-1）计算：

$$水分含量 = \frac{试样中的水分}{试样含量} \times 100\%, \quad w_水 = \frac{m_1 - m_2}{m_1 - m} \times 100\% \tag{1-1}$$

式中　m——扁形称量瓶质量，g

　　　m_1——扁形称量瓶与试样在烘干前的质量，g

　　　m_2——扁形称量瓶与试样在烘干后的质量，g

同样进行两份测定，取其算术平均值作为测定结果，两次计算值间误差不应超过 0.20%。

（二）灰分的测定

灰分是植物纤维原料中的有机物经完全燃烧后的残留物质，主要是硅、钾、钙、镁、硫、磷的盐类。一般木材中的灰分在 0.2%~1.0% 左右，草类原料中灰分较高，一般在 3% 左右，稻草的灰分最高，有的高达 17% 左右。一般的纸张对原料中灰分高低没有特殊要求，但生产电气绝缘纸时必须除去灰分才能达到质量要求。纸浆中硅酸盐含量过高时能使纸质发脆。黑液中如果含硅量高时，会影响碱回收，使蒸发器管壁上结硅酸盐垢，影响热传导并堵塞管道。绿液中含有硅酸盐则使苛化后的白液沉淀困难。

灰分测定方法是将试样燃烧和灼烧后，称其矿物性残渣的质量。灰分不能代表样品中真正的无机盐含量，而只是一个比较数值。灼烧灰分时温度要控制在（575±25）℃。

灰分分析方法通常有：①碳酸灰法；②硫酸灰法；③添加剂灰分法。

用直接灼烧的方法测定灰分称为碳酸灰法。用浓硫酸处理样品后再灼烧的方法称为硫酸灰法。碳酸灰法的灼烧温度过高会导致碳酸盐分解及熔融灰覆盖碳质，硫酸灰法则可避免上述弊端。为防止灰分熔融成块，有时加入惰性不溶物质（如 $BaCO_3$、$CaCO_3$、MgO）或能分解成此类物质的添加物［如 $Mg(Ac)_2$］作为松化剂，称之为添加剂灰分法，采用添加法应同时做一空白试验。

测定方法

精确称取 2~3g（称准至 0.0001g）粉碎试样于预先经灼烧至质量恒定的瓷坩埚中（同时另称取试样测定水分），先在电炉或煤气灯上仔细燃烧使其炭化。然后将坩埚移入高温炉中，在不超过（575±25）℃的温度下，灼烧至灰渣中无黑色碳素并质量恒定为止。

（碳酸灰法）灰分含量 $w_{灰分}$（％），按式（1-2）计算：

$$灰分含量 = \frac{灰渣质量}{试样绝干量} \times 100\%, \quad w_{灰分} = \frac{m}{m_1 \times \frac{(100 - w_水)}{100}} \times 100\% \tag{1-2}$$

式中　m——灰渣质量，g

　　　m_1——风干试样质量，g

　　　$w_水$——试样水分，％

有些草类原料灰分含有较多二氧化硅，在灼烧时灰分易熔融成块状物，致使黑色碳素不易烧尽，此时应采取下列方法测定：

精确称取 2~3g（称准至 0.0001g）粉碎试样，置入预先经灼烧至质量恒定的瓷坩埚中（同时另称取试样测定水分）。用吸移管吸取 5mL 乙酸镁乙醇溶液［溶解 4.054g Mg（Ac）$_2$ · $4H_2O$ 于 50mL 蒸馏水中，加入 95% 化学纯乙醇稀释成 1000mL］注入其中。用铂丝仔细搅和至样品全部被湿润，洗下铂丝上所沾着的样品，微火蒸干并炭化后，移入高温炉，在不超过（575±25）℃下灼烧至灰渣中无黑色碳素并质量恒定为止。

同时做一空白试验，吸取 5mL 乙酸镁乙醇溶液于另一已知质量的瓷坩埚中，微火蒸干，移入高温炉灼烧至质量恒定。

（添加法）灰分含量 $w'_{灰分}$（％）按式（1-3）计算：

$$w'_{灰分} = \frac{m - m_2}{m_1 \times \frac{(100 - w_水)}{100}} \times 100\% \tag{1-3}$$

式中　　m_2——空白试验残渣质量，g

m、m_1、$w_水$——同式（1-2）

　　　附：灰分中二氧化硅测定方法：

将上述灼烧完的灰分（需用白金坩埚灼烧）加入 5mL 氢氟酸及 1~2 滴浓硫酸，蒸发至干，再灼烧称其质量，损失的质量即为灰分内含二氧化硅之量。

灰分中的二氧化硅含量 $w_{灰分中SiO_2}$（％），按式（1-4）计算：

$$w_{灰分中SiO_2} = \frac{加氢氟酸后第二次燃烧后损失的质量}{灰分质量} \times 100\% \tag{1-4}$$

注：在测定灰分中的二氧化硅时，加入硫酸的目的是要使硅酸释出：

$$Na_2SiO_3 + H_2SO_4 \longrightarrow Na_2SO_4 + H_2SiO_3$$

加入氢氟酸目的是使硅酸生成挥发性之氟化硅，再灼烧除去：

$$H_2SiO_3 + 4HF \longrightarrow SiF_4 + 3H_2O$$

注意事项：

①同时进行两份测定，取其算术平均值作为测定结果。数字修约至小数点后第二位。两次测定计算值间误差，木材原料不应超过 0.05%，非木材原料不应超过 0.2%。

②温度为测灰分的关键。除注意分析化学中质量分析有关注意事项外，还应注意开始炭化时温度不能过高，以免因燃烧剧烈致使样品飞溅，且加有部分集聚炭未全炭化，而硫、磷的化合物会被此种炭粒还原成游离元素而挥发损失。

灼烧温度要控制在（575±25）℃，若过高则：其中所含无机物如碱金属的氯化物和碳酸盐可能挥发；碱土金属的碳酸盐会分解；含 SiO_2 多的灰分还会结成熔块，妨碍碳质的燃烧。灼烧温度过低则有机物质不能全部烧尽。

③硫酸灰与碳酸灰的换算关系如下：碳酸灰质量=0.9×硫酸灰质量

由于灰分极易吸湿，用分析天平称量时应迅速，防止灰分吸湿。

三、抽出物的测定

在造纸植物纤维原料中，除纤维素、木素、半纤维素等主要成分外，还含有少量可用水或有机溶剂或稀碱溶液抽提出来的物质，这些物质对制浆造纸也会产生某些影响。

植物纤维原料的抽出物质不会是单纯物质，它的成分与原料种类、生长期、产地、气候条件有关，因而通常有较大的差异，单个成分的定量分离测定有很大困难，所以通常采取测定某一溶剂抽出物总量的方法。

提取是一种常用的分离物质的操作，根据被提取物为固态或液态而分为浸取或萃取。抽出物的测定属于固-液提取，又分间歇和连续两种方法。

（一）冷、热水抽出物的测定

造纸植物原料中所含有的部分无机盐类、糖、植物碱、环多醇、单宁、色素以及多糖类物质如胶、植物黏液、淀粉、果胶质、多乳糖等均能溶于水。冷、热水所抽出的物质种类大都相同，水温高时抽出量增多，故热水抽出物数量多于冷水抽出物。

水抽出物的含量与原料种类、产地、年龄、砍伐时间、贮存期有关。同一原料的不同部位含量也不同。

测定方法是用水处理试样，然后将抽提后的残渣烘干，从而确定其被抽出物的含量。

1. 冷水抽出物的测定

精确称取 2g（称准至 0.0001g）试样（同时另称取试样测定水分），移入 500mL 锥形瓶中，加入 300mL 蒸馏水，置入恒温水浴中，保持温度为（23±2）℃，加盖放置 48h，并经常摇荡。用倾泻法滤经质量恒定的 1G2 玻璃滤器过滤，用蒸馏水洗涤残渣及锥形瓶，并将瓶内残渣全部洗入滤器中，继续洗涤至洗液无色后，再多洗涤 2~3 次。吸干滤液，用蒸馏水洗净滤器外部。移入烘箱，于（105±3）℃烘干至质量恒定。

冷水抽出物 $w_{冷水抽出物}$（%）按式（1-5）计算：

$$w_{冷水抽出物}=\frac{m-m_1}{m}\times100\% \tag{1-5}$$

式中　m——抽提前试样绝干质量，g

　　　m_1——抽提后试样绝干质量，g

2. 热水抽出物的测定

精确称取约 2g（称准至 0.0001g）试样（同时另称取试样测定水分），仔细移入 300mL 锥形瓶中，加入 200mL 95~100℃热蒸馏水，装上回流冷凝管或空气冷凝管，置沸水浴中煮沸 3h，并经常摇荡。用倾泻法滤经质量恒定的 1G2 玻璃滤器。用热蒸馏水洗涤残渣及锥形瓶，并将锥形瓶内残渣全部洗入滤器中。继续洗涤至洗液无色后，再多洗涤 2~3 次。吸干滤液，用蒸馏水洗涤滤器外部，移入烘箱，于 105±3℃烘干至质量恒定。

热水抽出物含量 $w_{热水抽出物}$（%），按式（1-5）计算：

$$w_{热水抽出物}=\frac{m-m_1}{m}\times100\%$$

式中　m——抽提前试样绝干质量，g

m_1——抽提后试样绝干质量，g

冷、热水抽出物均同时进行两次测定，取其算术平均值作为测定结果。要求准确到小数点后第二位。两次测定计算值间误差不应超过 0.20%。

（二）1%NaOH 溶液抽出物的测定

1%NaOH 热溶液除能溶解冷水和热水所能溶出的物质外，还能溶出部分木素、聚戊糖、聚己糖、树脂酸及糖醛酸等。根据 1%NaOH 抽出量，在一定程度上可以说明植物纤维原料因光、热、氧化或受细菌侵蚀等作用而变质或腐朽的程度。

有实验结果表明，全朽材的 1%NaOH 抽出物为 77.13%、部分腐朽材为 46.37%、全好材料为 20.29%；全朽材为部分腐朽材的 1.7 倍，为全好材的 3.8 倍。说明原料腐朽越严重，则其 1%NaOH 溶液抽出物越多。

测定方法是用 1%NaOH 溶液对植物纤维原料样品进行热抽提，然后将残渣洗涤烘干后，根据处理前后试样的质量差，即得 1%NaOH 抽出物的含量。

应用试剂

1%NaOH 溶液——溶解 10g 化学纯 NaOH 于蒸馏水中，移入 1000mL 容量瓶中，加水稀释至其刻度，摇匀。

用移液管吸取 25mL NaOH 于 100mL 容量瓶中，加入 5mL 10%BaCl$_2$ 溶液，再加水稀释至其刻度，摇匀，静置以便沉淀下降。用干净的滤纸及漏斗过滤。吸取 50mL 滤液，注入 1 滴 0.1%甲基橙指示剂液，用 $c(HCl)=0.1mol/L$ 盐酸标准溶液滴定之。计算所配制的 NaOH 溶液浓度。

NaOH 溶液的百分含量 w_{NaOH}（%），按式（1-6）计算：

$$w_{NaOH}=\frac{c_{HCl}\times V_{HCl}\times(40/100)}{25\times(50/1000)}\times100\% \tag{1-6}$$

式中　c_{HCl}——盐酸标准溶液的实际浓度，mol/L

　　　V_{HCl}——滴定时耗用的盐酸标准溶液体积，mL

　　　40——NaOH 的摩尔质量，g/mol

如与所规定浓度不符合，则应加入水或较浓的碱，调节至所需浓度在 0.9%~1.1%为宜。

测定方法

精确称取含 1.9~2.1g（称准至 0.0001g）绝干样品的风干试样放入洁净、干燥的 300mL 锥形瓶中，准确加入 1% NaOH 溶液 100mL，装上回流冷凝器，置沸水浴中加热 1h。在加热过程中，每隔 10、15、25min 摇荡一次。等规定时间到达后，取出锥形瓶，静置片刻以便残渣沉积于瓶底，然后用倾泻法滤经质量恒定的 1G2 玻璃滤器。用温水洗涤残渣及锥形瓶数次，最后将锥形瓶中残渣全部洗入滤器中，用水洗至无碱性后，再用 50mL 乙酸溶液（1∶3）分两三次洗涤残渣。最后用冷水洗至不呈酸性反应为止（用甲基橙指示剂试验）。吸干滤液，取出滤器，用蒸馏水洗涤滤器外部，移入烘箱中，于（105±3）℃烘干至质量恒定。

1% NaOH 抽出物含量 $w_{NaOH抽出物}$（%），按式（1-5）计算：

$$w_{NaOH抽出物}=\frac{m-m_1}{m}\times100\%$$

式中　m——抽提前试样绝干质量，g

　　　m_1——抽提后试样绝干质量，g

同时进行两次测定，取其算术平均值作为测定结果。要求准确到小数点后第二位。两次测定计算值间误差不应超过 0.40%。

（三）　苯–乙醇抽出物的测定

在所有植物组织中，除含碳水化合物及芳香族性质的化合物这些主要成分外，还存在有少量成分的脂肪、蜡及树脂。通常对这些少量成分不单独测定每一成分的含量，因为测定这些成分有的操作手续麻烦、费时间，有些成分到现在为止尚无很好的分析方法或对生产指导意义不大。故一般用某有机溶剂抽出物来综合表示这些少量成分。常用的有机溶剂有乙醚、苯、乙醇、苯–醇混合液、二氯甲烷、二氯乙烷、石油醚、四氯化碳、三氯甲烷、丙酮等。能被有机溶剂抽提出来的物质种类很多，例如脂肪、脂肪酸、树脂、树脂酸、植物甾醇、萜烯、酚类化合物、蜡、可溶性单宁、香精油、色素以及不挥发碳氢化合物等。

有机溶剂抽出物量的多寡，可以反映出原料中所含脂肪、蜡、树脂所引起的树脂障碍。此外，有机溶剂抽提物的存在徒耗蒸煮药液，影响纸浆颜色。而对林产化工来说，某些抽提物却是珍贵的化工原料，大型蒸煮器均回收抽提物，并作为造纸副产品出售。

苯溶解树脂、蜡、脂肪及香精油的能力甚大，但由于苯不溶于水，对含水分试样的渗透性较差，因此对树脂的溶解能力不如乙醚。

乙醇对树脂的溶解能力与乙醚及苯相差不大，同时还能溶出单宁、色素、部分碳水化合物和微量的木素。但它对脂肪和蜡的溶解能力甚小。

苯–乙醇混合液，抽出树脂的能力甚强、对试样的渗透性较苯单独作溶剂好，同时除能溶解乙醇能溶的物质外，还可以抽出原料中乙醚不溶物如可溶性单宁及色素等。此外，这两种试剂价格低廉，易于购买，因此多采用苯–乙醇作为溶剂测定其抽出物。苯–乙醇溶液的混合比例通常采用33 份乙醇与 67 份苯混合使用，按此体积比例混合后的溶剂为恒沸点溶剂，在抽提时其组成与沸点不会变化。

测定方法是用苯–乙醇混合液抽提试样，然后将抽出液蒸发、烘干。称量不挥发的残渣质量。

测定原理是基于固–液提取，即用有机溶剂在一定的加热温度下浸渍固体样品，为提高效率，多采用连续抽提方法，将其能溶于有机溶剂的成分抽提出来。抽出物的含量可用两种方法测定，一是将溶剂蒸发后直接称量其残渣质量，二是称量抽提并干燥后的试样，损失的质量即为有机溶剂抽出物的质量。两种方法比较，前一种方法较为准确。后一种方法则由于纤维所吸附的有机溶剂不易驱除，会造成测定结果偏低，故较少采用。

目前固–液连续抽提多在索氏抽提器中进行。该仪器由冷凝管、抽提头和烧瓶三者通过磨砂接口套接组成（见图1-1）。有不同大小规格，一般可选用烧瓶容积为 250mL。仪器常与恒温水浴锅配合使用。仪器的优点是被抽提的固体物质用预抽提过的滤纸卷成筒状放入抽提头中，通过溶剂回流和虹吸，使固体物质不断（每次）为新鲜纯净的溶剂提取，效率高且又节省溶剂。但不适用于受热易分解和高沸点溶剂。

测定方法

精确称取 2~3g（称准至 0.0001g）试样（同时另称取试样

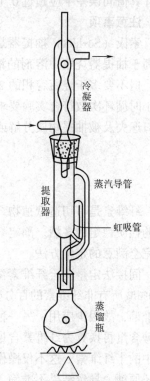

冷凝器

蒸汽导管

提取器

虹吸管

蒸馏瓶

图1-1　索氏抽提器装置图

测水分），用预先经苯-醇混合液抽提的滤纸包好，用线扎住（不可包得太紧，但也应防止过松，以免漏出）。置入索氏抽提器中样品顶部低于仪器溢流管最高点，加入苯-醇混合液至超过其溢流水平，装上冷凝器。将仪器放在水浴上加热，加热程度以保持底瓶中苯-醇混合液剧烈沸腾，抽提液每小时循环不少于 4 次，如此抽提 6h。抽提完毕后，提起冷凝器，用夹子小心地从抽提器中取出包有试样的纸包，然后将冷凝器重新和抽提器连接起，回收一部分溶剂，直至底瓶中仅剩有少量苯-醇混合液为止。

取下底瓶，将其内容物移入已烘干至质量恒定的扁形称量瓶中，并用苯-醇混合液清洗底瓶 3~4 次，每次用极少量混合液，洗液亦应倾入称量瓶中，将称量瓶置水浴上，小心地加热以蒸去多余的溶剂。最后擦净称量瓶外部置入烘箱，于（105±3）℃烘干至质量恒定。

苯-乙醇抽出物含量 $w_{苯-乙醇抽出物}$（%），按式（1-7）计算：

$$w_{苯-乙醇抽出物} = \frac{m_1 - m}{m_2 \times \frac{(100 - w_水)}{100}} \times 100\% \tag{1-7}$$

式中　m——扁形称量瓶质量，g

　　　m_1——扁形称量瓶连同已烘干残余物质量，g

　　　m_2——风干试样质量，g

　　　$w_水$——试样水分，%

注：抽提完毕，如发现抽出物中有滤纸毛或其他固形物，则应通过滤纸将抽出液滤入称量瓶中，再用少量苯-醇混合液分次漂洗底瓶及滤纸。

同时进行两次测定，取其算术平均值作为测定结果。要求准确到小数点后第二位。两次测定计算值间误差不应超过 0.10%。

注意事项

索氏（Soxhlet）抽提器是对固体物质进行连续抽提的常用装置。抽提时要求水浴锅水面要略高于抽提器烧瓶中溶剂的液面。水浴也应经常补加水。使用时应注意溶剂量要超过溢流水平，但不要多于烧瓶容积的 2/3；一般不用猛火直接加热，多用水、油浴加热，加热温度应使每小时循环次数符合实验要求并使溶剂保持沸腾状态。如果加热温度过高，会造成溶剂从冷凝管口逸失及被抽提物质分解或挥发损失，还可能引起爆沸。

四、纤维素的测定

纤维素是一切造纸植物纤维原料细胞壁的主要组分。它是一种不溶于冷水、热水和有机溶剂的性质稳定的多糖。测定纤维素的方法很多，主要有间接和直接两类。但迄今为止，尚无令人完全满意的定量方法。

间接法定量测定纤维素法又可分为两种。一种为测定原料中非纤维素的各成分，最后以 100% 减所有非纤维素的百分数之总和，得纤维素的含量。此法不仅操作复杂，而且结果也极不准确，故很少应用。另一种间接法，是用强酸水解纤维素，使其成为还原糖，根据测得的还原糖含量再换算为纤维素含量。此法在强酸水解前，必须先用稀酸及碱处理，以便除去原料样品中的半纤维素，这不仅操作繁杂、费时间，同时由于样品中非纤维素成分亦可水解，生成部分还原糖，导致结果不准确，因此很少采用。

直接法测定纤维素含量的原理是基于利用化学试剂处理试样，使样品中的纤维素与其非纤维素的杂质如木素、半纤维素、有机溶剂抽出物等分离，最后测定纤维素的量。由于此法较简便准确，并与制浆方法基本一致，对生产实际有一定指导意义，故被广泛采用。在直接法中，按使用试剂不同可分为氯化法、硝酸法、乙醇胺法、二氧化氯法和过醋酸法等。不同方法测得结果亦有差异。这些方法中，最常用的是氯化法和硝酸法。

（一）　氯化法

氯化法是 20 世纪末由克劳斯和贝文最早提出来的，在他们工作的基础上又经过许多研究工作者的修改逐渐完善为现在的测定纤维素的方法，由氯化法测得的纤维素通称为克劳斯-贝文纤维素，简称克贝纤维素。

氯化法的作用原理是基于使用潮湿的氯气（或氯水）处理原料样品，使样品中的木素氯化，然后将所生成的氯化木素的木素氯化物溶解于乙醇、碱液或热的亚硫酸钠水溶液中。交替地用潮湿的氯气（或氯水）和亚硫酸钠水溶液处理原料样品，使样品中的木素尽可能脱除。针叶树和阔叶树的氯化木素在亚硫酸钠溶液中分别呈红色和深棕色，禾草类氯化木素在亚硫酸钠溶液中呈黄褐色。在测定中根据颜色可以判断木素是否脱除完全，同时也可以防止过度氯化。在氯化处理时，由于水和氯气在反应过程中产生了盐酸：

$$Cl_2 + H_2O \longrightarrow HOCl + HCl$$

因此，半纤维素部分地被盐酸所水解。

连续氯化处理，每次氯化后用亚硫酸盐水溶液洗涤，特别要注意每次氯化处理时间不要太长（3~5min），才能得到满意的结果。一般木材样品处理 5~7 次，稻麦草等样品处理 3~4 次，韧皮纤维样品处理两次。

氯化法中又分氯气法和氯水法两种，因氯水法更适于多种原料，故克贝纤维素多用氯水法测定。用氯化法制得的纤维素样品几乎不含木素，但含有大量的半纤维素，为了得到更接近于纤维素真实含量的精确结果，对非纤维素物质，如木素残渣、聚戊糖、聚甘露糖和灰分等先行测定，以便进行校正。但一般只对聚戊糖含量进行校正，以聚戊糖的克贝纤维素含量表示，由于克贝纤维素法步骤较繁，故省略。

（二）　硝酸乙醇法

纤维素含量的测定除了氯化法外，也常用硝酸法测定。早期的研究表明硝酸对纤维有强烈的氧化作用，故以为硝酸法不适用于纤维素的定量测定，但经过多次修改后，所制定的方法减少了纤维素的破坏并获得令人满意的结果，在这些修改法中最常用的是施诺尔及霍菲尔法。此法基于使用浓硝酸和乙醇溶液处理样品，试样中的木素被硝化并有部分被氧化，生成的硝化木素和氧化木素溶于乙醇中，与此同时亦有大量的半纤维素被水解、氧化而溶出，所得残渣即为硝酸乙醇纤维素。乙醇介质还可以减少硝酸对纤维素的水解和氯化作用。

将氯化法和硝酸乙醇法进行比较，各有其优缺点。氯化法的优点是处理条件较温和，纤维素受到破坏和降解比硝酸乙醇法轻，但操作手续较繁，测定装置也较复杂，特别是不适宜于测定非木材原料中的纤维素。这是由于非木材原料的半纤维素含量高，通氯后易于发生糊化，造成部分纤维素氯化过度，同时还有部分氯化不全。这不仅会增加操作方面的困难（如过滤慢等），而且影响测定结果。硝酸乙醇法虽然测定时纤维素本身受到一定程度的破坏，测定结果比氯化法为低。但硝酸乙醇法的突出优点是操作简便快速，不需要特殊装置，试样不需要预先用有机溶剂抽提，因为在测定时抽出物已被乙醇溶出，所以此法应用较为广泛，为目前测定纤维素的标准方法。

柯马罗夫使用了各种不同的材种，而且对每种采用同一个试样，用上述两种方法制得纤维素，并对其成分进行分析，结果如表1-4所示。

表1-4　氯化法和硝酸乙醇法
纤维素成分分析结果

分析项目	氯化法纤维素	硝酸乙醇法纤维素
木素含量/%	约1	—
聚戊糖含量/%	去掉原始含量的1/3	去掉原始含量的2/3
针叶材：聚戊糖含量/%	7~12	5~6
阔叶材：聚戊糖含量/%	23~24	9~10
铜价	1~2	3~5
黏度（铜氨溶液）Pa·s	22.4×10³	3.1×10³
α-纤维素/%	76.8	61.5

硝酸乙醇法的主要缺点是在强酸的作用下，纤维素受到水解和氯化作用而大为降级，这可以从表1-4中的黏度较低、铜价较高、纤维素含量较低看出。

应用试剂

硝酸-乙醇混合液——量取800mL乙醇（95.5%）于干的1000mL烧杯中，徐徐分次加入200mL硝酸（相对密度1.42），每次加入少量（约10mL），并用玻璃棒和匀后始可续加，待全部硝酸加入乙醇后，充分和匀，储于棕色试剂瓶中备用（硝酸必须慢慢加入，否则可能发生爆炸）。此溶液临用前配制，不宜久存。

测定方法

精确称取1g（称准至0.0001g）试样于250mL洁净干燥的锥形瓶中（同时另称试样测定水分），加入25mL硝酸-乙醇混合液，装上回流冷凝管，放在沸水浴上加热1h。在加热过程中，应随时摇荡瓶内容物，以防止试样跳动。

移去冷凝管，将锥形瓶自水浴上取下，静置片刻。待残渣沉积瓶底后，用倾泻法滤经质量恒定的1G2玻璃滤器并尽量不使试样流出。用真空泵将滤器中的滤液吸干，再用玻璃棒将流入滤器的残渣移入锥形瓶中。量取25mL硝酸-乙醇混合液，分数次将滤器及锥器形瓶口附着的残渣移入瓶中。装上回流冷凝器，再在沸水浴上加热1h。如此重复数次，直至纤维变白为止。一般阔叶树及稻草处理三次即可，松木及芦苇则需处理五次以上。

最后将锥形瓶内容物全部移入滤器，用10mL硝酸-乙醇混合液洗涤残渣，再用热水洗涤至洗涤液用甲基橙试之不呈酸性反应为止。最后用乙醇洗涤两次。吸干洗液，将滤器移入烘箱，于（105±3）℃烘干至质量恒定。

如为草类原料，则须测定其中所含灰分。为此，可将烘干至质量恒定后带有残渣的滤器置于一较大的瓷坩埚中，一并移入高温炉内，徐徐升温至500℃，至残渣全部灰化并达质量恒定为止。而空的玻璃滤器应先放入一较大的磁坩埚中，置入高温炉内于500℃灼烧至质量恒定，再置于（105±3）℃烘箱中烘至质量恒定，记录这两个质量恒定数字。

木材原料纤维素含量 $w_{木纤维素}$（%），按式（1-8）计算：

$$w_{木纤维素} = \frac{m_1 - m}{m_2 \times \frac{(100 - w_水)}{100}} \times 100\% \tag{1-8}$$

式中　m——玻璃滤器质量，g

　　m_1——盛有烘干后残渣的玻璃滤器质量，g

　　m_2——风干试验样质量，g

　　$w_水$——试样水分，%

草类原料纤维素含量 $w_{草纤维素}$（%），按式（1-9）计算：

$$w_{草纤维素} = \frac{(m_1-m) - (m_3-m_4)}{m_2 \times \frac{(100-w_水)}{100}} \times 100\% \qquad (1-9)$$

式中　m、m_1、m_2、$w_水$——同式（1-8）

　　　　　　m_3——灼烧后玻璃滤器连同灰分的质量，g

　　　　　　m_4——空玻璃滤器灼烧后的质量，g

同时进行两次测定，取算术平均值作为测定结果。要求准确到小数点后第二位。两次测定计算值间误差不应超过 0.50%。

注意事项

每次过滤时，应尽量不使残渣流入过滤器中，以免因硝酸-乙醇混合液量少而不能将滤器及锥形瓶内附着的残渣移入瓶内并浸入混合液中，从而影响测定结果。

五、木素的测定

木素是植物纤维原料的另外一个主要组分，主要存在于纤维细胞壁的胞间层中，散布在纤维四周，使纤维互相黏合而固结，纤维与纤维互相聚集而成植物。不同植物纤维原料，其木素含量也不同。针叶木中木素含量约为 25%~35%，在阔叶木中为 18%~22%；在禾本科植物中为 16%~25%。

木素是复杂的天然高分子化合物，其化学结构至今尚未确定。一般认为木素是由苯丙基结构单体构成的芳香族物质，苯基上连有数量不等的甲氧基、羟基、酚醚键等，丙基上也与别的基团连接。各种植物中的木素不是完全相同的物质。因此，木素不是代表单一物质，而是代表植物中某些共同性质的一群物质。鉴于对木素缺乏准确的概念以及木素的不稳定性，当它受到温度、酸度、试剂或机械等的作用时，都会或多或少地引起变化，所以至今尚未有理想的分离木素从而定量测定它的方法。

测定木素的关键是将木素分离出来，目前分离的方法有多种，见表 1-5。通常要求在分离过程中木素尽量少发生变化，为了区别不同方法所得木素在性质上的差异，必须注明分离方法，如用硫酸法分离的木素称为"硫酸木素"等。

植物纤维原料中的木素含量测定有十分重要的意义，知道木素含量才能制定合理的蒸煮、漂白工艺条件。

表 1-5　　　　　　　　　　　　　　木素的分离方法

分离方法	分离木素的名称	化学变化情况
木素作为残渣而分离的方法	硫酸木素	伴随着化学变化
	盐酸木素	
	铜氨木素	化学变化较少
	过碘酸盐木素	
木素被溶解而分离的方法	乙醇木素	
	二氧己环木素	
使用有机溶剂 在酸性条件下 溶出的木素	酚木素	伴随化学变化
	醋酸木素	
	水溶助溶木素	

续表

分离方法	分离木素的名称	化学变化情况
木素被溶解而分离的方法	使用有机溶剂在中性条件下溶出的木素	布劳斯的"天然木素"丙酮木素贝克曼木素 化学变化极少
	使用无机试剂	碱木素硫化木素氯化木素 伴随着化学变化

通常采用直接法测定木素，直接法主要有硫酸法、盐酸法及硫酸与盐酸的混合酸法。这些方法都是木素作为残渣而分离的方法。国家标准方法是用 72%硫酸水解已用苯–醇抽提过的植物纤维原料试样，从而定量地测定其残余物（木素）量。硫酸法是克拉逊首先提出来的。

使用硫酸法测定木素必须注意几个重要因素：

①酸的浓度：当酸的浓度太低时，聚糖的水解不完全，木素中会残留碳水化合物，而且聚糖的水解时间长。61%浓度的硫酸虽足以使聚糖完全水解，但水解时间很长。例如硫酸浓度为64%和66%，水解时间长达 24h，但酸的浓度过高，特别水解时间既长温度又高时，将使木素受到破坏，而碳水化合物也将碳化或腐殖化，从而导致木素含量偏高。酸的浓度越高，处理试样的温度应越低，处理时间也应越短；当酸的浓度一定时，温度越高，处理时间越短。

②水解温度：水解温度对木素的测定有很大的影响，在 30℃下水解，得到的木素是黑色的胶体，过滤困难。低于 30℃时，木素的颜色较浅，且易过滤。阔叶木中因水解的碳水化合物含量大，故水解温度的影响亦较大。在酸水解的剧烈条件下（浓酸、高温、长时间）聚糖碳化，生成不溶物，不同种类的聚糖生成不溶物的数量也不同。对所测木素含量影响次序如下：木糖>蔗糖、果糖>葡萄糖、甘露糖、半乳糖。据研究，在 20~22℃时用 72%硫酸将原料处理 48h，木糖的不溶物为 36.6%，而半乳糖只有 0.1%，随着处理温度的降低，沉积物的数量减少。初始温度应控制在不高于 10~20℃，这样结果令人满意。

③加酸量：为使碳水化合物水解完全，酸量应足够，但酸量过多，稀释后的体积太大，造成分析不便。通常 1g 的试样需 15mL 酸液，如试样为纸浆时，则 1g 浆样需 20mL 酸液。

④影响结果的物质及其除去程度：聚戊糖和己糖在酸处理时分别形成糖酸和羟甲基糖酸，这些酸类可以与木素缩合，导致木素含量增加。故对戊糖含量高的原料，可先用 1%~5%的稀酸进行预处理，但此时也会渗出一些木素。

原料中的树脂、脂肪和蜡在无机酸处理时不能溶出，故须在木素测定之前，用有机溶剂将之除去。

单宁在酸的作用下可能自身缩合，也可能与木素缩合形成不溶的沉淀，从而影响测定。所以当试样中单宁含量较多时，在有机物抽提后须用热水或冷 NaOH 溶液将试样抽提，使之除去。但试样中的木素，特别是草类试样中的木素也同时溶于稀碱溶液中，所以只有当用苯醇和水不能除去试样中的单宁时，才使用稀碱进行抽提。

试样中的无机物只有部分溶于酸中，未溶部分（灰分）仍存在于木素之中。例如在稻草、竹子等试样分离出来的木素中，灰分含量是很高的，所以在测定这些原料的木素含量时，常常需要同时测定分离木素的灰分含量，用以校正分析结果。

为了避免上述物质影响测定木素的结果，在测定前须对各种不同的植物纤维原料进行不同的预处理。

应用试剂

①2∶1 苯–乙醇混合液——量取 33 份化学纯乙醇及 67 份化学纯苯，混匀。

②72%±0.1%硫酸溶液——徐徐倾入665mL硫酸（相对密度1.84）于300mL蒸馏水中，冷后，加水稀释至成为1000mL。充分摇匀。调节酸液温度为20℃，倾此溶液于量筒中，用密度计测定其相对密度是否为1.6338。如不是此数，则应加入硫酸或蒸馏水调节至所规定的相对密度。

测定方法

精确称取1g（称准至0.0001g）试样。用定性滤纸包好，并用线扎住放入索氏抽提器中（同时另称取试样测定水分），加入苯–乙醇混合液，置沸水浴中抽提6h（控制抽提循环次数1h不少于4次）。将试样取出风干。解开滤纸包，用洁净毛笔仔细将其刷入250mL具磨口玻塞的锥形瓶中。加入预先冷至12~25℃的72%硫酸15mL，塞紧瓶塞，摇荡1min，使试样全部为酸所浸渍。然后将锥形瓶置入预先调节温度为18~20℃的恒温水浴中并在此温度下保温一定时间（木材原料保温2h，非木材原料保温2.5h），并经常摇荡锥形瓶内容物。

到达规定时间后，将锥形瓶内容物移入容量1000mL锥形瓶中，用蒸馏水漂洗锥形瓶，将所有残渣全部洗入1000mL锥形瓶中，所有洗液一并倾入该锥形瓶中，然后加入水稀释至酸的浓度成为3%。加入蒸馏水的量，包括漂洗所用水在内，总体积为560mL。

将大的锥形瓶装上回流冷凝器（或不用冷凝器，加水保持一定体积）。煮沸4h，静置，以便不溶物沉积下来。用质量已恒定的紧密定量滤纸（滤纸应预先用3%硫酸溶液洗涤3~4次，再用热蒸馏水洗涤至洗液不呈酸性反应，再烘干至质量恒定）过滤，再用热蒸馏水洗涤，至洗液用10%氯化钡溶液试之不现混浊，并用pH试纸检查滤纸边缘不呈酸性为止。然后将滤纸连同残渣移入一称量瓶中，置入烘箱中于（105±3）℃烘干至质量恒定。

如为非木材原料，则还要测定木素中所含的灰分。如此可将已烘干至质量恒定的带有残渣的滤纸移入质量恒定的瓷坩埚中，先于较低温度灼烧至滤纸全部炭化，再置入高温炉中，在不超过（575±25）℃的温度下灼烧至灰渣中无黑色碳素，并质量恒定为止。

木材原料中木素含量$w_{木材木素}$（%），按式（1-10）计算：

$$w_{木材木素} = \frac{m_1 - m}{m_2 \times \dfrac{(100 - w_水)}{100}} \times 100\% \tag{1-10}$$

式中　m——滤纸烘干后的质量，g

　　　m_1——烘干后的滤纸连同残渣质量，g

　　　m_2——风干试样质量，g

　　　$w_水$——试样水分，%

非木材原料木素含量$w_{非木木素}$（%），按式（1-11）计算：

$$w_{非木木素} = \frac{(m_1 - m) - (m_3 - m_4)}{m_2 \times \dfrac{(100 - w_水)}{100}} \times 100\% \tag{1-11}$$

式中　m、m_1、m_2、$w_水$——同式（1-10）

　　　　　m_3——灼烧后的坩埚连同灰渣质量，g

　　　　　m_4——坩埚质量，g

同时进行两份测定，取其算术平均值作为测定结果，数字要求准确到小数点后第二位。两份测定值间误差不应超过0.20%。

注意事项

①用72%硫酸处理试样时，必须按规定严格控制水解的温度、酸的浓度和水解时间，以免产生较大误差。

②当酸的浓度稀释至 3%后，加热煮沸，开始沸腾时要调节电炉使温度不要太高，以免溶液从瓶口溢出，造成木素损失，待泡沫消除后再调整温度至溶液正常沸腾状态（沸腾不要太激烈，以调节到有小气泡由瓶底连续冒出为度），在煮沸 4h 中应尽量保持酸的浓度不变。

③木素残渣过滤较慢，过滤前要澄清好，先将清液倒出过滤，尽量不要把木素沉淀倒出，加清水洗涤，澄清后再如上法过滤，重复数次，到木素近于洗净时再把木素转移到滤纸上，再加水洗涤，直至洗净为止。过滤和洗涤要一次完成，不能间断。

六、多戊糖的测定

植物纤维原料用于造纸时，除主要部分纤维素外，还有半纤维素可被充分利用，半纤维素打浆时容易水化，促进纤维间的交织，所以一定量的半纤维素的存在，可增加纸张的强度。

半纤维素的主要成分是多缩戊糖以及多缩己糖和多缩己醛糖、多缩戊糖的衍生物或混合物，由于半纤维素组成复杂，通常以测定多缩戊糖含量来间接衡量半纤维素的存在。

多戊糖又称多缩戊糖、聚戊糖。凡经酸水解能生成木糖及阿拉伯糖者，称为多戊糖。各种植物纤维原料中都含有数量不等的多戊糖，一般来说，多戊糖含量在非木材原料中为 20%~28%，多于木材；阔叶树为 12%~26%，多于针叶树，针叶树为 7%~10%。

至今尚不能从原料中直接分离出纯净的多戊糖，故无法用直接法测定多戊糖。其原因是多戊糖虽可溶于稀碱溶液（4%~5%）中，在碱分离时，原料中所含有的其他半纤维素和一些能溶于碱的其他物质，亦会同时被溶出，因此不能满足要求。

目前国家标准测定方法是将原料与 12% $[c(HCl)=3.5mol/L]$ 盐酸溶液共同加热，以使其中多戊糖转化为糠醛，并用容量法测定蒸馏出来的糠醛。具体操作如下：

第一步是将植物纤维原料试样（或纸浆试样）与 12% $[c(HCl)=3.5mol/L]$ 盐酸溶液共沸，使样品的多戊糖水解生成戊糖：

$$(C_5H_8O_4)_n + nH_2O \longrightarrow nC_5H_{10}O_5$$
　　　多戊糖　　　　　　　　戊糖

戊糖进一步脱水生成具挥发性的糠醛，并蒸馏出来：

戊糖　　　　　　　　　　　　　　　　糠醛

由于各种条件和蒸馏过程中所产生的误差，在蒸馏时，糠醛得率实际上达不到理论数字。因此为了得到比较稳定的糠醛得率，必须严格遵守蒸馏条件。影响蒸馏的因素如下：

①蒸馏速度：馏出速度提高，可以减少糠醛在蒸馏时的分解，但蒸馏速度过快，会因糠醛来不及从反应体系中分离出而影响得率。通常在 10mim 内馏出 30mL 较好，当试样质量为 1~2g 时，馏出液总量应为 300~360mL。

②盐酸浓度与体积：由于蒸馏时馏出液量是以加入新盐酸的方法来补充的，因而盐酸的浓度会变化，其变化范围为 12%~21%，如不控制好加入酸液的时间间隔，酸变化范围将更大。当盐酸浓度太高时糠醛会分解，得率下降。盐酸浓度低于 8%或高于 24%时均影响糠醛得率，

酸浓度在 16% 时得率最高。所以采用有刻度的滴液漏斗，定时定量补加盐酸。

③加入食盐的数量：加入一定量的食盐或氯化铵目的是提高溶液的沸点以达到较高的转化温度。更重要的是可使酸的浓度在蒸馏过程中保持比较恒定的范围。

④蒸馏温度：糠醛的沸点为 162℃，一般蒸馏温度为 164～166℃，温度太高，糠醛可能分解。加热方式可采用甘油浴配以可调温电炉。

⑤试样的质量与颗粒度：试样中应含有 100～200mg 的木糖或阿拉伯糖，当戊糖的含量低于 50mg 时测定的准确性下降。原料中聚戊糖含量高于 12% 时一般称取 0.5g；低于 12% 时，称取 1g。试样的颗粒度影响固液两相接触面积，故应合乎通过 100 目筛的要求。

⑥其他易挥发物质的影响：试样中的一些物质，因发生副反应也能形成糠醛而引起测定误差。其中：聚糖醛酸和果糖醛酸苷分离出二氧化碳，并转化成糠醛。聚己糖水解成己糖，随后生成羟甲基糠醛。聚甲基戊糖生成甲基糠醛。而木素和单宁在热酸作用下能与糠醛生成缩合物。因此减少蒸馏液中糠醛含量。凡此各种反应对糠醛含量的测定都有影响。

糠醛是否完全蒸馏出需经检验。为此，可于馏出液为 300mL 左右时，用小试管接少量馏出液，经碱中和后，再用新配制的醋酸苯胺溶液检验，若产生鲜红色物质，说明糠醛未完全馏出。检验反应如下（此反应亦是比色法测糠醛的显色反应）：

第二步用容量法测定馏出的糠醛含量，由此换算成多戊糖。

测定糠醛含量有重量法、比色法、容量法等。分析造纸原料中多戊糖最常用的方法是容量法，确切地说是有机溴化反应——溴酸盐法。这一方法操作简便、迅速、准确，因此着重介绍。

溴化-溴酸盐法是基于加一定量过量的溴化物与酸盐混合液作为氧化剂于含有糠醛的馏出液中，一旦酸化，立即析出溴单质：

$$5KBr+KBrO_3+6HCl \longrightarrow 3Br_2+6KCl+3H_2O$$

析出的 Br_2（对比于糠醛应稍为过量）立即与糠醛发生加成反应，视反应条件共有：

①四溴化法：含糠醛的溶液在室温下与过量溴作用 1h，1mol 糠醛可与 4.05mol 溴原子化合：

②二溴化法：在温度为 0～2℃ 时作用 5min，则 1mol 糠醛与 2mol 溴原子化合：

待有机加成反应完全后，加入碘化钾，剩余的溴与碘化钾作用，析出与剩余溴相等物质的量的碘：

$$2KI+Br_2 \longrightarrow 2KBr+I_2$$

再用硫代硫酸钠标准溶液滴定析出的碘：

$$I_2+2Na_2S_2O_3 \longrightarrow 2NaI+Na_2S_4O_6$$

即可求得溴的消耗量，从而再计算出原料中多戊糖的含量。

二溴化法准确度较高，用已知糠醛含量的溶液进行测定，其准确程度超过 0.4%，而且溴化时间延长至 60min，溴的进一步被消耗量亦很少。因此一般认为二溴化法较四溴化法为佳。

但四溴化法如能严格控制溴化时温度为 20~25℃，准确度亦不亚于二溴化法。表 1-6 是四溴化法在不同温度下溴化测定与二溴化法测定的比较。

表 1-6　　　　　　　　四溴化法在不同温度下溴化测定与二溴化法测定比较

试样名称	溴化温度/℃	多戊糖含量/%		
		二溴化法	四溴化法	误差
稻草	0	19.08	—	
	16.5		18.75	+0.33
	20		19.01	+0.07
	25		19.30	−0.22
	30		20.10	−1.02
芦苇	0	25.35	—	
	14.5		24.71	+1.24
	20		25.19	+0.16
	25		25.26	+0.09
	31		26.34	−0.99

溴酸盐法是氧化还原法中的一种，又分直接法和间接法；本测定采用间接法。利用溴化钾-溴酸钾混合液酸化析出的溴进行定量反应，溴与某些有机物能发生取代反应和加成反应，故间接法常用于有机定量分析。$KBr-KBrO_3$ 混合液是一般溶液，不是标准液，故必须在测定的同时做一空白试验，其目的之一就是用于标定酸化后析出的 Br_2。这就是溴酸盐法的特点。间接溴酸盐法必须与碘量法联合使用，故糠醛的测定方法实际上是溴化加成—碘量法—间接溴酸盐法的联合。

应用仪器

糠醛蒸馏装置见图 1-2，其组成如下：

500mL 圆底烧瓶；150mL 刻度滴液漏斗；直形或球形冷凝管；500mL 量筒。

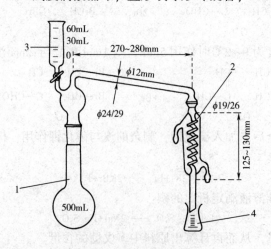

图 1-2　糠醛蒸馏装置

1—圆底烧瓶　2—冷凝器　3—滴液漏斗　4—接收瓶

应用试剂

①12%盐酸溶液——量取 307mL 分析纯盐酸（相对密度 1.19）于 500mL 水中，加水稀释至 1000mL。在温度为 20℃时，测定其相对密度。加酸或水，最后调节至相对密度正好为 1.057。

②溴化钠-溴酸钠混合液——称取分析纯溴酸钠 2.5g 及分析纯溴化钠 12g（或称取 2.8g 溴酸钾及 15g 溴化钾）。溶于蒸馏水中后转入 1000mL 容量瓶，加水稀释至 1000mL 摇匀后备用。

③醋酸-苯胺溶液——量取 1mL 新蒸馏的苯胺于小烧杯中，加入 9mL 化学纯冰醋酸溶解之，搅拌均匀。

④$c(NaOH)=1mol/L$ 氢氧化钠溶液——溶解 2g 化学纯 NaOH 于 50mL 水中。

（一）二溴化法

测定方法

精确称取一定量（原料中多戊糖含量高于 12%者称 0.5g，低于 12%者，称取 1g）试样（称准至 0.0001g）于洁净平滑纸上（同时另称取试样测定水分），再将其移入容量为 500mL 圆底烧瓶中。加入 10gNaCl，再加入 100mL12%盐酸溶液。装上冷凝器及滴液漏斗，漏斗中盛有一定量 12%盐酸。调节烧瓶下万能电炉温度，使烧瓶内容物沸腾并控制蒸馏速度为每 10min 馏出液漏斗中加入 30mL 12%盐酸于烧瓶中。至总共蒸馏出 300mL 馏出液后，用乙酸苯胺液检验糠醛是否蒸馏完全。为此用一试管以冷凝器的下端集取 1mL 馏出液，加 1~2 滴 1.0%酚酞指示剂，滴入 $c(NaOH)=1mol/L$ 氢氧化钠中和至恰现微红色，然后加入 1mL 新配制的乙酸苯胺溶液。放置 1min 后，如现红色，则证实糠醛尚未蒸馏完毕，仍必须继续蒸馏，如不现红色，则表示蒸馏完毕。

糠醛蒸馏完毕后，将馏出液移入 500mL 的容量瓶中，瓶口应塞紧，用少量 21%盐酸清洗量筒两次。将全部洗液倾入容量瓶中，然后加入 12%盐酸至其刻度，摇匀。

用移液管自容量瓶中吸取 200mL 馏出液于容量 1000mL 带有磨口玻塞的锥形瓶中，加入 250g 用蒸馏水制成的碎冰，当锥形瓶中溶液降至 0℃时，用移液管准确加入 25mL 溴化钠-溴酸钠溶液，迅速塞紧瓶塞，放置暗处恰为 5min，此时溶液温度仍然保持在 0℃。

等到达规定时间后，加 10mL 10%碘化钾溶液于锥形瓶中，重新塞紧瓶塞，摇匀，放置 5min，用 $c(Na_2S_2O_3)=0.1mol/L$ 硫代硫酸钠标准溶液滴定析出的碘。在快到达终点前加入 2~3mL 0.5%淀粉溶液，继续滴至蓝色消失为止。

另行吸取 200mL12%盐酸按同样流程进行空白试验。

糠醛百分含量 $w_{糠醛}$（%），按式（1-12）计算：

$$w_{糠醛}=\frac{c(V_1-V_2)\times96/2}{m\times\frac{(100-w_{水})}{100}\times\frac{200}{500}\times1000}\times100\% \tag{1-12}$$

式中　c——$Na_2S_2O_3$ 标准溶液的实际浓度，mol/L

V_1——空白试验时所耗用的 $Na_2S_2O_3$ 标准溶液体积，mL

V_2——样品滴定时所耗用的 $Na_2S_2O_3$ 标准溶液体积，mL

m——风干试样质量，g

$w_{水}$——试样水分，%

96/2——$1/2C_5H_4O_2$（糠醛）的摩尔质量，g/mol

非木材原料多戊糖含量 $w_{非木多戊糖}$（%）、木材原料多戊糖含量 $w_{木材多戊糖}$（%）分别按式（1-

13)、式（1-14）计算：

$$w_{非木多戊糖} = w_{糠醛} \times 1.38 \tag{1-13}$$

$$w_{木材多戊糖} = w_{糠醛} \times 1.88 \tag{1-14}$$

式中　$w_{糠醛}$——糠醛含量，%

1.38——糠醛换算为多戊糖的理论换算因数

1.88——根据木材原料中的多戊糖只有73%转化为糠醛的换算因数

（二）四溴化法

测定方法

蒸馏及配制试样溶液的流程与二溴化法完全相同。

用移液管自容量瓶中吸取 200mL 馏出液，置于容量 500mL 带有磨口玻璃塞的锥形瓶中，加入 25mL 溴化钠-溴酸钠溶液。迅速塞紧瓶塞，在黑暗处静置 1h（此时室温应为 20～25℃，否则应将锥形瓶放置恒温浴中，保持温度在所规定的范围内）。

等到达规定时间后，加 10mL 10%碘化钾溶液于锥形瓶中，迅速塞紧瓶塞摇匀，放在黑暗处静置 5min 然后用 $c(\mathrm{Na_2S_2O_3}) = 0.1\mathrm{mol/L}$ 硫代硫酸钠标准溶液滴定析出的碘，在快达到终点时，加入 2～3mL 0.5%淀粉溶液，继续滴定至蓝色消失为止。

另吸取 200mL 盐酸，按同样流程进行空白试验。

糠醛的含量 $w'_{糠醛}$（%），按式（1-15）计算：

$$w'_{糠醛} = \frac{c(V_1 - V_2) \times 96/4}{m \times \dfrac{(100 - w_水)}{100} \times \dfrac{200}{500} \times 1000} \times 100\% \tag{1-15}$$

式中　c、V_1、V_2、m、$w_水$——同二溴化法式（1-12）

96/4——（$1/4\mathrm{C_5H_4O_2}$）（糠醛）的摩尔质量，g/mol

非木材原料多戊糖含量 $w'_{非木多戊糖}$（%）、木材原料多戊糖含量 $w'_{木材多戊糖}$（%）按式（1-13）、式（1-14）计算：

$$w'_{非木多戊糖} = w'_{糠醛} \times 1.38$$

$$w'_{木材多戊糖} = w'_{糠醛} \times 1.88$$

式中　1.88、1.38——同二溴化法式（1-13）、式（1-14）

$w'_{糠醛}$——同式（1-15）

同时进行两次测定，取其算术平均值作为测定结果，要求准确到小数点后第二位。两次测定计算值间误差不应超过 0.4%。

注意事项

①二溴化法与四溴化法准确度几乎相等，四溴化法一定要控制不得低于20℃，亦不得高于25℃，温度低会造成结果偏低，反之则会偏高。二溴化法可在0℃时进行溴化，无此问题，但因其需要冰，不具冰箱者甚感不便，因此将两个方法并列，以供选择。

②糠醛相对分子质量为96，多戊糖一个链节相对分子质量为132，糠醛换算为多戊糖的理论换算因数 1.38 = 132/96，1.88 = 1.38/73%。

③溴化钠-溴酸钠混合液加入量应使析出的溴量按理论需要量再过量一些，以加速反应的进行，同时溴化钠和盐酸量也要过量。因为溴化钠有溶解溴的作用，以减少溴的挥发损失。

④溴化操作和碘量法滴定反应需在碘量瓶或具塞三角瓶中进行，注意密闭和轻摇快滴，以防止溴和碘的挥发损失。

以所有被测纤维的平均纤维长（宽）度值、最大值和最小值报告测定结果。

七、植物纤维质量测试

在造纸过程中，通过测量纤维质量的均度、纤维长度、纤维宽度、细小纤维、纤维的混合比例、变形、弯曲以及分丝帚化的情况，从而控制纸浆纤维的打浆质量。采用瑞典的 Lorentzen & Wettre 公司的纤维测量仪器可在工艺的较早的阶段对纤维质量进行全自动分析及测量。见图 1-3 纤维分析仪、图 1-4 纤维测试结果电脑显示界面。

（一）全自动分析方法检验纤维形态

测试方法
①测试腔自动打开至间距为 3mm 的位置；
②高速流动使得样品充分搅拌；
③内置真空泵产生真空除去空气和气泡；
④平板测试间距自动缩小至 0.5mm；
⑤测试自动进行；
⑥测试完毕，测试平板自动打开；
⑦自动清洗测试区域；
⑧可设置自动清洗的时间间隔。

结果
①平均长度：0~7.5mm；
②平均宽度：0~100μm；
③变形因子：50%~100%；
④细小纤维分布：小于 0.2mm 细小纤维用占纤维（>0.2mm）的百分比来表示；
⑤纤维的混合比例：针叶木与阔叶木混合比；
⑥粗度：单位长度的质量；
⑦纽结，导管，纤维束：图片展示。

每个测试样的整个测量过程在 6min 之内可以完成，在测量过程中显示出纤维的图像并将这些纤维的图像保存。

图 1-3　全自动纤维分析仪

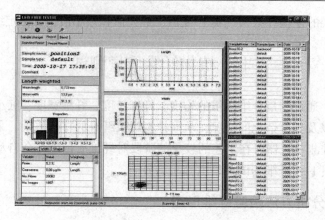

图1-4　纤维测试结果电脑显示界面

（二）造纸纤维分析仪观察纤维形态

采用智能造纸纤维分析仪可以直接观察到纤维形态及测量纤维长度与宽度，用电脑显示测试结果。如图1-5所示。

图1-5　智能造纸纤维分析仪

1. 智能造纸纤维分析仪的功能

我国自己研发与生产的一种XWY-V1型智能造纸纤维分析仪，具有更高的自动化、半自动化水平和更好的显像能力。对于分散良好的试片，该仪器能在1~2s内自动完成显微镜一个视野中所含纤维的长度测量；能用两点法一次同时完成纤维真实长度、纤维投影长度和纤维弯曲指数三项性能指标的测定；能简单的用三点法完成纤维扭结指数和纤维壁腔比的测定。各项测定结果都能由计算机自动统计并打印。

为提高设备的整体性能，仪器选配了目前国际上在性价比方面较好的进口Olympus三目显微镜，具有五个可转换物镜，镜头质量较好，能提供更为清晰的纤维形态图像及准确的颜色反映效果。仪器能较快速而准确地分析纸和纸浆纤维、纺织纤维的各项形态参数和纤维配比。

智能纤维分析仪同时兼有透射光和反射光的观察能力，能在研究纸页成分的同时研究其结构，从而判断该纸或纺织品所经历过的工艺处理。仪器为造纸、纺织生产、科研、教学所必不可少的设备。同时，在纺织、纸质文物分析鉴定、公安侦破方面也有广泛的使用价值。

智能纤维分析仪大部分硬件都采用了日本原装的产品，图像更加清晰，操作更加舒适，把工作和享受更加完美地融合在了一起。

仪器图像总放大倍数为：40 至 2000 倍。

测量精度：长度系列为 10μm，宽度系列为 1μm。

智能纤维测定仪能完成以下项目的测定：

①纤维长度及纤维长度分布频率；

②纤维宽度及纤维宽度分布频率；

③纤维细胞壁厚度及壁腔比；

④纤维粗度及毫克根数；

⑤纤维组成及其配比；

⑥打浆纤维帚化率；

⑦纤维弯曲指数及纤维扭结指数；

⑧纸浆中杂细胞含量；

⑨纸质文物的分析、鉴定；

⑩显微图像观察、拍照。

仪器适用下列国家及行业标准：

①《GB/T 28218—2011　纸浆　纤维长度的测定　图像分析法》

②《QB/T 2597—2003　造纸纤维长度测定（光栅法）》

③《GB/T 4688—2002　纸、纸板和纸浆纤维组成的分析》

④《GB/T 18829.6—2002　纤维粗度的测定》

⑤《QB/T 2598—2003　造纸纤维帚化率的测定》

2. 软件运行环境

（1）造纸纤维测量软件 V6.0 的操作系统

造纸纤维测量软件 V6.0 在 Windows Xp 操作系统下运行。

（2）造纸纤维测量软件 V6.0 的安装

造纸纤维测量软件 V6.0 不需要安装，它直接从光盘复制到计算机中就可以作用。

（3）开机

进入软件的首页前先检查摄像机的工作状态，然后输入正确的用户密码后，用鼠标点击【确定】后程序进入纤维测量功能选择页面，见图 1-6。

图 1-6　造纸纤维测量仪功能选择页面

（4）纤维长度测量

①试片制备：纤维样品观察试片的制备，按国标《GB/T 10366—2002 造纸纤维长度的测定 偏振光法》的规定执行。取有代表性的湿浆样，置于载玻片上，加两滴碘氯化锌染色剂用镊子和解剖针将纤维分散均匀，盖上盖玻片用滤纸从盖玻边缘缓慢吸去多余的染色剂，纤维样品观察试片置于显微镜载物台上，打开显微镜电源开关数码相机开关，调好焦距，所测纤维的形态图像可在显微镜目镜和数码相机液晶显示器中观察到。每个纤维样品观察试片含 300~400 根纤维为宜。

②进入纤维长度测量：在【测量功能选择】窗口用鼠标点击【纤维长度】，计算机即自动进入"纤维长度测量栏"。

③测量：在显示器屏幕中右上角用鼠标点击【物镜倍数】右边的小圆框，它必须与数码显微镜使用物镜位数相同。显示器的左边就显示出数码显微镜拍摄的纤维样品图像，沿着被测纤维，把弯曲的纤维分成多段，每段看成直线的纤维并点击下鼠标，每测量完一根，用鼠标点击〔输入〕键或用手指点击下键盘的【Enter】键完成测定，所测纤维的长度便由计算机自动记录下来。每根纤维的测量值由计算机自动计算、统计并报出结果。

（5）纤维宽度测量

①进入在【造纸纤维测量软件 V6.0】窗口的状态下，把鼠标光标移到"纤维宽度"上，单击鼠标左键，仪器进入"宽度测量栏"。

②打开测量图像；把鼠标光标移动到【纤维宽度】测量键上，单击鼠标左键进入纤维宽度图像测定系统，用鼠单击【物镜倍数】，从显示器中观察显微镜载物台样品的纤维像。

③测量：把鼠标光标移动到待测图像的纤维上，选择纤维最大宽度点，点击下鼠标键从纤维的一侧拖到纤维的另一侧，计算机自动计算纤维的宽度并显示和记录下来。调整移动显微镜的载玻台更换图像视野继续测量。每一样品测定纤维 300 根左右。

（三）植物纤维的显微镜检验

采用传统显微镜测定纤维长、宽和形态是借助统计的方法，可得出纤维的平均长度、宽度和长宽比；借助染色反应和纤维形态资料，可以鉴别纤维种类，从而在混合浆中得出不同纤维的组成和配比。植物纤维的显微镜检验对于原料选择、改进制浆、造纸工艺条件以及在商品贸易、鉴别纸种等方面有着重要的意义。

当原料品种、产地、新旧原料更换时，可进行长、宽度甚至通过"微切技术"进行腔壁比观察、检验，以确定该原料是否适用。检验不同纤维原料在同一制浆方法中和同一种纤维原料在不同制浆方法中，纤维经物理、化学变化过程，长、宽度及形态的变化特征，可为改进工艺提供依据。例如，在显微镜下可以观察到纸浆经过打浆的变化或磨木浆中纤维的切断、分丝情况，以决定打浆下刀程度及预计纸张强度。根据纤维形态及纤维染色剂的特有显色反应，可将混合浆中不同种纤维区别开来，从而测定其配比并判断配浆是否均匀。不同的纤维在不同的制浆方法（如：是否蒸煮、漂白，用什么方法蒸煮、漂白等），用不同的染色剂（结合形态特征）会呈现不同的染色反应，据此可用于鉴定纸种、浆种，除一般需要外还可用于特殊需要（如：鉴定纸质罪证）。纤维浆板及废纸的进口也必须测定纤维平均长、宽度等。

纤维检验的工具除显微镜外，还可使用投影仪，必要时可用摄影显微镜将观测到的纤维影像拍摄下来，在投影屏上直接将相纸曝光也可获得清晰的相片。

1. 普通显微镜的构造与使用方法

国产显微镜有各种型号和规格。显微镜主要由镜架系统和光学系统这两大部分组成，其结构如图 1-7 所示。

镜架系统由镜座、镜臂、载物台、转换器、镜筒、粗调节和细调节等组成。

光学系统由目镜、接物镜、集光器、反光镜、采光圈等组成。

多数人在中学阶段已接触过显微镜，这里主要提一下显微镜的放大倍数。通常接物镜、接目镜上均刻有 8X、100X、90X 及 5X、10X、15X 等放大倍数字样。

显微镜放大倍数＝接物镜放大率×接目镜放大率。

例如在用显微镜时，采用接目镜有 10X 的放大倍数字样，接物镜有 90X 的字样，则两镜配合使用时显微镜的放大倍数为 90×10＝900 倍。

显微镜是一种精密的光学仪器，使用时必须小心谨慎。将显微镜从镜箱中取出，放在光源适宜的桌子上，用绢布轻轻擦拭，除去灰尘。

选择适宜倍数的接目镜，装在镜筒上。

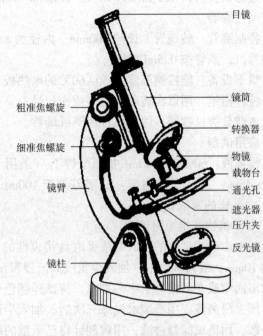

图 1-7 显微镜结构图

目镜
镜筒
转换器
物镜
载物台
通光孔
遮光器
压片夹
反光镜
粗准焦螺旋
细准焦螺旋
镜臂
镜柱

将接物镜装入转换器时，必须用左手扶持镜头，用右手按螺纹方向拧上，防止镜头摔坏。

显微镜在观察前，要先进行采光调节。通常显微镜放在光线充分又不被阳光直射的位置，拨动反光镜和调整光圈，直至获得柔和均匀的光线。将预先制好的标本玻片放在载物台上，用两片夹夹住以便观察。观察时，先用粗调节降下镜筒，眼睛从显微镜侧面观察，直至接物镜接近标本的盖玻片，千万不要使接物镜镜头碰在盖玻片上，以免损坏贵重、精密的接物镜镜头。然后旋转粗调节升起镜筒，直至从接目镜中看到物像视野，再通过旋转细调节使物像清晰为止。如镜头受到污染，只能用擦镜纸擦拭。观察完毕应取下镜头放入专门安置的地方，降下镜筒，整理显微镜并收入镜箱内，箱内应定期更换干燥剂。

显微镜种类较多，双筒显微镜可减少目力疲劳；可移动平台的显微镜能更方便地观测；摄影显微镜能将视野摄下来；投影仪实际上也是一种显微镜，能将视野放大投影在一个直径几十厘米的屏幕上，对于观察或测量纤维长、宽十分方便，还可同时供多人观察。

2. 辅助器物及试剂

辅助器物

目镜测微尺：是一块可以自由装卸在接目镜筒中的圆形玻片，其中有一划分为 50 或 100 格正方格的刻度。

物镜标准测微尺：为一载玻片，片中心有将 1mm 分成 100 格的刻尺，每一刻度等于 0.01mm。

载玻片：75mm×25mm。

玻片：22mm×22mm，厚约 0.1mm。

解剖针和镊子：最好用铂铱合金所制，亦可用不锈钢的。

纤维分散设备：一个 250mm 带橡皮塞的玻璃广口瓶。装入若干玻璃球，用以分散一般未施胶或施胶度较低的纸。对于不易分散的纸和纸板，必要时可使用高频分散器，但需注明。

过滤器：网目 105 目/25.4mm，直径 60~70mm 的滤碟。也可使用孔径为 15~100mm 的多孔玻璃过滤器。

特制滴管：玻璃管，长约 100mm，内径约 8mm，一端接一橡皮球，另一端为平滑而不缩小的管口，滴管按 0.5mL 刻度。

烘干设备：能控制温度为 50~60℃ 的电热板、烘箱或红外线灯。

特种铅笔：用以在玻璃上写字或作记号。

血球分类计数器：用以统计所测纤维数。

应用试剂

浸离液：50% 硝酸 50mL 加氯酸钾 1g（适用于木材试样，如为草类试样硝酸浓度可降低为 40%~45%）2% 番红水溶液：2g 番红溶于 100mL 水中。

3. 试样的采取和制备

（1）植物纤维原料试样

按本章所述试样的采取办法采取具代表性的木材或草类试样，将试样切成火柴梗般粗细，长约 10mm，放入试管中，加入少量浸离液浸没试样（以不超过半试管为宜）。用试管夹夹住，在水浴锅中或在酒精灯上小心加热，待试样颜色变白，试样边缘开始有纤维散开时即可停止加热。倾去浸离液，用蒸馏水洗涤三次后，加入半试管蒸馏水，用手指按住试管口猛力摇动使纤维分散，用玻璃滤器过滤，用解剖针将已分散的纤维挑回试管。加入半试管蒸馏水，再煮沸数分钟，过滤，用蒸馏水洗涤之，直至洗涤液不呈酸性为止。

加入 10 倍试样体积之蒸馏水稀释。用小滴管加入 2 滴 2% 番红水溶液及 2.5% 番红酒精溶液四滴，摇匀放置 0.5h 后，倾去染色液，用蒸馏水洗涤数次至洗液不呈红色。然后加入约 50 倍于上述试样体积的蒸馏水，即可制成试片。

（2）纸浆、纸及纸板试样

按第三章纸与纸板平均试样的采取的规定采取试样，再从其中取有代表性的样品约 0.2g，根据试样特点选用以下任一方法使纤维分离成单纤维，以便染色和观测。

①普通纸：将试样润湿后撕成小片，放在烧杯中，用热蒸馏水浸泡或煮沸。用手指分别将纸片揉成小球，放在试管中振摇或放入盛有玻璃球的广口瓶中，轻轻摇动，使纤维分散。如试样不易分散，可用 1%NaOH 煮沸几分钟，洗净后用 $c(HCl)=0.05mol/L$ 盐酸浸几分钟，再洗几次后，将纸片揉成小球，用有玻璃球的广口瓶使纤维分散。分散了的纤维试样用过滤器滤干备用。

注意：a. 含羊毛的试样不要用 NaOH 溶液煮，以免羊毛被溶解。

b. 浆板试样可按普通纸试样处理。

②特种纸：含有特殊添加剂或经过特殊处理的纸，一般纤维结合紧密并含有影响染色试验的物质，因此试样需要经过处理，才能按普通纸的方法使纤维分散，取得预期的染色效果。处理方法随试样及所含添加剂种类、含量而异，选用适当的溶剂（如乙醇、三氯甲烷、四氯化碳、乙酸戊酯、过氧化氢、硝酸、盐酸等），对试样小片进行抽提或浸泡或煮沸即可除去某些胶性物质和染料。

溶剂选用和处理方法分别叙述如下，其处理时间随纸的特性和添加剂含量而异。

③乳胶处理的纸：用异丙醇抽提或浸泡。

④沥青纸：用四氯化碳、三氯甲烷或煤油抽提或浸泡。

⑤湿强纸：用乙醇浸泡 15mim，风干后再用 5%$Al_2(SO_4)_3$ 煮 20mim，洗净并分散。

⑥黏胶处理的纸：

a. 用 50%硝硼钙液煮沸约 5mim，洗净后用 1% NaOH 煮 15~20mim，洗净并分散。

b. 用乙酸戊酯浸泡。

⑦色纸：根据染料性质选用以下任一脱色剂。

a. 氧化性脱色剂：漂液、过氧化氢、硝酸。

b. 还原性脱色剂：亚硫酸氢盐、氯化亚锡。

c. 溶解性脱色剂：乙醇、氨水、盐酸、乙酸。

⑧植物羊皮纸：用盐酸或 1∶1 硫酸（50~60℃）浸泡。

经过上述溶剂处理过的试样如仍分散不好，可用 1% NaOH 溶液再煮沸几分钟，再用 $c(HCl) = 0.05mol/L$ 盐酸及蒸馏水充分洗涤后，按普通纸方法使纤维分散备用。纸的类型以及添加剂的使用远不止上述几种，分析人员可根据具体情况选用适当方法达到使纤维分散的目的。处理过的试样在做染色试验时，往往出现反常现象，分析人员需多加留意，必要时用另一染色剂或已知样品做验证试验。

4. 试片的制备

清洁的载玻片、盖玻片最好保存在 50%的乙醇中，用时取出擦干。

测纤维长、宽度时，只需用长吸管吸 2 滴制备好的纤维悬浮液于载玻片中央，用解剖针使纤维分布均匀，仔细盖上盖片，不让气泡产生，用吸水纸吸去外缘多余水分；或往纤维悬浮液滴加 2 滴氯化锌碘染色剂，其余同上，放于显微镜载物台上观察。

进行纤维染色试验时，将分散良好并混合均匀的试样在滤网上滤干，取少许于载玻片上，加上 1~2 滴染色剂，用解剖针和镊子使纤维分散均匀，盖以盖玻片，立即于显微镜下观察。有的染色剂，如格拉夫"C"（Graff"C"）染液用及舍律格尔（Selleger）染液，其染色效应受纤维含水量的影响较大，使用前需将试验片水分蒸干。为此，将分散的纤维试样制成悬浮液，浓度大约 0.05%，使用特种玻璃铅笔在距载玻片两端 25mm 处各画一条直线。把载玻片置于 50~60℃的电热板（或其他干燥设备上），然后，摇匀试样，用特制的管取试样悬浮液约 0.5mL，滴在载玻片一端的方块内，另取 0.5mL 滴在另一端的方块内，待水分蒸到半干，纤维仍能在载玻片上拨动时，用解剖针将纤维分散均匀，继续蒸干水分。试片冷却到室温后滴上 2~3 滴所选用的染色剂，并使其与纤维均匀接触，1~2min 后盖上盖玻片，用滤纸吸去多余的染液，立即于显微镜下观察。

对于需要在试管或烧杯中染色的试样，取一定量分散并滤干后的湿试样于试管或烧杯中，再按具体要求染色和制片。

理想的试片应该是纤维分散良好，染色均匀，纤维疏密程度适于观测，没有气泡。

5. 纤维长度的普通显微镜测定

纤维的平均长度和宽度、长宽比值是衡量造纸纤维原料质量优劣的标准之一。也是进口浆板的主要检验项目之一。一般认为纤维要细而长，长、宽的比值大，打浆时纤维有较大的结合面积，成纸强度高；纤维短而粗，长宽比值小，则不易打浆，成纸强度低。

测定方法

1. 目镜测微尺刻度值的确定

将圆形的目镜测微尺装入接目镜头里，物镜标准测微尺置于载物台中心。调好焦距后，调整两刻尺重合，分别记下目镜测微尺与物镜标准测微尺的重合部分刻度值，按式（1-16）求出目镜测微尺刻度的长度值（mm）：

$$L=\frac{物镜标准测微尺刻度}{目镜测微尺刻度}\times0.01\ (mm) \tag{1-16}$$

例：目镜测微尺的 50 格与物镜标准测微尺的 80 格相等，则目镜测微尺的每一刻度值为：

$$L=\frac{80}{50}\times0.01=0.016\ (mm)$$

注：因显微镜的各套镜头系统大小是不同的，故不同仪器，不同放大倍数都应重新确定目镜测微尺刻度值（L）。

2. 纤维的测量

移去物镜标准测微尺，用擦镜纸拭净收藏好，换上试样玻片。测量纤维长度时，使一根纤维的一端对正在目镜测微尺的端点，并使刻度尺与该纤维重叠或平行，量至纤维另一端，记下刻尺在该放大倍数下的刻度值，即一根纤维的长度。测量纤维宽度时，使一根纤维与刻度尺垂直，其所占刻度值，即一根纤维的宽度。测长度时放大 40～70 倍，以免纤维长度超出目镜测微尺视野。测宽度时放大 300～400 倍，非纤维状的细胞一律不测量，测量纤维的总量不得少于 200～300 根。

为了便于统计，先在记录纸上分好若干长宽度范围，依次分别测量视野内的每根纤维的长宽度，记录在所属的长宽度范围内。

如遇棉花及韧皮纤维太长的原料，常不用显微镜观察而用刷子将纤维梳理整齐，分散在黑色绒布上，用 10 倍放大镜测量。按式（1-17）计算：

$$纤维长、宽度=\frac{N}{n}\times K \tag{1-17}$$

式中　N——测定每根纤维所占目镜测微尺格数的总和，格

　　　n——被测纤维根数

　　　K——校正后目镜测微尺每格相当的绝对长（宽）度，mm/格

以所有被测纤维的平均纤维长（宽）度值、最大值和最小值报告测定结果。

复习思考题

1. 如何制备分析用的植物纤维原料试样？

2. 植物纤维原料灰分分析法共有几种？用直接灼烧法测灰分属于什么方法？用直接灼烧法测灰分温度超 600℃有哪些坏处？

3. 用索氏脂肪抽提器进行纤维原料的连续抽提应注意什么事项？

4. 克贝纤维素法与硝酸乙醇纤维素法测定纤维素的原理是什么？各有什么优缺点？

5. 什么叫硫酸木素法？用硫酸法测定木素时，如何使碳水化合物水解完全？

6. 水解多缩戊糖，蒸馏出糠醛应注意什么事项？

7. 糠醛馏出完全与否如何检验？试写出检验的化学反应式。该检验反应还有什么用途？

8. 叙述糠醛测定原理并写出化学反应式。

9. 糠醛测定时须做一个空白试验，其作用是什么？

10. 为什么要对植物纤维原料进行显微镜检验？

11. 智能纤维分析仪可以测定哪些项目？

第二章　制浆造纸过程的分析与检验

制浆造纸生产过程的分析与检验包括备料、蒸煮、洗选、漂白、打浆、调料、抄纸等各个工序的各种项目。在生产过程中，通过对各工序的分析与检验，可以及时发现生产中存在的问题，以便迅速采取措施予以解决。该项工作对维持正常生产、确保生产符合工艺要求有极大的意义。例如，测定蒸煮后浆料硬度，如发现低于或高于所规定的指标时，说明蒸煮时出了问题。浆料硬度太低，不但会降低纸浆的物理强度，而且会降低成浆得率，其原因可能是用碱量太高、蒸煮温度太高或时间太长；浆料硬度过高，则浆料生硬，色泽深暗，筛渣增多，而且漂白困难，其原因可能是用碱量不足或蒸煮温度过低或时间太短所致。一旦测出浆料硬度不合要求，有关人员需据此找出原因，及时对生产工艺进行调整，以形成良性反馈。由此可见，生产过程的分析与检验是技术管理工作中一个重要的组成部分。在工厂通常都设有技术检查部门来进行管理。由于各个生产工序的半成品检验项目和质量标准是根据产品的种类及用途来决定的，因此该部门还负责制定生产过程和半成品的检验项目和有关的质量标准并监督执行，以保证最终产品能达到国家规定的标准。

一、备料的生产检查

从原料场送来的原料，要除去其中所含的杂质，以尽量降低蒸煮药品的消耗。此外为了保证蒸煮时药液浸透均匀、浆料质量稳定，还必须经过适当的切断，使之成为一定规格的草片，并保持一定的合格率。

原料水分的大小对其合格率和纸浆质量均有很大影响，因此对纤维原料水分有一个规定范围，例如用于磨木浆生产的木材其水分含量以 35%~50% 为宜，否则磨木产量低、质量差、电耗大。而用于化学制浆的木材其水分含量不应大于 25%。草类原料水分含量要求不超过 20%。水分含量太高不但不易切断而且会造成长短不匀的现象，在蒸煮时还会影响浆料的质量。因此检验水分可正确计算原料的装锅量，并根据规定的液比确定送液量。

甘蔗渣一类的原料，含有蔗髓，必须除去，否则不但蒸煮时药品的消耗大，而且对成纸的质量有较大的影响。为了保证生产的正常进行，必须按规定对备料工段中的原料进行检查。

（一）合格率的测定

1. 草片合格率的测定

切草机切断的草片，要求长度为 20~40mm。草片合格率是指所切断的草片与其中符合要求长度草片的质量百分率，一般要求在 80%~85% 以上。草片合格率低，表示长草片多，会使蒸煮时药液的渗透困难并由此造成浆料质量不均匀，同时草片过长也会降低蒸煮的装锅量。

取样方法

在开始切料 5~10min 后即行取样。取样地点可在皮带运输机或刮板运输机的全宽度上取样（如采用风送则应在风送管进口处取样）。取样时可站在固定地点，在 1~2min 内，等距离取 8~10 次，共约 500g，充分混合后备用。

测定方法

称取草片 20g，用直尺量出少量符合标准长度的样品后，选出超过标准长度的草片并称其质量。

设草片合格率为 $w_{合格草片}$（％），则按式（2-1）计算：

$$w_{合格草片} = \frac{m - m_1}{m} \times 100\%$$ (2-1)

式中　m——试样质量，g

　　　m_1——超过标准长度的草片质量，g

2. 木片合格率的测定

从削片机出来的木片，其规格大小不一，除了合格的木片外，还有粗大的木片、木节、木屑等。粗大木片和木节在蒸煮时不易为蒸煮液所浸透，造成蒸煮后的未蒸解物（筛渣）增加。木屑在蒸煮时除了消耗药液外，还会堵塞木片间的通道，造成浆料不匀。因此要求削出的木片要长短厚薄一致、大小整齐，以便在蒸煮时药液能迅速均匀渗透，以保证浆料质量一致。木片的规格一般为长 15~25mm，宽 10mm，厚 3~5mm。

取样方法

在圆筛或平筛下的皮带运输机中间位置采取木片试样，每次采取约 50g，置于铁桶中，在 5min 内，采取约 2~3kg 木片，充分混合均匀后备用。

测定方法

称取木片 1000g，选出木节和朽木后，放入筛选机进行筛选。筛选机分别用筛孔为 30mm×30mm、15mm×15mm 及 5mm×5mm 的筛板。如无筛选机亦可采用相同筛孔的标准筛进行筛选。留在 30mm×30mm 筛板上的为大木片，留在 15mm×15mm 筛板上的为标准木片，留在 5mm×5mm 筛板上的为小木片，通过 5mm×5mm 筛板的为木屑。标准木片与小木片均为合格木片，将上述各类木片分别用粗天平称量，按下列各式分别计算出其百分含量。

设大木片含量为 $w_{大木片}$（％），合格木片含量为 $w_{合格木片}$（％），木屑含量为 $w_{木屑}$（％），则分别按式（2-2）、式（2-3）和式（2-4）计算：

$$w_{大木片} = \frac{m_1}{m} \times 100\%$$ (2-2)

$$w_{合格木片} = \frac{m_2 + m_3}{m} \times 100\%$$ (2-3)

$$w_{木屑} = \frac{m_4}{m} \times 100$$ (2-4)

式中　m——试样质量，g

　　　m_1——大木片质量，g

　　　m_2——标准木片质量，g

　　　m_3——小木片质量，g

　　　m_4——木屑质量，g

注意事项

计算结果精确至 0.1%。

（二）水分的测定

原料水分的大小影响其蒸煮药液的渗透性，从而影响蒸煮曲线，故在制浆前先测定原料水分，作为计算和控制生产的依据。在第一章曾介绍了测定植物纤维原料水分的方法。在备料工段中，原料的水分亦需要测定，所不同的是，用于备料工段中的原料水分测定必须符合生产的要求，即要求快速地进行分析，其误差也允许较大。在工厂生产中通常使用以下两种方法：

1. 烘干法

测定方法

取一扁状带盖的玻璃容器，置于烘箱中烘至质量恒定。称取 25g 原料，置容器中放入烘箱内，打开容器盖子，在 105℃下烘至质量恒定。

设纤维原料水分含量为 $w_水$（%），则按式（2-5）计算：

$$w_水 = \frac{m - m_1}{m} \times 100\% \tag{2-5}$$

式中　m——试样烘干前的质量，g

　　　m_1——试样烘干后的质量，g

注意事项

①从取样至称量完毕送入烘箱这段操作时间不宜超过 0.5h，以免试样暴露时间太长，产生吸水或蒸发，影响其测定结果。

②烘干后经冷却的试样应在 1min 内迅速称量完毕，以避免试样重新吸收空气中的水分而增加试样质量。

2. 红外线干燥法

用烘干法测定原料水分虽然比较准确，但时间较长，不能适应生产需要，因此工厂多采用红外线干燥法，以便快速测出原料的水分。

具有相同质量而含水分不同的原料，在同一时间内经短时间的烘干，所蒸发的水分（即所减轻的质量）是不同的。含水分越大的原料，经烘干所减轻的质量也越大，即所减轻的质量对应某一水分含量。因此，应首先制备不同水分含量系列的原料试样，采用烘干法和红外线干燥法，同时进行水分含量的平行测定，再将两种测定方法所得的结果列成对照表，以后只要用红外线干燥法测出试样烘干前后的质量差，即可通过查表求得水分含量。

测定方法

称取 25g 原料，置于已烘干至质量恒定的扁形带盖玻璃容器中，将其放入红外线干燥箱内（或放入一个带有两个 220V、500W 红外线灯泡的箱子内），打开容器盖子，在箱内烘 1~2min后取出称量。求出烘干前后原料质量差，再查阅绝干水分对照表，即可得出原料水分含量。

二、蒸煮的生产检查

为了正确地执行蒸煮工艺技术条件，在蒸煮前必须测定蒸煮液的浓度，并根据装锅量及用药量的规定，正确计算需用药液的数量。在蒸煮后期还要取样分析蒸煮液中药液浓度的变化情况，以判断蒸煮的终点。蒸煮后的浆料要测定其硬度，根据硬度的大小判断蒸煮是否合理；根据硬度预测漂白时漂液的用量。测定蒸煮得率还可以了解蒸煮过程中原料的损失情况，同时可以作为成本核算的依据。

蒸煮工序的检查项目主要有碱法的分析、蒸煮废液的分析、纸浆硬度和蒸煮得率的测定等。

（一）碱法蒸煮液的分析

碱法制浆主要包括烧碱法和硫酸盐法。烧碱法蒸煮液的主要成分为氢氧化钠，其分析项目主要有总碱、活性碱和碳酸钠的含量。工厂中实际上多测定活性碱，并以此作为计算蒸煮用碱量的依据。硫酸盐法蒸煮液的主要成分除了氢氧化钠外还有硫化钠，工厂中实际上多测定活性碱及硫化钠的用量，以计算出蒸煮用碱量及硫化度。

　　1. 烧碱法、硫酸盐法蒸煮液中总碱的分析

　　总碱量是指蒸煮液中全部碱的含量。烧碱法蒸煮液的总碱量包括 $NaOH+Na_2CO_3$，硫酸盐法蒸煮液中的总碱包括 $NaOH+Na_2CO_3+Na_2S+1/2Na_2SO_3$，均以 Na_2O 或 $NaOH$ 计，其单位为 g/L。

　　总碱量的测定采用中和法，即以标准盐酸溶液滴定试样，在碱法蒸煮液中会发生如下反应：

$$NaOH+HCl \Longrightarrow NaCl+H_2O$$
$$Na_2CO_3+2HCl \Longrightarrow 2NaCl+H_2O+CO_2\uparrow$$

在硫酸盐法蒸煮液中，除发生上述反应外，还会发生如下反应：

$$Na_2S+2HCl \Longrightarrow 2NaCl+H_2S\uparrow$$
$$Na_2SO_3+HCl \Longrightarrow NaHSO_3+NaCl$$

应用试剂

①0.5mol/L HCl 标准溶液——滴定试样；

②甲基橙溶液——指示剂。

测定方法

　　在 500mL 容量瓶中倾入 250mL 左右新经煮沸并已冷却的蒸馏水，再用移液管吸取 25mL 碱法蒸煮液放入容量瓶中，然后加水稀释至刻度，摇匀。

　　用移液管吸取 50mL 上述制备的样品液于 300mL 锥形瓶中，加入 1~2 滴甲基橙指示剂，用 $c(HCl)=0.5mol/L$ 的盐酸标准滴定溶液滴定至橙红色。

　　图示法表示如图 2-1 所示：

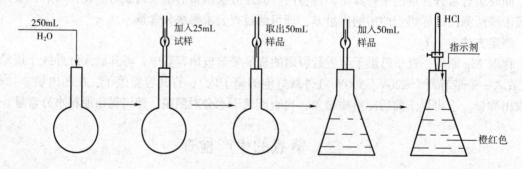

图 2-1　碱法蒸煮液总碱的测定

　　设总碱量为 $\rho_{总碱量}$（g/L），以 Na_2O 计，则按式（2-6）计算：

$$\rho_{总碱量}=\frac{V_{HCl}\times c_{HCl}\times 31\times 10}{25} \tag{2-6}$$

式中　V_{HCl}——滴定时耗用盐酸标准滴定溶液的体积，mL

　　　　c_{HCl}——盐酸标准滴定溶液的实际浓度，mol/L

　　　　31——1/2Na_2O 的摩尔质量，g/mol

注意事项

①做两次平行试验，其误差不超过 0.15g/L

②吸取试样时必须待冷至室温后才进行，否则试样体积不准确

2. 烧碱法、硫酸盐法蒸煮液中活性碱的分析

烧碱法蒸煮液中的活性碱是指 NaOH 的含量；硫酸盐法蒸煮液中的活性碱是指 NaOH+Na$_2$S，均以 Na$_2$O 表示，其单位为 g/L。

测定时先加入氯化钡，使烧碱法蒸煮液中的碳酸钠（硫酸盐法蒸煮液中除碳酸钠外还有硫酸钠和亚硫酸钠）变为 BaCO$_3$ 沉淀，其反应如下：

$$Na_2CO_3+BaCl_2 === 2NaCl+BaCO_3\downarrow$$
$$Na_2SO_4+BaCl_2 === 2NaCl+BaSO_4\downarrow$$
$$Na_2SO_3+BaCl_2 === 2NaCl+BaSO_3\downarrow$$

然后再用盐酸标准滴定溶液滴定，其反应如下：

$$NaOH+HCl === NaCl+H_2O$$
$$Na_2S+2HCl === 2NaCl+H_2S\uparrow$$

应用试剂

①10%BaCl——沉淀蒸煮液中的碳酸钠（硫酸盐法蒸煮液中除碳酸钠外还有硫酸钠和亚硫酸钠）；

②0.5mol/L HCl 标准溶液——滴定试样；

③甲基橙溶液——指示剂。

测定方法

取一个 500mL 容量瓶，预先注入新煮沸而已冷却的蒸馏水至半满，用移液管吸取 25mL 试样，再加入 10%氯化钡溶液至沉淀完全（待沉淀物下沉后，用清洁玻棒沾此溶液，滴于盛有稀硫酸的试管中试之，如无白色沉淀，则应再加氯化钡直至得到白色沉淀为止），并有微过量氯化钡存在为止。最后加水稀释至刻度，摇匀。静置以便碳酸钡等沉淀下降。

用移液管吸取 50mL 上层清液于 300mL 锥形瓶中，加入 1~2 滴甲基橙指示剂，用 $c(\text{HCl})=$ 0.5mol/L 盐酸标准滴定溶液滴定至橙红色。

图示法表示测定过程（学生自己按图 2-1 方法画出）

设活性碱含量为 $\rho_{活性碱}$（g/L），以 Na$_2$O 计，则按式（2-7）计算：

$$\rho_{活性碱}=\frac{V_{HCl}\times c_{HCl}\times 31\times 10}{10} \tag{2-7}$$

式中　V_{HCl}——滴定时所耗用的盐酸标准滴定溶液体积，mL

　　　c_{HCl}——盐酸标准滴定溶液的实际浓度，mol/L

　　　31——1/2Na$_2$O 的摩尔质量，g/mol

注意事项

①做两份平行试验，其误差不超过 0.4g/L

②加入氯化钡后，应充分摇荡，使反应完全从而增加沉淀速度

③吸取溶液时应防止把碳酸钡沉淀吸上，因碳酸钡沉淀与盐酸作用会产生如下反应：

$$BaCO_3+2HCl === BaCl_2+H_2O+CO_2\uparrow$$

这样会使测定结果偏高。滴定时应快摇慢滴，以免盐酸局部浓度过高而与可能吸上的 BaCO$_3$ 等沉淀反应而影响结果的准确性。

3. 烧碱法蒸煮液中碳酸钠的分析

烧碱法蒸煮液中碳酸钠的含量可由已测得的总碱量（以 Na$_2$O 计）中减去活性碱量（以 Na$_2$O 计）而求得。

碳酸钠含量（g/L）=（53/31）总碱量（以 Na₂O 计）-（53/31）活性碱量（以 Na₂O 计）

= 1.709 总碱量（以 Na₂O 计）-1.709 活性碱量（以 Na₂O 计）

例：已测得烧碱法蒸煮液中总碱量为 46.5g（Na₂O）/L，活性碱量为 44.8g（Na₂O）/L，求碳酸钠的含量。

解：碳酸钠含量（g/L）= 1.709×46.5-1.709×44.8 = 2.9

4. 烧碱法蒸煮液的双指示剂法分析

上述测定总碱、活性碱及碳酸钠的方法比较准确，为一般工厂所采用。另外还可采用"双指示剂法"，可以一次同时测出总碱量、活性碱及碳酸钠的量。此法准确性稍差一些，但方法简单快捷，如作为控制生产之用，不要求测定结果特别精确时可采用此法。

该法的测定原理在于用盐酸标准滴定溶液滴定烧碱法蒸煮液时，先用酚酞为指示剂，滴定到终点时，溶液由红色褪至无色（变色范围：pH=8.3~9.6），完成以下反应：

$$NaOH+HCl \Longrightarrow NaCl+H_2O$$

$$Na_2CO_3+HCl \Longrightarrow NaHCO_3+NaCl$$

然后加入 1~2 滴甲基橙指示剂，继续用盐酸标准滴定溶液滴定至橙红色（变色范围：pH=3.9~4.4），完成以下反应：

$$NaHCO_3+HCl \Longrightarrow NaCl+H_2O+CO_2\uparrow$$

测定方法

用移液管吸取 25mL 烧碱法蒸煮液于已倾入 100mL 左右新煮沸并已冷却的蒸馏水的 250mL 容量瓶中，加蒸馏水稀释至刻度，摇匀。

用另一移液管吸取上述稀释液 10mL 于 250mL 锥形瓶中，加入酚酞指示剂 1~2 滴，用 $c(HCl)=0.5mol/L$ 的盐酸标准滴定溶液滴定至红色变为无色，记录下所耗去的盐酸标准滴定溶液的耗用量 V_1。然后加入甲基橙指示剂 1~2 滴，继续用盐酸标准滴定溶液滴定至黄色变为橙红色，记录下第一次滴定终点至第二次滴定终点耗用的盐酸标准滴定溶液量为 V_2。

图示法表示测定过程（按图 2-1 方法画出）

设总碱量为 $\rho_{总碱量}$（g/L），以 Na₂O 计；活性碱量为 $\rho_{活性碱}$（g/L），以 Na₂O 计；碳酸钠量为 $\rho_{碳酸钠}$（g/L），以 Na₂CO₃ 计，则分别按式（2-8）和式（2-9）计算：

$$\rho_{总碱量}=\frac{(V_1+V_2)\times c_{HCl}\times 31}{25\times 10/250}, \quad \rho_{活性碱}=\frac{(V_1-V_2)\times c_{HCl}\times 31}{25\times 10/250} \qquad (2-8)$$

$$\rho_{碳酸钠}=\frac{2V_2\times c_{HCl}\times 53}{25\times 10/250} \qquad (2-9)$$

式中　V_1——用酚酞作指示剂时所耗用盐酸标准滴定溶液体积，mL

　　　V_2——用甲基橙作指示剂时所耗用盐酸标准滴定溶液体积，mL

　　　c_{HCl}——盐酸标准滴定溶液的实际浓度，mol/L

　　　31——1/2Na₂O 的摩尔质量，g/mol

　　　53——1/2Na₂CO₃ 的摩尔质量，g/mol

5. 硫酸盐法蒸煮液中硫化钠的分析

测定硫化钠含量的方法常用的有碘量法、双指示剂法和硝酸银铵法。

（1）碘量法

该法的测定原理是在蒸煮液中加入过量的碘溶液，包括硫化钠在内的所有还原物与碘液反应，其反应如下：

$$Na_2S+I_2 \Longrightarrow 2NaI+S$$

$$2Na_2S_2O_3+I_2 \Longrightarrow Na_2S_4O_6+2NaI$$

$$Na_2SO_3+I_2+H_2O =\!=\!= Na_2SO_4+2HI$$

然后再以硫代硫酸钠标准滴定溶液滴定过量的碘即可求得结果：

$$Na_2S_2O_3+4I_2+10NaOH =\!=\!= 2Na_2SO_4+8NaI+5H_2O$$

此法测得的硫化钠含量，实际上为总还原物的含量，所以结果会偏高，但考虑到亚硫酸钠、硫代硫酸钠等还原物在蒸煮溶液当中的含量很少，生产实际上往往忽略不计，故本法仍为生产上所采用。

应用试剂

①0.1mol/L I_2 标准溶液——与蒸煮液中的还原物反应；

②20%醋酸——在酸性条件下反应可减少误差；

③0.1mol/L $Na_2S_2O_3$ 标准溶液——滴定过量的碘；

④淀粉溶液——指示剂，指示终点。

测定方法

用移液管吸取 25mL 蒸煮液于 100mL 容量瓶中，加水稀释至刻度，摇匀。从滴定管中放出 $c(1/2I_2) = 0.1mol/L$ 碘标准溶液 25~30mL 于 250mL 锥形瓶中，加 5mL20%乙酸，并用约 30mL 水冲洗瓶及内壁，摇匀。然后注入 10mL 已稀释的蒸煮液于酸化的碘液中，并摇荡瓶中物，用 $c(Na_2S_2O_3) = 0.1mol/L$ 硫代硫酸钠标准滴定溶液滴定过量的碘，至淡黄色时，加淀粉指示剂，继续滴定至蓝色消失。

图示法表示测定过程（按图 2-1 方法画出）。

设硫化钠含量为 ρ_{Na_2S}(g/L)，则按式（2-10）计算：

$$\rho_{Na_2S} = \frac{(V_{I_2}c_{1/2I_2}-V_{Na_2S_2O_3}c_{Na_2S_2O_3})\times 39\times 10}{25} \tag{2-10}$$

式中　V_{I_2}——加入的碘标准滴定溶液体积，mL

$c_{1/2I_2}$——碘标准滴定溶液的实际浓度，mol/L

$V_{Na_2S_2O_3}$——滴时所耗用的硫代硫酸钠标准滴定溶液体积，mL

$c_{Na_2S_2O_3}$——硫代硫酸钠标准滴定溶液的实际浓度，mol/L

39——1/2Na_2S 的摩尔质量，g/moL

两份平行试验误差不超过 0.20g/L

（2）双指示剂法

该法的测定原理的基于硫化钠与碳酸钠一样是二元弱酸盐，在不同的 pH 中可以中和到不同程度，从而经过计算求出不同组分的量。用盐酸进行滴定，以酚酞为指示剂滴定至终点时，所测组分为 NaOH+1/2Na_2S；以甲基橙为指示剂滴定至终点时，所测组分为 NaOH+Na_2S。

由于硫化钠是强碱弱酸盐，会产生部分水解反应，中和反应的等当点呈碱性，同时容易受空气氧化，所以用这种方法所得的结果会偏高。该法的优点是操作较简单。

测定方法

吸取 25mL 蒸煮液于预先盛有不含二氧化碳的蒸馏水的 500mL 容量瓶中，加入 10%的氯化钡，使蒸煮液中的碳酸钠和亚硫酸钠完全被沉淀，吸取澄清液 50mL 于 300mL 锥瓶中，先以酚酞为指示剂，用 $c(HCl) = 0.5mol/L$ 盐酸标准滴定溶液滴定至红色褪去，记录盐酸用量为 V_1。然后再加入甲基橙指示剂 1~2 滴，继续用盐酸滴定至橙红色，记录其盐酸的总用量为 V_2。

设氢氧化钠含量为 ρ_{NaOH}（g/L），硫化钠含量为 ρ_{Na_2S}（g/L），则分别按式（2-11）和式（2-12）计算：

$$\rho_{NaOH} = \frac{[V_1 - (V_2 - V_1)] \times c_{HCl} \times 40}{25 \times 50/500} \tag{2-11}$$

$$\rho_{Na_2S} = \frac{2(V_2 - V_1) \times c_{HCl} \times 39}{25 \times 50/500} \tag{2-12}$$

式中　V_1——用酚酞作指示剂时所耗用盐酸标准滴定溶液体积，mL

　　　　V_2——整个滴定过程盐酸标准滴定溶液的消耗体积，mL

　　　c_{HCl}——盐酸标准滴定溶液的实际浓度，mol/L

　　　　40——NaOH 的摩尔质量，g/mol

　　　　39——$1/2Na_2S$ 的摩尔质量，g/mol

（3）硝酸银铵法

该法的测定原理是基于硫化钠与硝酸银铵溶液作用生成黑色硫化银沉淀，根据滴定时所消耗的硝酸银铵溶液量，即可求得硫化钠量。其反应如下：

$$Na_2S + 2AgNO_3 \xrightarrow{\quad\quad} 2NaNO_3 + Ag_2S\downarrow（黑色）$$

硝酸银溶液中必须加入氢氧化铵的原因是使其形成离解度非常低的银铵络合离子，由于一般用于制造硫化钠的原料芒硝中都含有一定量的氯化钠并带到成品硫化钠中，而银铵络离子只能使溶解度极低的硫化银沉淀出来，而防止氯化银的沉淀。

此法的优点是操作简便，可以直接迅速测定，不需经沉淀分离，也不用内外指示剂，准确度高，得到广泛采用。

应用试剂

标准硝酸银铵溶液：称取 87.07g 硝酸银溶解于少量水中，加 250mL 氢氧化铵（相对密度 0.90），然后移入 1000mL 容量瓶中，加水至刻度，摇匀后装入棕色试剂瓶中备用。此标准硝酸银铵溶液，1mL 相当于 0.02g 硫化钠。

测定方法

用移液管吸取 5mL 蒸煮液于 250mL 锥形瓶中，由滴定管滴入标准硝酸银铵溶液。滴定时慢旋动锥瓶，使生成的硫化银沉淀凝聚，接近终点时剧烈地旋动，使沉淀聚集于透明的浅褐色溶液中，继续滴定，每加一滴硝酸银铵溶液，就剧烈地旋动锥形瓶，直至不再有黑色沉淀形成即为终点，记录硝酸银铵溶液耗用量。

设硫化钠含量为 ρ_{Na_2S}（g/L），则按式（2-13）计算

$$\rho_{Na_2S} = \frac{V \times 0.02}{5} \tag{2-13}$$

式中　V——滴定时耗用硝酸银铵标准滴定溶液体积，mL

注意事项

开始滴定时，速度可以快一些，而锥形瓶的旋动应慢一点，这样有利于大颗粒沉淀的生成。接近滴定终点时，滴定速度要慢，逐滴加入，并伴随剧烈旋动，使新生成的沉淀被大颗粒吸附，有利于终点的观察。

（4）硫化度的计算

硫化度是指硫酸盐法蒸煮液或白液中硫化钠占活性碱总量的百分率。设硫化度为 $w_{硫化度}$（%），则按式（2-14）计算：

$$w_{硫化度} = \frac{Na_2S 含量}{NaOH 含量 + Na_2S 含量} \times 100\% \tag{2-14}$$

式（2-14）中 Na_2S 及 NaOH 均换算为 Na_2O 计算，换算系数如下：

$$Na_2S 含量 \times 0.7942 = Na_2O 含量$$

$$NaOH 含量 \times 0.7748 = Na_2O 含量$$

（二）碱法蒸煮废液的分析

在碱法制浆过程中，纤维原料和碱液在蒸煮的化学反应之后生成有机物钠盐并溶解在蒸煮液中，因呈黑色，故称作黑液。黑液中无机物主要是化合的钠盐和游离的 $NaOH$、Na_2SO_4、Na_2S、Na_2CO_3 及原料带入的无机灰分，而大部分是与黑液有机化合物化合的钠。有机物主要包括木素和碳水化合物的碱性降解产物。

1. 黑液的取样

取具有代表性的浆料试样，以铜网制成的漏斗（或白布袋）挤压出黑液于试样杯中，或直接从黑液槽取出黑液试样。

2. 黑液密度的测定

测定黑液的密度可间接地了解黑液的浓度。黑液密度可用相对密度表示。

测定方法

将试样盛于100mL量筒内，调节温度为20℃，采用12支以上的整套密度计进行测定，首先用一号密度计测出黑液的大概密度，然后用此密度所在范围的精确密度计测定，读至小数后第三位。

如果黑液浓度太大，用密度计测定不合适，则可改用密度瓶测定。先将加热后流动性较好的黑液，置于已称量的密度瓶中，冷却至20℃，如发现冷却后黑液体积发生收缩，应及时补充黑液以充满密度瓶，然后盖上瓶塞，洗净被挤出的黑液，擦干、称量。另外，再用蒸馏水装满另一密度瓶，在同标定温度下称量。

设黑液在20℃下的相对密度为 d，则

$$d = \frac{m_1 - m}{m_2 - m} \tag{2-15}$$

式中　m_1——黑液和密度瓶的总质量，g

　　　m_2——蒸馏水和密度瓶的总质量，g

　　　m——密度瓶质量，g

注意事项

①用密度瓶测定时，要将瓶内气泡赶尽。

②用密度计测定时，注意不要让密度计靠着壁筒，放入黑液时要慢慢放入。

3. 固形物的测定

黑液中的固形物包括有机物和无机物。

测定方法

先在扁形称量瓶内装入5~10g（40~60目）已洗净的石英砂，烘干至质量恒定。用移液管吸取黑液1mL或精确称量1g浓黑液放入称量瓶中与石英砂混匀，置于恒温烘箱中，于100~105℃下烘干至质量恒定。

设固形物含量为 $\rho_{固形物}$（g/L），则按式（2-16）或式（2-17）计算：

$$\rho_{固形物} = \frac{(m_1 - m_2)\, d}{m} \times 1000 \tag{2-16}$$

或

$$\rho_{固形物} = \frac{m_1 - m_2}{V} \times 1000 \tag{2-17}$$

式中　m_1——烘干后称量瓶和残渣的质量，g

　　　　m_2——称量瓶质量，g

　　　　m——试样质量，g

　　　　d——黑液相对密度

　　　　V——黑液试样容积，mL

注意事项

①石英砂需先用 6mol/L 的盐酸溶液煮沸 1h，洗净，再用 6mol/L 的氢氧化钠溶液煮沸 1h，再经洗净、干燥备用。

②若黑液浓度高于 20% 时，试样在称量瓶中不易分散，可以加入热蒸馏水稀释搅拌后干燥。

4. 硫酸盐灰分的分析

将试样灼烧，在灰化过程中加硫酸使灰分不以碳酸钠形式而以硫酸钠形式存在，则坩埚不受腐蚀。

测定方法

将黑液 5mL 置于已灼烧至质量恒定的瓷坩埚中，称量后置于电热板上低温烘干，再于电炉上烧去大部分有机物。冷却，用数滴蒸馏水润湿，加 3 滴甲基橙指示剂，然后慢慢滴入浓硫酸至现红色（可略过量），置于电热板上加热蒸干，逐步去掉三氧化硫，然后移入高温炉内于 800℃ 下灼烧至质量恒定，如为草浆黑液，则因二氧化硅含量较高，所得灰分除硫酸钠外，还含有二氧化硅，故计算硫酸盐灰分时，应采用修正值。

设硫酸盐灰分为 $\rho_{硫酸盐灰分}$（g/L），以 NaOH 计，则按式（2-18）计算：

$$\rho_{硫酸盐灰分} = \frac{m_1 - m_2}{V}（\times 1000 - \rho_{SiO_2}）\times 0.563 \tag{2-18}$$

式中　m_1——灼烧后残渣及坩埚的质量，g

　　　　m_2——坩埚的质量，g

　　　　V——黑液试样容积，mL

　　　　ρ_{SiO_2}——黑液中二氧化硅含量，g/L（木浆黑液中该项可忽略不计）

　　0.563——硫酸钠换算成氢氧化钠的系数

注意事项

①如灼烧后灰分有黑斑或黑点，可在冷却后加 4~5 滴浓硝酸或过氧化氢，使黑灰润湿，蒸干，在 800℃ 灼烧至白色。

②无机物含量（g/L）≈硫酸盐灰分（g/L）；有机物含量（g/L）≈固形物（g/L）-无机物含量（g/L）。

5. 二氧化硅的测定

用硫酸及硝酸氧化黑液中有机物，并使硅酸钠生成硅酸，然后在浓硫酸中脱水，生成二氧化硅沉淀，经过滤灼烧后测得其含量。

测定方法

吸取 10mL 黑液于 250mL 烧杯中，徐徐加入 15mL 浓硫酸，搅拌，盖上表面皿，在电热板上慢慢氧化，直至溶液蒸出白色三氧化硫为止。如溶液呈棕黄色或黑色，则表示氧化不完全，应再加适量浓硝酸，冷却，慢慢加入 150mL 水，煮沸，以慢速滤纸过滤，用热水洗至滤液不呈酸性（甲基橙指示剂应呈黄色）。将滤纸置于质量恒定的坩埚中，先于低温灰化，再移入高温炉内在 800℃ 灼烧至质量恒定。坩埚所增质量即为二氧化硅质量。

设二氧化硅含量为 ρ_{SiO_2}（g/L），则按式（2-19）计算：

$$\rho_{SiO_2} = \frac{m_1 - m_2}{V} \times 1000 \tag{2-19}$$

式中　m_1——灼烧后残渣及坩埚的质量，g

m_2——坩埚的质量，g

V——黑液试样容积，mL

注意事项

样品中若有钙离子，则所用浓硫酸应改为过氯酸。

6. 总碱的测定

测定黑液总碱量的目的是碱回收车间需要了解黑液中可供回收利用的钠盐量。因此黑液中总碱应包括与木素化合的钠盐、碳酸钠、硫酸钠、硫化钠、硫代硫酸钠、亚硫酸钠、硅酸钠，而不包括少量的氯化钠、氯化钾和铁、铝等其他杂质。以硫酸盐灰分代表的总碱，恰好包括上述杂质，是一缺点。如黑液经高温灼烧分解了有机物之后，再用盐酸滴定，测得的结果虽不包括氯化物的量，但亦不包括硫酸钠的量。

生产上一般采用硝酸银法测定总碱。该法用盐酸置换黑液中各种钠盐，灼烧为氯化钠，然后用硝酸银测定总氯量。该法的测定结果仍包括少量氯化物，但不包括硫酸钠。但由于灼烧温度较低，钠的挥发损失较少，故该法仍被采用。所测定结果由于比从硫酸盐灰分计算得来的总碱量偏低，为此可另测黑液中硫酸钠含量校正之。

测定方法

吸取黑液试样 5mL，注入瓷坩埚中，以甲基橙为指示剂，加 1+1 盐酸溶液使呈酸。然后置沙浴或水浴上蒸发至干，再移入高温炉内（约 600℃）灼烧成灰，取出冷却，用水洗入 250mL 容量瓶中，用水稀释至刻度，摇匀。吸取 25mL 置于 250mL 锥形瓶中，加入 1mL15% 铬酸钾指示剂，用 $c(AgNO_3) = 0.1$ mol/L 硝酸银标准滴定溶液滴定至溶液呈现砖红色。

设总碱量为 $\rho_{总碱量}$（g/L），以 Na_2O 计，则按式（2-20）计算：

$$\rho_{总碱量} = \frac{c_{AgNO_3} V_{AgNO_3} \times 31}{5 \times 25/250} \tag{2-20}$$

式中　V_{AgNO_3}——滴定时所耗用的硝酸银标准滴定溶液体积，mL

c_{AgNO_3}——硝酸银标准滴定溶液的实际浓度，mol/L

31——$1/2Na_2O$ 的摩尔质量，g/mol

7. 硫酸钠的测定

用盐酸将黑液中木素及其他酸不溶沉淀除去，于滤液中加氯化钡，使硫酸根生成硫酸钡沉淀，经过滤灼烧后测得其含量。

测定方法

吸取 25mL 黑液于 250mL 烧杯中，加 100mL 水，以浓盐酸（相对密度 1.19）调整至中性，再多加 5mL，搅拌，煮沸 10min，过滤。用热水洗涤，集滤液及洗液于 400mL 烧杯中，加入 1～2 滴甲基橙指示剂，以浓氢氧化铵（相对密度 0.9）调整至溶液呈中性，再加入 1mL 浓盐酸，加水稀释至约为 250mL，煮沸后，在不断搅拌下，滴入 15mL10% 氯化钡溶液，再煮沸 10～15min，静置 3h，最好静置过夜后过滤，用热水洗涤至洗液不含氯根（以硝酸银检验），将沉淀及滤纸置于质量恒定的瓷坩埚中，先于低温灰化，然后移入高温炉内，在 800℃ 灼烧至质量恒定，所增加的质量，即为硫酸钡。

设硫酸钠含量为 $\rho_{Na_2SO_4}$，（g/L），则按式（2-21）计算：

$$\rho_{Na_2SO_4} = \frac{m \times 0.6086}{25} \times 1000 \tag{2-21}$$

式中　m——灼烧残渣质量，g

　　0.6086——硫酸钡换算为硫酸钠的系数

8. 黑液残碱的测定

黑液残碱系指蒸煮液在蒸煮完毕后残留的活性碱含量。如果黑液残碱含量过高，则可能是用碱量太高或是加入的原料不足；如果同时发现浆料生硬，则可能是蒸煮气压不足或液比太小，致使药液与原料作用不好；如果黑液残碱太低，则可能是用碱量过低或者是加入原料太多了。因此在生产过程中，可以根据黑液残碱变化的情况，以发现蒸煮中出现的问题并及时采取有效措施。

测定方法

用移液管吸取 10mL 黑液于 100mL 容量瓶中，加入 10mL10%氯化钡溶液使木素沉淀，同时使碳酸钠及亚硫酸钠沉淀。用蒸馏水稀释至刻度，摇匀静置，用移液管吸取上部清液 10mL，以甲基橙为指示剂（如系烧碱法黑液可用酚酞为指示剂），用 $c(HCl) = 0.1mol/L$ 盐酸标准滴定溶液滴定至浅黄色变为橙红色即为终点（可用外指示剂或试纸协助定终点）。

设黑液残碱量为 $\rho_{黑液残碱}$（g/L），以 Na_2O 计，则按式（2-22）计算：

$$\rho_{黑液残碱} = \frac{V_{HCl}c_{HCl} \times 31 \times 10}{10} \tag{2-22}$$

式中　V_{HCl}——滴定时耗用的盐酸标准滴定溶液体积，mL

　　c_{HCl}——盐酸标准滴定溶液的实际浓度，mol/L

　　31——$1/2Na_2O$ 的摩尔质量，g/mol

9. 有效碱的测定

有效碱是指黑液中所含全部氢氧化钠以及硫化钠总量的 1/2 之和，即 $NaOH + 1/2Na_2S$。测定前加氯化钡使木素沉淀，同时也使碳酸钠、亚硫酸钠沉淀。取其澄清部分，以酚酞为指示剂，用盐酸标准滴定溶液滴定，其反应如下：

$$NaOH + HCl \longrightarrow NaCl + H_2O$$

如果是硫酸盐法黑液，还将发生如下反应：

$$Na_2S + HCl \longrightarrow NaHS + NaCl$$

由于采用酚酞作指示剂，滴定终点 pH = 8.3，亦即只有 $1/2Na_2S$ 与 HCl 起反应，故所测的为有效碱而非活性碱。

测定方法

用移液管吸取 10mL 黑液于 100mL 容量瓶中，加入 10mL10%氯化钡溶液，用蒸馏水稀释至刻度，摇匀静置。用移液管吸取上部清液 10mL，以酚酞为指示剂，用 $c(HCl) = 0.1mol/L$ 盐酸标准滴定溶液滴定至红色消失。由于黑液稀释后带有颜色，滴定时终点的颜色变化实际上是棕红色变为橙黄色（可用外指示剂或试纸协助定终点）。

设有效碱含量为 $\rho_{有效碱}$（g/L），以 Na_2O 计，则按式（2-23）计算：

$$\rho_{有效碱} = \frac{V_{HCl}c_{HCl} \times 31}{V \times 10/100} \tag{2-23}$$

式中　V_{HCl}——滴定时所耗用的盐酸滴定溶液体积，mL

　　c_{HCl}——盐酸标准滴定溶液的实际浓度，mol/L

　　V——用移液管吸取经澄清的试样上部清液体积，mL

31——$1/2Na_2O$ 的摩尔质量，g/mol

当终点由于黑液颜色影响而难于判断时，才可考虑使用电位滴定，其方法如下：

试样的配制及加氯化钡使木素沉淀的操作如上所述。用移液管吸取经澄清的试样上部清液 25mL 于 50mL 烧杯中，加 15mL 蒸馏水，将酸度计的玻璃电极和甘汞电极置于被测溶液中，并用电磁搅拌器连续不停地搅拌（或用一玻璃棒以匀速搅拌溶液）。

用 $c(HCl) = 0.1mol/L$ 盐酸标准滴定溶液进行滴定，每加数毫升后，即记录加入的盐酸量及由酸度计上所读出的溶液 pH，直至溶液的 pH 低至 4 或 4 以下为止。然后将 pH 列于纵轴，滴定时所加入的盐酸标准滴定溶液量（mL）列于横轴，做出滴定曲线图。

从图上找出 pH = 8.3（相当于酚酞指示剂的终点）时所加入的盐酸标准滴定溶液量，此值表示中和全部的 NaOH 和 $1/2Na_2S$ 量，据此可用上述计算公式计算出有效碱含量。

10. 固形物发热量的测定

测定黑液固形物发热量可以了解黑液的燃烧性能。发热量低则黑液在燃烧时炉温低，会影响回收率。影响发热量的因素主要是黑液固形物中有机物与无机物之比值，比值高则发热量高。通常木浆黑液固形物发热量比草浆高，而硬浆又比软浆高。

测定方法

固形物发热量的测定方法，基本上与测定煤的发热量相同（可参阅第六章煤的发热量测定方法）。在制备试样时，应用压块机将固形物压成小块。由于黑液固形物的吸湿性强，在压块及称量时应迅速进行。

（三）纸浆硬度的测定

纸浆的硬度是表示植物纤维原料经蒸煮后，纸浆中残留木素的量。纸浆硬度大，表示蒸解程度低，脱木素较少，浆料硬，漂白时多消耗漂白剂或不易漂白；纸浆硬度小，表示纸浆蒸解程度高，纸浆中含木素的含量少，浆料软，易于漂白。根据蒸煮后纸浆的硬度，可以评价蒸煮的预期效果，评价纸浆的可漂性，并为制订漂白工艺条件提供依据。

测定纸浆硬度的方法很多，其原理不外是利用木素和某些有机物与氧化剂作用，根据一定量纸浆在特定的条件下所消耗的氧化剂的量可以确定纸浆的硬度值，但这个被测出的硬度值不仅表示浆中所含的木素的量，还包括一些其他还原性有机物的含量，因而测定纸浆的硬度，只是相对地表示植物纤维原料在蒸煮过程中除木素的程度。

我国对可漂浆（一般指木素含量在 6% 以下的化学浆）多采用高锰酸钾法，对本色硬浆多采用卡伯值法，卡伯值法对得率在 60% 以下的未漂化学浆和半化学浆均能适用。两种方法的测定原理都是用高锰酸钾氧化浆料中的木素。高锰酸钾消耗得越多，表示硬度越大。一般草类可漂浆的高锰酸钾值约为 9~14，半化学浆为 15~18，本色硬浆则在 20 以上。

以下分别介绍高锰酸钾法和卡伯值法：

1. 高锰酸钾值法

1g 绝干浆在特定条件下所消耗 $c(1/5\ KMnO_4) = 0.1mol/L$ 的高锰酸钾溶液体积（mL）数，称为高锰酸钾值。

所谓特定条件是令纸浆在 25℃ ± 1℃ 时于 $c(1/5\ KMnO_4) = 0.00333 ± 0.0001mol/L$ 的 $(0.133 ± 0.05)mol/L$（$1/2H_2SO_4$）溶液中进行氧化作用。5min 后，加入碘化钾中止氧化反应，I^- 本身被还原。再用硫代硫酸钠标准滴定溶液滴定所析出的 I_2，由此计算被消耗和未被消耗的高锰酸钾的量，其反应如下：

$$2KMnO_4 + 8H_2SO_4 + 10KI \Longrightarrow 2MnSO_4 + 6K_2SO_4 + 5I_2 + 8H_2O$$

$$2Na_2S_2O_3+I_2 \Longrightarrow Na_2S_4O_6+2NaI$$

应用仪器

转速为 $500\pm100r/min$ 的电动搅拌器。

试样准备

①干浆板：取部分化学浆样，撕碎后放入盛有水的带橡胶塞的 100mL 广口瓶中，加入数十粒玻璃球，往复振荡，使化学浆完全离散。分离出玻璃球，用布袋装浆并拧干，分散成小块，置于干的带磨口玻璃塞的广口瓶中，经水分平衡后，取出一部分测定水分，余供测定高锰酸钾值用。

②湿浆：将经筛选分离粗糙的浆料，装入布袋并拧干，分散成小块，置于带磨口玻璃塞的广口瓶中，经水分平衡后，取出一部分测定水分，余供测定高锰酸钾值用。

③应用试剂：

a. 0.1mol/L （1/5） $KMnO_4$ 标准溶液——氧化试样中的木素；

b. 4mol/L （1/2） H_2SO_4 溶液——使木素在强酸性条件下氧化；

c. 1mol/LKI 溶液——终止反应，与剩余的 $KMnO_4$ 析出 I_2；

d. 0.1mol/L $Na_2S_2O_3$ 标准溶液——滴定析出的 I_2；

e. 0.5%淀粉溶液——指示剂。

测定方法

称取相当于 1g （称准至 0.005g）绝干质量已准备好的试样于容量 1000mL 或 2000mL 烧杯中，并将烧杯放于搅拌器使纸浆在水中搅和数分钟至完全分散而无小块为止。

用滴定管准确量取 25mL $c(1/5\ KMnO_4)$ = 0.1mol/L 的高锰酸钾溶液于一小烧杯中，再量取 25mL $c(1/2H_2SO_4)$ = 4mol/L 的硫酸于另一大烧杯中，加入 300mL 水并将烧杯浸入恒温水浴，调节温度为 $25\pm1℃$。

调节反应烧杯中浆液的温度为 $25\pm1℃$，将烧杯中大部分硫酸溶液倾入反应杯中，保留小部分酸液用以漂洗盛高锰酸钾溶液的小烧杯用。接着开动搅拌器，迅速加入 25mL $c(1/5\ KMnO_4)$ = 0.1mol/L 的高锰酸钾溶液，并立即开动秒表计时，随即用预先保留的少量硫酸溶液漂洗小烧杯，洗液亦倾入反应杯中（反应杯中溶液总量应为 750mL）。反应进行恰好 5min 时，立即加入 5mL $c(KI)$ = 1mol/L 的碘化钾标准溶液并停止搅拌。迅速用 $c(Na_2S_2O_3)$ = 0.1mol/L 硫代硫酸钠标准滴定溶液滴定析出的碘，滴至溶液呈淡黄色时加入 2~3mL 新配制的 0.5%淀粉溶液，继续滴至蓝色刚好消失为止。

设高锰酸钾值为 X，则按式 （2-24） 计算：

$$X=\frac{V_1-V_2}{m} \tag{2-24}$$

式中　V_1——加入的 $c(1/5\ KMnO_4)$ = 1.000 mol/L 高锰酸钾标准滴定溶液体积，mL

V_2——滴定时所耗用的 $c(Na_2S_2O_3)$ = 0.1000mol/L 硫代硫酸钠标准滴定溶液体积，mL

m——绝干试样质量，g

注意事项

①同时进行两次测定，取其算术平均值作为测定结果，要求准确到小数点后第 1 位，两次测定计算值间误差不应超过 0.1。

②上述方法适用于测定高锰酸钾值小于 20 的浆料。若高于 20，则应加入 40mL $c(1/5\ KMnO_4)$ = 0.1mol/L 的高锰酸钾溶液，40mL $c(1/2H_2SO_4)$ = 4mol/L 的硫酸溶液及 1120mL 水，最后反应

杯中溶液总量应为 1200mL，其余步骤完全相同。若纸浆高锰酸钾值大于 35，则应使用卡伯值方法测定。

③测定时所用的 1/5 $KMnO_4$ 溶液应恰为 0.1000mol/L，否则应根据实际换算成相当于 25mL 或 40mL $c(1/5\ KMnO_4)$ = 0.1000mol/L 的高锰酸钾溶液量，再准确量取。滴定时所用硫代硫酸钠标准滴定溶液的浓度若不为 0.1000mol/L 时，亦应将所耗用的硫代硫酸钠标准滴定溶液浓度换算成相当于 $c(Na_2S_2O_3)$ = 0.1000mol/L 的硫代硫酸钠标准滴定溶液量，然后再代入公式进行计算。

④从蒸煮锅放锅后取样得到的浆，一定要放在 80 目的筛上用水洗干净同时洗至无残碱为止方可用于高锰酸钾值的测定。

2. 卡伯值法

一定的绝干浆量（浆量应能消耗所加入的高锰酸钾量的 50% 左右），在规定的件下，每克绝干浆消耗 $c(1/5\ KMnO_4)$ = 0.1mol/L 的高锰酸钾溶液的体积（mL）即为卡伯值。如加入的绝干浆所消耗的高锰酸钾量不为 50.0% 时，应将所得的值换算成消耗 50% 高锰酸值量。

在所含木素的量为一定时，绝干浆的量越大，显然所消耗的高锰酸钾就越多。在刚开始测定某种浆的卡伯值时，不可能知道要称多少克绝干浆才刚好消耗所加入的高锰酸钾的 50%（即加入 100mL，应消耗 50mL），因而需要做试探性的试验，确定应称绝干浆若干克。但即使通过试探性试验，也不可能保证这若干克绝干浆恰好能消耗 50.0% 的高锰酸钾。因而给出一个绝干浆的称量范围，允许所称量的绝干浆质量可以消耗所加入高锰酸钾量的 30%~70%，但最后结果要换算为相当于消耗 50% 高锰酸钾的量。从表 2-1 可以看出，当所消耗的高锰酸钾的量若在 50.0% 以下时，校正系数 "f" 小于 1，这意味着所称量的浆量不足以消耗 50% 的高锰酸钾，如要达到规定标准，必定要增加绝干浆量。但有了 "f" 校正系数表，就不必重新称量，只要根据 V_2（测定时消耗的高锰酸钾溶液体积）乘以一个小于 1 的系数（可通过查表获得）就能给予校正，相当于消耗了 50% 所加入的高锰酸钾。同样，若纸浆所消耗的高锰酸钾量大于 50.0% 时，校正系数 "f" 一定大于 1，其道理如上所述。

本法的测定原理与高锰酸钾值法相同，试样的准备亦与高锰酸钾值法相同。

测定方法

称取能消耗 $c(1/5\ KMnO_4)$ = 0.1mol/L 的高锰酸钾溶液的 30%~70% 之间的试样（精确至 0.001g）。同时另称取试样测定水分。用湿浆解离器在不多于 500mL 的蒸馏水中解离试样，直到没有浆块和大纤维束，在解离过程中应注意尽量避免纤维被切断。将解离后的试样移至 2000mL 烧杯中，并用足够的水漂洗解离器，使总体积为 750mL。

将烧杯放在恒温水浴中，控制温度使整个反应期保持 25±0.2℃。调整电动搅拌器，使溶液产生深约 25mm 的旋涡而不导入空气。

用移液管将 100mL $c(1/5\ KMnO_4)$ = 0.1mol/L 的高锰酸钾溶液和 100mL $c(1/2H_2SO_4)$ = 4mol/L 的硫酸溶液放入 250mL 烧杯中，将混合液调整至 25℃，迅速倒入解离的试样中，同时开动秒表进行计时，用 50mL 蒸馏水分次洗涤盛混合液的烧杯，洗液也倒入反应烧杯中。反应烧杯中溶液的总体积应为 1000mL，作用恰为 10min 时，用量筒加入 20mL $c(KI)$ = 1mol/L 的碘化钾溶液以终止反应。

在混合以后，不需滤出纤维，立即用 $c(Na_2S_2O_3)$ = 0.2mol/L 的硫代硫酸钠标准滴定溶液滴定析出的碘，滴定至溶液呈淡黄色时，加入 2~3mL 0.5% 的淀粉溶液，继续滴定至蓝色消失为止。

按同样手续，进行空白试验，只是不加浆样，可以在加入高锰酸钾和硫酸溶液后，立即加入碘化钾溶液。

设卡伯值为 K_a，则按式（2-25）和式（2-26）计算：

$$V\,KMnO_4 = \frac{(V_0 - V_{Na_2S_2O_3})\,c_{Na_2S_2O_3}}{0.1} \tag{2-25}$$

$$K_a = \frac{V\,KMnO_4\,f}{m} \tag{2-26}$$

式中　　$V\,KMnO_4$——测定样品时消耗的高锰酸钾溶液体积，mL

$\quad\quad\quad V_0$——空白试验时耗用硫代硫酸钠标准滴定溶液体积，mL

$\quad\quad\quad V_{Na_2S_2O_3}$——滴定样品时耗用硫代硫酸钠标准滴定溶液体积，mL

$\quad\quad\quad c_{Na_2S_2O_3}$——硫代硫酸钠标准滴定溶液的实际浓度，mol/L

$\quad\quad\quad f$——换算成消耗 50% 高锰酸钾的常数，根据 $V\,kMnO_4$ 值查表 2-1 而得

$\quad\quad\quad m$——试样的绝干量，g

表 2-1　　　　　　　　　　　　　　"f" 常数表

$V\,kMnO_4$/mL	f									
	0	1	2	3	4	5	6	7	8	9
30	0.958	0.960	0.962	0.964	0.966	0.968	0.970	0.973	0.975	0.977
40	0.979	0.981	0.983	0.985	0.987	0.989	0.991	0.994	0.996	0.998
50	1.000	1.002	1.004	1.006	1.009	1.011	1.013	1.015	1.017	1.019
60	1.022	1.024	1.026	1.028	1.030	1.033	1.035	1.037	1.039	1.042
70	1.044									

注意事项

①同时进行两次测定，取其算术平均值作为测定结果，卡伯值在 50 以下，精确到 0.1，卡伯值在 50~100 时要求精确到 0.5，卡伯值在 100 以上时，仅要求精确到整数。两次测定结果应在平均值的 1% 以内。如果两次试验之间差别大于 2%，计算包括第 3 次测定结果的平均卡伯值。

②对于硬度较低、蒸解充分的化学浆，可以使用 50mL 高锰酸钾，50mL 硫酸，400mL 蒸馏水。在只使用一半体积的情况下，表 2-1 中的 $V\,KMnO_4$ 应改为 $2V\,KMnO_4$。

③在没有条件使用恒温水浴时，可在反应进行 5min 后，测量反应烧杯中混合物温度，并假设此温度是整个试验的平均温度，如测定温度在 20~30℃ 之间，卡伯值 K_a 可按式（2-27）换算：

$$K_a = \frac{V\,KMnO_4\,f}{m}\,[1 + 0.013\,(25 - t)] \tag{2-27}$$

式中　　　　　　t——测定时的温度，℃

$V\,kMnO_4$、f、m——同前

④在加入碘化钾溶液来终止反应至硫代硫酸钠滴定到终点这段时间必须尽量缩短，特别是空白试验尤其应注意，以尽可能减少碘的挥发所带来的误差。

⑤"f" 常数是通过试验得出的数据，其计算公式为 $\log f = 0.00093\,(V_2 - 50)$。

⑥从蒸煮锅放锅后取样得来的浆，一定要放在 80 目的筛上用水洗干净，洗至无碱为止方可用于卡伯值的测定。

⑦与高锰酸钾值法的异同点：

a. 方法与原理相同；

b. 称样（消耗 100mL，0.1mol/L KMnO₄30%～70%之间约 1.5g）；

c. KMnO₄ 及 H₂SO₄ 量 100mL（无须换算）；

d. 反应时间 10min；

e. Na₂S₂O₃ 标准溶液为 0.2mol/L；

f. 要作空白试验。

（四）纸浆蒸煮得率的测定

纸浆得率又称收获率，是纤维原料经蒸煮后所得绝干浆质量对蒸煮前绝干原料质量的百分比。

测定方法

取有代表性的经过切断或削片的试样，混合均匀后，取出一部分测定水分。称取相当于绝干试样 100g 两份，分别装入用不锈钢网（也可用铜网）或用纯棉做成的口袋中，注意缝好袋口。也可把试样装入不锈钢做的筛筒内。用铁链把上述试样口袋（筛筒）的一端挂在蒸煮锅上，与蒸煮锅内的原料在同一条件下蒸煮。待放锅后取出试样口袋（筛筒）置于不少于 80 目铜网做的漏斗筛网内，用清水洗涤干净，拧干，撕成碎块，置烘箱中于 105℃下烘至质量恒定，记下绝干质量。

设蒸煮得率为 $w_{得率}$（%），则按式（2-28）计算：

$$w_{得率} = \frac{m_2}{m_1} \times 100\% \tag{2-28}$$

式中　m_1——两份试样在蒸煮前的平均绝干质量，g

　　　m_2——两份试样在蒸煮后的平均绝干质量，g

（五）纸浆蒸解度的测定

一定质量的纸浆，在一定的水压冲洗下，用 10 目筛进行分类筛选，留在筛上者，称为未蒸解物；通过筛孔者，称为已蒸解物或细浆。细浆量与总浆量（细浆量与未蒸解物之和）的比值，即为纸浆的蒸解率。

纸浆的蒸解率反映了蒸煮浆的均匀程度。若蒸解率低，则说明应适当调整蒸煮工艺条件，以改善蒸煮的均匀性。

测定方法

蒸煮放锅后，由喷放锅上部小孔取样，浆样置于 80 目铜网漏斗中洗净残碱，然后用布拧干称取约 100g 试样（约含水分 60%），置于 10 目筛内（10 目筛下安置一个较大的 65 目筛，以盛接通过 10 目筛的细浆），以 0.2MPa 的高压水冲洗之，直至 10 目筛上仅剩下未蒸解物为止。然后分别仔细收集留在 10 目和 65 目上的未蒸解物和细浆，同一细布一次拧干，分别进行称量。

设蒸解率为 $w_{蒸解率}$（%），则按式（2-29）计算：

$$w_{蒸解率} = \frac{m_1}{m_1 + m_2} \times 100\% \tag{2-29}$$

式中　m_1——细浆质量，g

　　　m_2——未蒸解物质量，g

注意事项

10 目和 65 目筛必须定期检查更换。

（六）纸浆尘埃度的测定

任何物质嵌入纸浆内，可用反射光或透射光观察到与纸浆颜色显著不同的杂质称之为尘埃。以每千克纸浆内所含有的尘埃总面积（mm²）或按各类尘埃的个数表示，称为纸浆的尘埃度。

纸浆的尘埃多，会令漂白困难，从而影响纸的外观和物理强度，故纸浆的尘埃度的测定是为了随时掌握精选的工艺操作，了解尘埃去除情况，决定筛选质量，适当调整筛选工艺条件，以保证纸浆的质量。

测定方法

称取相当于 25.0±1.0g 的绝干浆样，经解离后在纸页成形器上抄成 200g/m² 的湿浆张，加压脱水后，不需干燥，贴在尘埃测定仪（见图 2-2）的玻璃板上，借灯光照射，用洁净的尖嘴弯头镊子将试样一层层剥下拣出浆中的尘埃，然后对照尘埃标准图（见图 2-3）上的面积，计算出尘埃的总面积，或按表 2-2 分组统计各组尘埃个数。

表 2-2　　分组统一尘埃个数

组别	尘埃面积
1	>5mm²
2	≥1.0~5.0mm²
3	>0.3~1.0mm²

设尘埃度为 S_D（mm²/kg），则按式（2-30）计算：

$$S_D = \frac{S_1 \times 1000}{m} \tag{2-30}$$

式中　S_1——所测定纸浆拣出的尘埃总面积，mm²

　　　m——所测纸浆的绝干质量，g

图 2-2　尘埃测定仪
1—照明灯　2—检测台　3—检测板

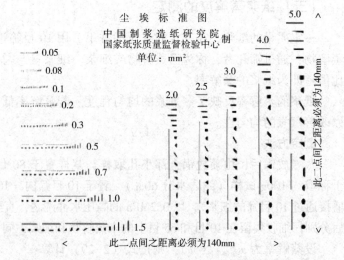

尘 埃 标 准 图
中 国 制 浆 造 纸 研 究 院
国家纸张质量监督检验中心 制
单位：mm²

图 2-3　尘埃标准图

如尘埃度以个/kg 表示，则尘埃度 N_D（个/kg）可用式（2-31）计算：

$$N_D = \frac{n \times 1000}{m} \tag{2-31}$$

式中 n——所测纸浆尘埃的个数，个

m——同上

注意事项

①如尘埃度以 mm^2 表示，则精确到一位小数；如以个数表示，则取整数；

②操作中应细心检查，养成良好的习惯，摄出的尘埃一定要按尘埃标准图排列，便于计算；

③所用仪器工具应经常加以清洁，保持干净。

三、废纸制浆的生产检查

近年来废纸的研究与利用在我国发展迅速。采用快速、直观、准确的方法对废纸浆进行质量评价，对于控制和优化脱墨工艺，保证再生纤维抄成的纸满足质量要求是非常重要的。目前用来测定废纸脱墨浆质量、废纸脱墨效果的指标有如下几种：脱墨得率、脱墨浆的光学性质和图像分析。其中光学性质又包括：白度、色度和有效残留油墨浓度（ERIC）。

（一）废纸脱墨的测定

1. 脱墨得率

脱墨过程的得率［式（2-32）］，可以通过脱墨过程中移除的固体物质（填料、颜料、细小纤维、纤维、油墨、胶黏物等）的质量和所用废纸的总质量计算出来（均以绝干量计）

$$得率=\frac{1-除去的固体物质质量}{加入的废纸质量}\times100\% \tag{2-32}$$

采用浮选法脱墨时，移除的固体物质存在于浮选泡沫中。而对于洗涤法脱墨，移除的固体物质则存在于洗涤水（滤液）中。一段浮选脱墨的得率大约是 85%~90%，而洗涤法的得率是 75%~85%。脱墨得率除取决于脱墨方式外，还主要取决于所用废纸的类型。多段脱墨的得率取决于浮选或洗涤的段数。除此之外，浮选时用的化学药品、pH、气流量的大小，也会影响浮选得率。而稀释和增浓会影响洗涤法脱墨的得率。测定移除的固体物质中灰分的含量，并结合移除的固体物质的质量，可以分析脱墨过程的选择性。

2. 光学性质

（1）脱墨浆白度

传统上，脱墨浆白度是评价脱墨效果的最简单、最快速的方法。国际上是用波长 457nm 的蓝色单光测定的 R_∞ 反射率与相同条件下测得的纯净 MgO 表面 R_W 反射率之比，即 R_∞/R_W 表示（见第三章纸张白度测定）。

（2）色度

对于有颜色的样品，仅通过光反射率 R_{457} 来描述它的光学性质是不够的。例如：蓝色颜料在 440~480nm 范围内有最强反射，因此含蓝色颜料的纸样或浆样在白度测量过程中显示出很高的值，但样品看起来却没有测定的那么白，而是发蓝。所以当用脱墨浆生产对色调有特定要求的纸种，如 SC（超级压光纸）、LWC（低定量涂布纸）时，必须测定其色度（其测定方法见第三章白度值测定）。

3. 有效残余油墨浓度（ERIC950）

残余油墨粒子的存在会影响再生纸的白度和颜色。通过残余油墨的测量，可以提供脱墨及漂白程度的判断依据，在实际生产过程中，当大部分油墨被脱除后，究竟还需要添加多少脱墨化学药品，或者还需要多大程度的漂白才能抵消残留油墨的着色能力，达到预期的白度，如果能实现对残余油墨的监控即可轻易实现这一目标。ERIC950有效残余油墨浓度是指在红外光谱区域950nm波长处，含残余油墨浆或纸对光的吸收系数（K）与油墨本身对光吸收系数（K_{ink}）的比值。

$$ERIC = \frac{K}{K_{ink}} \times 10^6$$

（2-33）

　　虽然油墨对光的吸收主要由油墨浓度决定，但油墨种类、油墨粒径大小以及油墨分散絮聚情况也对光的吸收产生一定的影响。因此，近红外反射技术测量的残余油墨浓度并不是绝对的残余油墨浓度。

　　ERIC950方法适用于分析直径小于3μm的油墨颗粒，此时测量更准确；而当油墨颗粒大于3μm时应采用图像分析法进行测定（图2-4）。

　　ERIC950残余油墨测定仪的技术参数：

灯源：脉冲氙灯

每次测试闪光次数：4

光源寿命（测试次数）：500000次

几何条件：双光束，d/0°

测试面积：30mm

光电非线性：0.1%

重复性（读白板20次）：<0.01 CIELAB △E

机台间再现性：<0.20 CIELAB △E

测量时间：2s

测量范围：反射0~200%

残余油墨波长范围：950nm

白度、色差波长范围：400~700nm

侦测器：二氧化硅阵列扫描器，256元素

频宽带：10nm

反射数据间隔：1nm，5nm，10nm，20nm

光谱侦测器：双光束全息光栅

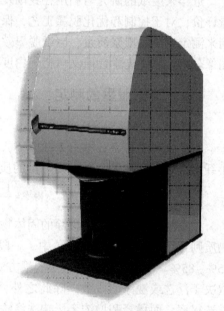

图2-4　ERIC950残余油墨测定仪

光源：自动控制为D65，C及UV-EX水平

视角：CIE2°，10°

色彩度量：X，Y，Z/R（x），R（y），R（z）$/L^*$，a^*，b^*/L^*，c^*，h/DWI，PUR，X，Y，

残余油墨含量：ERIC值

视白度：CIE，ASTM，HUNTER

色调：CIE-HUNTER

黄度：HUNTER

暖机时间：不需

显示：矩阵彩色TFT，面积211mm×158mm

操作温度：13~32℃

相对湿度：25%~90%RH

能耗：170W（最大）8W（正常使用）

试样制备

①试样的油墨分布和定量在三维空间是均匀的，且950nm下的不透明度不应超过97.0%。

②将试样切成至少63.5mm×63.5mm，准备一叠足以使试样不透明，即试样数量的加倍不会影响反射率。

③如果试样是手抄片，应按QB/T 3703—1999标准进行制备。

测定方法

校准仪器，并记录校准值，用950nm的光片调整光谱；将一叠试样放在仪器上，最上面一张试样背衬其他试样，读取并记录最上一张试样的反射率（R_∞）。重复读取每张试样的另一面的值。共测4张试样并计算平均值

计算

（1）光散射系数

950nm下试样的光散射系数（S）按式（2-34）计算：

$$S=\left[1000/W\left(1/R_\infty-R_\infty\right)\right]\ln\left\{\left[1-R_0R_\infty\diagup\left(1-R_0R_\infty\right)\right]\right\} \tag{2-34}$$

式中　S——光散射系数

　　W——定量，kg/m^2

　R_0——试样背衬其他试样的反射率

　R_∞——试样单层背衬黑筒时的反射率

（2）有效残余油墨浓度

有效残余油墨浓度（ERIC）按式（2-33）计算：

$$ERIC=\frac{K}{K_{ink}}\times10^6$$

式中　ERIC——有效残余油墨浓度，%

　　　K——样品的光吸收系数

　　K_{ink}——油墨的光吸收系数，设为10000M·m^2/kg

测试报告应以一位小数报告ERIC值，如果需要，可报告光散射系数和光吸收系数，若ERIC两面差值大于25，应报告每面的ERIC值和两面的平均值；注明试样是机制纸还是手抄纸以及影响测定结果的因素。

现行标准《GB/T 20216—2016　纸浆和纸　有效残余油墨浓度（ERIC值）的测定　红外线反射率测定法》。

（二）　废纸浆胶黏物的测定

胶黏物是指留在一定筛缝的实验室筛选设备上的黏性物质，这些黏性物质能黏附到与其接触的物体上。

废纸浆的利用中，经常出现由于出现胶黏物含量过多而引起纸机运行和产品质量方面的问题。胶黏剂含量过多时，它们会沉积在纸机网部、毛毯、压榨辊及烘缸上，并且不能使纤维与纤维间有良好结合，从而容易产生断头；胶黏物的存在不但影响成纸的外观，还会使高速印刷产生问题。因此若能在废纸制浆阶段就能快速准确地分析检测出其中胶黏物的含量，这对及时调整工艺、减少运行问题及提高成纸质量具有现实意义。

分析方法包括：目测法、图像分析法、计数法等，而图像分析法为仲裁法。

1. 图像分析测定胶黏物方法

（1）原理

用一定缝宽的实验室筛选设备筛选解离后的浆料，筛至滤液澄清，将留在筛板上的物质转移到滤纸上，用白氧化铝粉末或由特殊涂布纸上掉下来的涂料颗粒标记胶黏物。用图像分析仪测定胶黏物的总个数、面积或不同面积的矩形分布函数图。

（2）仪器和设备

①解离器；

②实验室筛选设备；

③对比图；

④布氏漏斗，烧结玻璃的漏斗，其过滤基底的直径应不小于20cm；

⑤滤纸，定性中速或快速：

a. 白色滤纸，用于过滤和在用金属粉给胶黏物作标记时用；

b. 黑色滤纸，在用从涂布纸上脱落的涂料颗粒给胶黏物作标记时用。

⑥防黏纸，硅酮涂布。

⑦浅玻璃盘，大约为25cm×20cm。玻璃盘尺寸的精确性无关紧要，其最小尺寸应大于滤纸直径。

⑧金属板，上板是圆形的，直径28cm±1cm，质量6.0kg±0.1kg。底板的尺寸与上板相同或大于上板。底板形状无特殊要求，如圆形，其最小直径应为28cm；如方形，其最小边长应为28cm。

⑨防水黑毡笔。

⑩过滤洗涤装置，在大约0.1MPa（1bar）压力下用缓和的水流冲洗过滤器，流速约10L/min。供水端与过滤器的距离约为180mm。

⑪热压机，可在95kPa±5kPa、94℃±4℃条件下保持10min±0.5min。

⑫烘箱。

⑬图像分析系统，用于照明、观察和测定图像。所用的图像分析系统应能扫描和观察收集在滤纸上的胶黏物的面积（直径大于或等于20cm）。图像分析系统包括以下部分：

a. 试样台：由一面用于放置样品照明器和检测器的平板组成。试样台应有防止周围光线影响的防护罩。制备的样品是一面收集了胶黏物的滤纸，且这一面应面向照明器和检测器。试样台的精密度与所使用的检测器有关。

b. 图像检测器：由至少具有256Gy（戈瑞，吸收剂量的国际单位，1Gy = 1J/kg）的感光性，且其每个物理像素点分辨能力应小于$50\mu m$的扫描器或照相机构成，其四个邻近的像素点的组合面积应不超过$0.01mm^2$。

c. 发光体：波长集中在光谱可见光区的非极化光源，使95%由白色表面反射的光的波长在380~750nm之间。发光体至少应由两个在入射角45°±5°时能提供照明的部件组成。两部件彼此以180°角度相对照明。较好的发光体是由四个部件组成，每个部件在45°±5°时可提供入射照明。四个部件应分别以90°角度相对放置。最好的发光体应能提供漫散射或在入射角45°±5°时轴向对称地照射。在校正任何软件时，对试样台全面积照明的均匀度应在±4%以内。

d. 图像分析软件：用于测定所检测的图像的平均强度。例如，用"中心周围"过滤技术测定数字化胶黏物的像素点时，胶黏物的斑点及其周围的本底强度。软件滤光片的正常尺寸集中在胶黏物中心的$1mm^2$区域。软件应能调节这个区域，使其完全围绕在所检测的胶黏物图像的周围。检测的临界值是对比图100%比较范围中的10%。

（3）试剂和材料

①白色氧化铝粉末（Al_2O_3），分析纯，颗粒尺寸分布为 F220（见《GB/T 2481.1—1998 固结磨具用磨料粒度组成的检测和标记 第1部分：粗磨粒 F4~F220》）。

②黑色染料溶液，能直接对纤维素染色。也可使用工业用黑色油墨。

③黑色碳化硅粉末（SIC），颗粒分布为 F220（见《GB/T2481.1—1998》）。

④涂布纸，定量为 $120~125g/m^2$，单面涂布碳酸钙，涂布量约为 $50~55g/m^2$，亮度为 85%±3%。其原纸定量约为 $70g/m^2$，且不含磨木浆。涂布纸的尺寸应能覆盖胶黏物所使用的黑色滤纸。当涂布纸在所规定的温度和压力下与胶黏物接触时，涂料吸附在胶黏物颗粒上，使其呈现白色。在本试验条件下，将涂布纸进行处理，滤纸上不应有任何胶黏物，且涂布纸上不应掉落任何白色涂料颗粒，并按 TAPPIT541om 测定涂料的层间结合强度是否达到 5.5kPa±1.5kPa。

⑤涂料颗粒，由涂布纸上脱落，用于标记胶黏物。

（4）取样

按《GB/T 740—2003 纸浆试样的采取方法》进行。

（5）图像分析系统的调节和校准

按说明书启动图像分析系统，预热升温。用对比图和软件说明书校准图像分析系统，保证图像分析系统能正确测定斑点尺寸，对比度 100% 时，其误差应不超过±5%。若不能满足，则应通过查阅图像分析系统中的校准说明书进行校正。调节图像分析软件，将颗粒按其测定面积分类。最小颗粒的最低限度取决于所用筛板孔眼的尺寸。颗粒尺寸等级的数量可根据所要求的情况面变化。最大等级的尺寸应无上限，因此所有存在的颗粒都应能报告出来。该软件一般有几种计算能力，如在所选择的不同尺寸的等级中，计算胶黏物的总量、测定胶黏物的总面积、绘出矩形分布函数图和频率分布图。

（6）样品预处理

按《GB/T 741—2003 纸浆 分析试样水分的测定》测定绝干浆的质量。将风干浆样品在水中浸渍至少 4h（可用自来水），然后立即解离。浓度不大于 10% 的浆料可以不解离。按《QB/T 1462—2005 纤维增强塑料吸水性试验方法》解离浆样，使其适合于所使用的筛选设备。纸浆试样的准确质量，应根据胶黏物的含量水平而变化。对于回用浆料（如脱墨浆），胶黏物的含量比较低，应用 50g 绝干浆。若浆料中的胶黏物含量较高，所用纸浆试样的质量可减少至 10g 绝干浆。必要时，按《GB/T 5399—2004 纸浆 浆料浓度的测定》测定浆料浓度。应重复测定三次，一般需要大约 150g 绝干浆。

（7）测定步骤

①用筛选装置处理样品按筛选装置说明书，对制备的浆料进行处理，直至滤液澄清，应注明处理时间。被分离的胶黏物在滤纸上的分布有的实验室筛选装置能把分离出的胶黏物自动输送到一张滤纸上，此时这一步骤便可省略。对分离出的胶黏物保留在筛板上的实验室筛选装置，可按如下步骤进行：将筛板从筛选装置上取下，垂直放置在一适当的容器内。用一高压细射水流先从筛板的下面冲洗筛缝，然后再从上端冲洗筛缝。应将筛板上的所有物料全部冲洗到容器内，且用最少量的水冲洗所有的筛渣。

保留筛板用于下一步的目测试验。

②将一白色滤纸放在布氏漏斗的过滤面上，真空条件下用布氏漏斗过滤含有胶黏物的洗涤液，直至游离水全部排出。加入过滤的悬浮液时应小心，以保证胶黏物均匀分布在滤纸上。当所收集的颗粒层接近或达到完全覆盖滤纸时，则需用几张滤纸或用较少量的纸浆完成

分析。当收集到的颗粒分布在几张滤纸上时，应在图像分析系统中测定这几张滤纸的总面积。

当悬浮液全部过滤后，检查筛板上有无胶黏物。若有，将其转移到滤纸上。

③用金属粉末作标记的胶黏物的测定

a. 热压：从收集装置上取出滤纸，用防黏纸有硅酮的一面覆盖在滤纸上面（胶黏物的沉积面）。将滤纸和防黏纸放置在 95kPa±5kPa 压力和 94℃ 4~42E 温度的热压机的底部，热压 10min±0.5min。

b. 染色：从滤纸上除去含有胶黏物的防黏纸。用肉眼观察收集到的颗粒，除去金属屑或其他不是胶黏物的非纤维素外来物。除去外来物时，不应把胶黏物（包括黏附在外来物质上的那些胶黏物）除掉。浆块和木材纤维会被染成黑色，因不会干扰试验，不必除去。

将黑色染料溶液加到浅玻璃盘中，深度约为 15mm。

将滤纸放入染料中，使滤纸表面全部湿润，滤纸上的纤维被染成黑色，胶黏物不变色。

将染成黑色的湿滤纸放在一张化学浆抄造的纸或吸墨纸上，再在滤纸上放一张防黏纸，颗粒应在最上面，吸去多余的染料。为防止烘干设备被染料污染，应在防黏纸上放一张吸墨纸或滤纸。

重复 a. 热压步骤。

c. 记录胶黏物：干燥后，除去吸墨纸和防黏纸，在滤纸上仔细、彻底和均匀地撒一层白色氧化铝粉末，再放上防黏纸和两张吸墨纸，将其放入烘箱中，在 105℃±2℃ 和 950Pa 左右压力下干燥 10min±0.5min。纸页放在两块金属板之间即可达到所需压力。在干燥过程中，为保证这两块金属板达到测定所需温度，应将其放入烘箱内。

移去吸墨纸，垂直拿住试样，用一把软刷子（化妆用）在无压力情况下刷去多余的溶化的氧化铝。

目测纸页。胶黏物被氧化铝涂布，在黑色的背景上呈现出白色。用镊子将非胶黏性物质除去。偶尔会有小块塑料，可以除去或用黑毡笔将其染成黑色，在图像分析仪中不会被检测出来。

将制备好的带有白色涂布胶黏物的纸页放在图像分析仪试样台上，按说明书操作仪器，测定纸面上胶黏物的总面积，打印数据。

④用白涂布颗粒作标记的胶黏物的测定

a. 加热装置：过滤后，将涂布纸放在湿的黑色滤纸上，然后夹在两层吸墨纸之间。将这个纸叠放在热压机的上、下两块加热板之间进行干燥。

b. 洗涤滤纸：胶黏物经加热后，将涂布纸从黑色滤纸上揭下，用洗涤装置的一光滑喷嘴冲洗滤纸 20~40s，冲洗掉纸面上的薄片、浆块、砂粒和其他非胶黏性杂质及纤维。水压约为 0.1MPa（1bar），水的流速大约为 10L/min，喷嘴与滤纸的距离约为 180mm。

c. 干燥：用一张防黏纸覆盖在黑色滤纸上，然后放在热压机中干燥 5min。

d. 记录胶黏物：除去防黏纸，用白色涂料标记黑色滤纸上的胶黏物。目测纸页，若在黑色滤纸上还留有轻度染色的非胶黏性残留物（纤维、杂质等），应将其除掉或用黑毡笔染成黑色。将制备好的带有白色涂布胶黏物的纸页放在图像分析仪的试样台上，按说明书操作仪器，测定纸面上胶黏物的总面积，打印数据。

（8）计算

①胶黏物的数量：分别记录胶黏物的数量，用式（2-35）计算每千克绝干浆料中胶黏物的个数。

$$y = \frac{n}{m} \tag{2-35}$$

式中　y——每千克绝干浆中的胶黏物的个数，个/kg

　　　n——观察到的胶黏物的个数，个

　　　m——筛选后的纸浆的绝干质量，kg

②胶黏物的面积：用式（2-36）计算每千克绝干浆中的胶黏物的面积 $A_{每千克}$（mm²/kg）。

$$A_{每千克} = \frac{A}{m} \tag{2-36}$$

式中　$A_{每千克}$——每千克绝干浆中的胶黏物的面积，mm²/kg

　　　A——胶黏物的总面积，mm²

　　　m——筛选后的纸浆的绝干质量，kg

计算三次测定结果的平均值。

（9）结果表示

用三次测定结果的平均值表示结果，胶黏物的数量取整数，胶黏物的面积修约至两位小数。

（10）试验报告

试验报告应包括以下内容：

①本标准编号；

②测定结果；

③解离条件；

④筛选设备，筛缝宽度和筛选时间；

⑤如果在高温和压力条件下进行测定，应注明温度和压力；

⑥可能影响测定结果的其他因素。

⑦打印颗粒尺寸测定对比图 2-5。在任何检测中，不应使用对比图的照片，只能使用对比图胶片，否则会使点的大小和对比度发生改变。

（规范性附录）

对　比　图

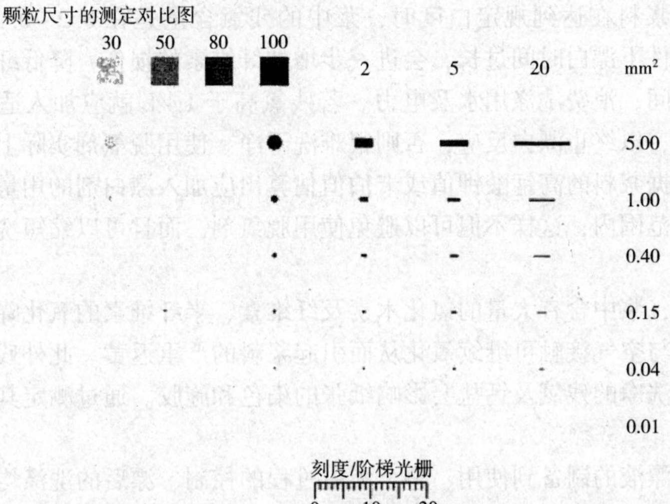

颗粒尺寸的测定对比图

图 2-5　颗粒尺寸测定对比图

（三）胶黏物计数法

由德国 BASF 发明的一种测定胶黏物的方法，较为简单及实用，忽略了人为的因素，其原理是基于：将试样先用荧光制备，然后采用激光扫描计数。其方法是将固色剂加入样品中，轻轻搅拌预先设定的时间，然后过滤取得滤液，将荧光染料加入到滤液中，使这种染料附着到胶黏物颗粒上。然后将滤液插入到计数器中，样品中的单个粒子通过一个小的毛细管，激光通过该单个吸附了荧光染料的粒子进行检测并计数（图 2-6）。

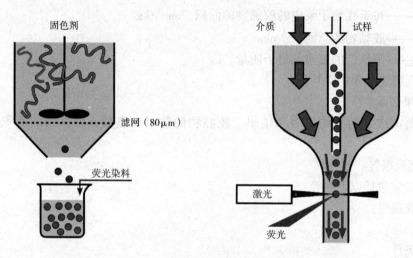

图 2-6　胶黏物计数法测定原理图

四、漂白的生产检查

为了正确地执行所制定的漂白工艺规程，纸浆在漂白之前必须测定其浓度以及各种漂白液的有效成分，以计算出漂白时应加入漂白液的数量。在漂白过程中，通过测定浆中的残余漂白剂可以确定并控制漂白终点。例如，在次氯酸盐单段确定并控制漂白终点。例如，在次氯酸盐单段漂白过程中，浆料在达到规定白度时，浆中的残氯含量是在 0.2~0.3g/L 之间。残氯过低，说明在中性条件下漂白时间过长，会进一步增加纤维素的损伤，降低纤维强度；残氯过高会延长漂白洗涤时间，浪费洗涤用水及电力。若残氯高于 1g/L 就应加入适量的脱氯剂如硫代硫酸钠或亚硫酸钠，以终止漂白反应，否则很难洗干净。使用脱氯剂实际上是一种浪费，因此在漂白时，应该根据浆料的高锰酸钾值或卡伯值估算出应加入漂白剂的用量，使漂白终了时浆中残氯含量在规定范围内，这样不但可以避免使用脱氯剂，而且可以缩短洗涤时间，还能保证浆料质量的稳定。

在漂白结束时，浆中含有大量的氯化木素及纤维素、半纤维素的氧化降解产物，如果洗涤不干净，这些物质与空气接触可继续氧化从而引起浆料的严重返黄。此外残留的酸类可使纤维继续降解，浆中未洗净的残氯及钙盐会影响纸张的染色和施胶。通过测定其漂后洗净度以保证浆料洁净。

综上所述，从漂液的制备到使用、整个漂白过程的控制、漂后的洗涤均需要对漂液及浆料进行有关分析，方能保证纸浆以最佳的工艺条件和最省的方法获得预定的白度。

（一）　次氯酸盐漂白液中有效氯含量的分析

次氯酸盐漂白液一般指次氯酸钙和次氯酸钠，而应用最广的是次氯酸钙。次氯酸盐的有效成分是有效氯。对于任何一种漂白剂来说，如果 1mol 该物质的分子的氧化能力与 1mol 氯分子相同时，那么，该物质（漂白剂）含有 100% 的有效氯。

对常用的氧化剂来说，往往用有效氯含有率来表达这些物质的氧化能力。为了对各种氧化漂白剂的氧化能力进行比较，就有必要了解 1kg 的每种漂白剂中所含的有效氯量（kg），根据各种漂白剂使碘化物游离碘的程度求出有效氯的理论值，1mol 的有效氯释放出 1mol 的碘。例如：

$$Cl_2 + 2KI \Longrightarrow I_2 + 2KCl$$

由此可见，1mol Cl_2 相当于 1mol I_2，即 Cl_2 的有效氯的理论值为 100%。

例：求次氯酸钠的理论有效氯含有率。

解：

$$NaClO + 2KI + 2CH_3COOH \Longrightarrow 2CH_3COOK + NaCl + I_2 + H_2O$$

上式中，1mol $NaClO$ 相当于 1mol I_2，亦即相当于 1mol Cl_2，故次氯酸钠的理论有效氯含有率 $w_{有效氯}$ 可用式（2-37）计算：

$$w_{有效氯} = \frac{M_{Cl_2}}{M_{NaClO}} = \frac{71}{74.5} = 0.95 \tag{2-37}$$

即 1kg $NaClO$ 理论上应含有氯 0.95kg。

由于浓度及纯度上的要求，一般漂白剂的有效氯含量远比理论值为低，故需要进行测定。测定有效氯的原理是在弱酸性溶液中，漂白液的有效氯与碘化钾作用而析出碘，再用硫代硫酸钠标准滴定溶液滴定所析出的碘，即可求得有效氯含量。其反应如下：

$$Ca(OCl)_2 + 4KI + 4CH_3COOH \Longrightarrow 4CH_3COOK + CaCl_2 + 2I_2 + 2H_2O$$
$$I_2 + 2Na_2S_2O_3 \Longrightarrow 2NaI + Na_2S_4O_6$$

取样方法

在漂液储槽或漂液计量槽中取样，弃去表面层。用漂液冲洗取样瓶 2~3 次，再取漂液试样。

测定方法

吸取 5mL 漂液，置于 250mL 锥形瓶中，用水稀释至 50mL，然后加入 10mL 10% 碘化钾溶液及 20mL 20% 乙酸溶液。用 $c(Na_2S_2O_3) = 0.1mol/L$ 硫代硫酸钠标准滴定溶液滴定至淡黄色，加 5mL 淀粉指示剂，继续滴定至蓝色消失。

设有效氯含量为 $\rho_{有效氯}$（g/L），以 Cl 计，则按式（2-38）计算：

$$\rho_{有效氯} = \frac{V_{Na_2S_2O_3} c_{Na_2S_2O_3} \times 35.46}{5} \tag{2-38}$$

式中　$V_{Na_2S_2O_3}$——滴定时所耗用的硫代硫酸钠标准滴定溶液体积，mL

　　　$c_{Na_2S_2O_3}$——硫代硫酸钠标准滴定溶液的实际浓度，mol/L

　　　35.46——$1/2Cl_2$ 的摩尔质量，g/mol

（二）　二氧化氯漂白液的分析

二氧化氯是一种比较新型的漂白剂，它能够选择性地氧化木素及其他有色物质而不损害纤维，能达到较高的白度和减少返黄现象。

由于副反应的存在，使 ClO_2 在产生时常在水溶液中含有 ClO_2 和 Cl_2 两种成分，据此可以利用它们在不同条件下对碘化钾的氧化作用不同而同时进行测定。

在中性或微碱性（pH=8 左右）含氯的 ClO_2 水溶液与碘化钾作用，其反应如下：

$$Cl_2 + 2KI \Longrightarrow 2KCl + I_2$$
$$2ClO_2 + 2KI \Longrightarrow 2KClO_2 + I_2$$

用硫代硫酸钠滴定释出的碘，此时硫代硫酸钠的消耗量为 V（mL），滴定后用硫酸酸化至 pH=3，此时溶液中的 $KClO_2$ 又与碘化钾进行如下反应：

$$KClO_2 + 4KI + 2H_2SO_4 \Longrightarrow KCl + 2K_2SO_4 + 2H_2O + 2I_2$$

释出的碘用硫代硫酸钠再次滴定，所消耗的体积为 V_1（mL）。即可分别计算出漂液中二氧化氯及氯的含量。

测定方法

加入 50mL 蒸馏水、15mL 10% 碘化钾溶液于 250mL 锥形瓶中，再用移液管吸取 5mL 二氧化氯漂白液注入锥形瓶中（在注入二氧化氯漂白液时吸管尖插入液面下），以 $c(Na_2S_2O_3) = 0.1mol/L$ 硫代硫酸钠标准滴定溶液滴定至黄色消失，耗用体积为 V（mL）。然后加入 5mL 20% 硫酸溶液，继续用硫代硫酸钠标准滴定溶液滴定至淡黄色消失时，加入淀粉指示剂，再滴至蓝色消失即为终点，耗用硫代硫酸钠体积为 V_1（mL）。

设二氧化氯含量为 ρ_{ClO_2}（g/L），氯含量为 ρ_{Cl}（g/L），则按式（2-39）和式（2-40）计算：

$$\rho_{ClO_2} = \frac{V_1 c_{Na_2S_2O_3} \times 16.9}{5} \tag{2-39}$$

$$\rho_{Cl} = \frac{(V - V_1/4)\ c_{Na_2S_2O_3} \times 35.5}{5} \tag{2-40}$$

式中　V——滴定中性溶液时所耗用的硫代硫酸钠标准滴定溶液体积，mL

　　　V_1——滴定酸性溶液时所耗用的硫代硫酸钠标准滴定溶液体积，mL

$c_{Na_2S_2O_3}$——硫代硫酸钠标准滴定溶液的实际浓度，mol/L

　16.9——$1/4 ClO_2$ 的摩尔质量，g/mol

　35.5——$1/2 Cl_2$ 的摩尔质量，g/mol

（三）过氧化氢漂白液的分析

过氧化氢漂白液主要分析 H_2O_2 的百分含量。

在酸性溶液中，高锰酸钾能直接氧化过氧化氢而放出氧，因而可直接用高锰酸钾滴定，其反应如下：

$$5H_2O_2 + 2KMnO_4 + 3H_2SO_4 \Longrightarrow 2MnSO_4 + K_2SO_4 + 8H_2 + 9O_2 \uparrow$$

测定方法

用移液管吸取过氧化氢漂白液 20mL，放入 500mL 容量瓶中，以蒸馏水稀释至刻度，摇匀。然后吸取 10mL 稀释液，放入锥形瓶中，加入 10% 的硫酸 20mL 及蒸馏水 70mL，用 $c(1/5\ KMnO_4) = 0.1mol/L$ 高锰酸钾标准滴定溶液滴定至微红色并保持 30s 不褪色为终点。

设过氧化氢含量为 $w_{H_2O_2}$（%），则按式（2-41）计算：

$$w_{H_2O_2} = \frac{V_{KMnO_4} c_{KMnO_4} \times 17.01}{1000 \times 10 \times 20/500} \times 100\% \tag{2-41}$$

式中 V_{KMnO_4}——滴定时所耗用的高锰酸钾标准滴定溶液体积，mL

c_{KMnO_4}——高锰酸钾标准滴定溶液的实际浓度，mol/L

17.01——1/2H_2O_2 的摩尔质量，g/mol

（四）纸浆漂白后白度的测定

纸浆经漂白后所呈现的白度是纸浆质量的一项重要指标，也是检验纸浆是否达到漂白要求的一项生产检查项目。生产中要求快速测定，以便根据测定结果确定漂白操作是否符合工艺要求，若不符合，即可采取一定的措施以控制生产。

应用仪器

SBD 白度测定仪。

测定方法

取经漂白后具代表性的浆样适量，混合均匀后，从中取出相当于 2g 绝干浆的湿浆放入 500mL 烧杯中，加入 300mL 蒸馏水，分散均匀。然后在直径为 115mm 的布氏瓷漏斗中放入相同直径的一块圆形绸布，将上述搅拌均匀的试样悬浮液倒入漏斗中，用真空泵抽吸至镜面消失为止。

从漏斗中取出抄成的浆片，用一张薄的分析滤纸接住，轻轻揭下白绸布，并用吸墨纸或滤纸分别在用滤纸覆盖的浆片上下两面夹好，再用塑料片在上下两面夹好，然后用约 300kPa 的压力压 1min。取出试片，在热风下快速干燥，按纸和纸板白度测定的程序和要求测定纸浆的白度（参见第四章）。

（五）漂白后残余漂白剂的分析

1. 次氯酸盐漂白液漂白后残氯含量的测定

残氯系指漂白到终点时，纸浆中尚残存的（未消耗的）有效氯，常以 g/L 为单位表示。测定原理与测定次氯酸盐漂白液中有效氯相同。

取样方法

在漂白终了时，从漂白设备中取出具有代表性浆样两份。一份供测定浓度用，另一份用布氏漏铺白布压滤，将滤液搜集于洁净、带塞的锥形瓶中。压滤时，应弃去最初滤出的滤液。

测定方法

吸取上述滤液 50mL。置于 250mL 锥形瓶中。测定程序同本章四中（一）"次氯酸盐漂白液有效氯含量的测定"。

设残余有效氯的含量为 $\rho_{残余有效氯}$（g/L），以 Cl 计，则按式（2-42）计算：

$$\rho_{残余有效氯} = \frac{c_{Na_2S_2O_3} V_{Na_2S_2O_3} \times 35.46}{50} \qquad (2-42)$$

式中 $V_{Na_2S_2O_3}$——滴定时所耗用的硫代硫酸钠标准滴定溶液体积，mL

$c_{Na_2S_2O_3}$——硫代硫酸钠标准滴定溶液的实际浓度，mol/L

35.46——1/2Cl_2 的摩尔质量，g/mol

如残氯的含量 $w_{残氯}$ 用对绝干浆的百分比表示，则 $w_{残氯}$（%）按式（2-43）计算：

$$w_{残氯} = \frac{c_{Na_2S_2O_3} V_{Na_2S_2O_3} \times 2 \times 35.46 \times (1-w_{浆})}{1000 \times 100 \times w_{浆}} \times 100\% \qquad (2-43)$$

式中 $w_{浆}$——浆浓度，%

$c_{Na_2S_2O_3}$、$V_{Na_2S_2O_3}$——同上

根据用氯量与残氯量（均以对绝干浆的百分率计），可求出漂白耗氯量 $w_{耗氯量}$（%），则按式（2-44）计算：

$$w_{耗氯量} = \frac{w_{残氯}}{w_{用氯量}} （1-w_{浆}） \times 100 \tag{2-44}$$

式中　$w_{残氯}$——残氯量,%

　　　$w_{用氯量}$——用氯量,%

2. 漂白后净度（清洁度）的分析

当使用次氯酸钙作为漂白剂时，测定漂白后洗净度实际上是测定浆料滤液的总硬度。纸浆中的总硬度的主要来源是漂液中的钙离子。漂白液中含钙化合物除了次氯酸钙外，还有氯化钙以及少量的游离氢氧化钙。当漂白终了时，存在于纸浆中的钙化合物大部分都变成了氯化钙。漂白液中除了含钙化合物外，还含有少量的镁盐（主要是由石灰带来）。因而测定滤液的总硬度就可判断浆料是否已洗涤清洁。

测定漂后洗净度的原理是基于 EDTA（乙二胺四乙酸二钠）能与滤液中钙、镁等离子形成稳定的络合物：

$$Ca^{2+}（或 Mg^{2+}）+Na_2H_2T \longrightarrow Na_2CaT+2H^+$$
$$（EDTA）$$

钙、镁离子也能与指示剂络黑 T 生成络合物：

$$Ca^{2+}+HInd^{2-}（络黑 T）= CaInd^-+H^+$$
$$蓝色　　　　　玫瑰红色$$

但它不如与 EDTA 所生成的络合物稳定，当滴定达到终点时，与指示剂形成的络合物的钙镁离子被 EDTA 取代，而呈现出络黑 T 指示剂的纯蓝色，其反应如下：

$$CaInd^-+Na_2H_2T \longrightarrow Na_2CaT+HInd^=+H^+$$

EDTA 的分子式：$C_{10}H_{14}O_8N_2Na_2 \cdot 2H_2O$ 相对分子质量 =372.252。

应用试剂

缓冲溶液称取 20g 氯化铵溶解于少量水中，加入 100mL 浓氨水（相对密度 0.9），然后移至 1000mL 容量瓶中，加水稀释至刻度。

0.5%络黑 T 指示剂称取 0.5g 络黑 T 溶解于 10mL 缓冲溶液中，用乙醇稀释至 1000mL。

$c(1/2Zn)$ = 0.02mol/L 锌标准溶液称取 0.6537g 化学纯金属锌（精确至 0.002g）于 250mL 锥形瓶中，加入 10mL1+1 盐酸溶液，待其完全溶解后，移入 1000mL 容量瓶中，用蒸馏水稀释至刻度。

$c(1/2EDTA)$ = 0.02mol/L 乙二胺四乙酸二钠溶解于 1000mL 蒸馏水中，依下法标定其浓度：

吸取 0.02mol/L 锌标准溶液于锥形瓶中，加蒸馏水约 50mL，加入几滴氨水至有微弱氨味，再加入 10mL 缓冲溶液和络黑 T 指示剂数滴，在不断摇荡下，用 EDTA 标准滴定溶液滴定至紫红色变为纯蓝色，并计算其物质的量浓度。

取样方法

在漂白后洗涤终了时，从漂白设备中取出具有代表性浆样，置于铺有白布的布氏漏斗中压滤，将滤液收集于洁净的锥形瓶中备用。最初滤出的滤液进入瓶中，洗瓶后弃去。

测定方法

吸取试样 100mL，放入锥形瓶中，加蒸馏水 90mL，加 10mL 缓冲溶液（使 pH≈10）和 5

滴络黑 T 指示剂，混合后，用 EDTA 标准滴定溶液滴定至溶液由紫红色变为蓝色为止。

设洗净度为 $c_{洗净度}$（mmol/L），以总硬度计，则按式（2-45）计算：

$$c_{洗净度} = \frac{V_{EDTA} c_{EDTA}}{10} \times 1000 \qquad (2-45)$$

式中　V_{EDTA}——滴定时所耗用的 EDTA 标准滴定溶液体积，mL

　　　c_{EDTA}——EDTA 标准滴定溶液的实际浓度，mol/L

3. 漂白后残余过氧化物及碱度的分析

当使用过氧化物进行漂白时，须对浆中的残余过氧化物和碱度进行测定。这是由于为消除全部残留的过氧化物和中和纸浆，有时要加入亚硫酸或偏亚硫酸氢钠，而加入量需视残余过氧化物量及碱度而定。

测定原理基于用中和法测定残余碱度，用碘量法测定残余过氧化物含量，如以下方程式所示：

$$Na_2O_2 + H_2SO_4 \Longrightarrow Na_2SO_4 + H_2O_2$$
$$H_2O_2 + H_2SO_4 + 2KI \Longrightarrow I_2 + K_2SO_4 + 2H_2O$$
$$I_2 + 2Na_2S_2O_3 \Longrightarrow 2NaI + Na_2S_4O_6$$

（1）残余碱度的分析

吸取漂白后滤液 25mL 于锥形瓶中，加入 3 滴酚红指示剂，用 $c(1/2H_2SO_4) = 0.1$mol/L 硫酸标准滴定溶液滴定至红色变为草黄色。

设残余碱度为 $\rho_{残余碱}$（g/L），以 NaOH 计，则按式（2-46）计算：

$$\rho_{残余碱} = \frac{c_{H_2SO_4} V_{H_2SO_4} \times 40}{25} \qquad (2-46)$$

式中　$V_{H_2SO_4}$——滴定时所耗用的硫酸标准滴定溶液体积，mL

　　　$c_{H_2SO_4}$——硫酸标准滴定溶液的实际浓度，mol/L

　　　40——NaOH 的摩尔质量，g/mol

（2）残余过氧化物的分析

在上述已测定碱度的溶液中，加入 20mL 20%硫酸，5mL 10%碘化钾和 3 滴新配制的钼酸铵饱和溶液，用 $c(Na_2S_2O_3) = 0.1$mol/L 硫代硫酸硫钠标准滴定溶液滴定至淡黄色，加入淀粉指示剂，继续用硫代硫酸硫钠标准滴定溶液滴定至蓝色消失。

设残余过氧化物为 $\rho_{残余过氧化物}$（g/L），以 Na_2O_2 或 H_2O_2 计，则按式（2-47）计算：

$$\rho_{残余过氧化物} = \frac{c_{Na_2S_2O_3} V_{Na_2S_2O_3} \times 39（或 17）}{25} \qquad (2-47)$$

式中　$V_{Na_2S_2O_3}$——滴定时所耗用的硫代硫酸钠标准滴定溶液体积，mL

　　　$c_{Na_2S_2O_3}$——硫代硫酸钠标准滴定溶液的实际浓度，mol/L

39（或 17）——$1/2Na_2O_2$（或 $1/2H_2O_2$）的摩尔质量，g/mol

若残余过氧化物含量 $\rho_{残余过氧化物}$ 用对绝干浆的百分比表示，则 $\rho'_{残余过氧化物}$（%）按式（2-48）计算：

$$\rho'_{残余过氧化物} = \frac{c_{Na_2S_2O_3} V_{Na_2S_2O_3} \times 17 \times （1 - w_浆）}{1000 \times 25 \times w_浆} \qquad (2-48)$$

式中　　　$w_浆$——浆浓度，%

$c_{Na_2S_2O_3}$、$V_{Na_2S_2O_3}$——同上

根据漂白用过氧化物量与残余过氧化物量（均以对绝干浆的百分率计），可求出漂白消耗

过氧化物量 $w_{消耗过氧化物}$（%），则按式（2-49）计算：

$$w_{消耗过氧化物} = \frac{w_{残余过氧化物}}{w_{漂白用过氧化物}}（1-w_{浆}）\times 100\% \tag{2-49}$$

式中　$w_{残余过氧化物}$——残余过氧化物量，%

$\quad\quad w_{漂白用过氧化物}$——漂白用过氧化物量，%

$\quad\quad w_{浆}$——同上

五、打浆的生产检查

打浆是造纸过程的一个重要环节。打浆对纸张的抄造性能和物理性能有着重要的影响，纸浆经打浆后，能提高成纸的抗张强度、耐破度及耐折度。同一种浆料，由于打浆方法不同可以生产出不同性质的纸张。在打浆过程中为了掌握浆料中纤维的变化情况，保证打浆质量，就必须及时对浆料进行各项质量指示的检查。

（一）纸浆浓度的测定

纸浆浓度系指在浆料的悬浮液中，绝干纤维的质量与浆料悬浮液质量的百分比。纸浆浓度的测定是生产检查中很重要和最常用的一个项目。例如，在漂白过程中，首先要测定纸浆浓度，以计算出装浆量；在打浆过程中要测定打浆浓度，以便控制打浆质量；此外在测定纸浆硬度、打浆度之前，也必须首先测定待测纸浆的浓度，以便称取一定数量的浆样进行试验；在抄纸过程中则需要经常测定流浆箱中浆料浓度以便控制纸张的定量。

在生产上测定纸浆浓度要求快速准确，以达到生产需要，下面介绍我国造纸厂快速测定纸浆浓度常用的几种方法。

1. 烘干法

将试样充分搅拌后，置于已知质量的干净瓷杯（或塑料杯）内，称取湿浆试样 200～300g（约相当于 10g 干浆），放入白布袋中，用手拧干。然后取出浆料，撕成小块，置于已称量的样盒中。将黏附在布袋上的湿浆取净，也放入同一样盒中。将样盒放在 120～125℃烘箱中或置于红外线干燥器中干燥至质量恒定（称量准确至 0.1g）。

设纸浆浓度为 $w_{纸浆}$（%），则按式（2-50）计算

$$w_{纸浆} = \frac{m_1 - m_2}{m} \times 100\% \tag{2-50}$$

式中　m——试样质量，g

$\quad\quad m_1$——样盒加绝干试样质量，g

$\quad\quad m_2$——样盒质量，g

两次平行测定计算值误差不应超过 0.2%

2. 离心脱水法

离心脱水法是把一定量的纸浆放入离心机内，通过离心力的作用使纸浆中的大部分水分除去，在经过一定时间以后，由于纸浆浓度逐渐增大，纤维吸附水分的能力逐渐与离心力相等，此时纸浆的水分含量则趋近于一定值。将纸浆自离心机中取出，置于烘箱内于 105℃中烘至质量恒定，测出纸浆经离心机分离水分后的纸浆浓度。通过多次同样测定，取其平均值，即得到纸浆经离心机脱水后的干度系数。以后在测定纸浆浓度时，只需将经过离心机脱水后的纸浆称其质量，再乘以干度系数，即可快速测出纸浆浓度。

用离心脱水法测定纸浆浓度时，必须注意干度系数与纸浆的种类、离心机的转速、脱水时间以及取样数量的不同而有所差别，因此在测定干度系数时应在固定的条件中进行，并应定期校正其数值。

测定方法

将试样充分搅拌后，置于已知质量的干净瓷杯（或塑料杯）内，称取湿浆试样 200～300g（相当于 10g 绝干浆）。倒入离心机脱水杯中（内衬用 80 目铜网制成），开动电动机 1min，然后取出脱水后的湿浆称量。

设纸浆浓度为 $w_{纸浆}$（%），则按式（2-51）计算：

$$w_{纸浆}=\frac{m_1\times Y}{m}\times100\% \tag{2-51}$$

式中　m——试样质量，g

　　　m_1——脱水后湿浆质量，g

　　　Y——干度系数

注意事项

①干度系数的测求法：按上述方法，取出脱水后湿浆称量后，置入烘箱内于 105℃ 中烘至质量恒定。按式（2-52）计算干度系数 Y：

$$Y=\frac{m_2}{m_1} \tag{2-52}$$

式中　m_1——同上

　　　m_2——脱水后湿浆烘干至绝干质量，g

②干度系数需连续测定 20 次以上，取其平均值

3. 真空吸滤法

真空吸滤法系我国纸厂常用快速测定纸浆浓度的一个方法。将一定量的纸浆置入真空吸滤器内，除去大部分水分，经一定时间后，纤维吸附水分的能力逐渐与抽吸力相等时，湿浆中的水分含量趋近于一定值。按上述方法测出干度系数，即可求出纸浆浓度。

测定方法

将试样充分搅拌后，置于已知质量的干净瓷杯（或塑料杯）内，称取湿浆试样 200～300g（相当于 10 绝干浆）倒入真空吸滤器内，开动真空泵，抽吸至漏斗滴下的水滴前后两滴相隔为 4s 时即可停止抽吸。然后取出湿浆并称量。

设纸浆浓度为 $w_{纸浆}$（%），则按式（2-53）计算：

$$w_{纸浆}=\frac{m_1'\times Y}{m}\times100\% \tag{2-53}$$

式中　m——试样质量，g

　　　m_1'——吸滤后湿浆质量，g

　　　Y——干度系数

干度系数 Y 的测求法与离心脱水法相同。

4. 压滤法

压滤法的原理基本上与吸滤法相似。纸浆放入一个具有活塞的圆筒内，以一定的压力挤压纸浆，使水分从圆筒底部的筛板流出。经过一定的时间后，被挤压后的纸浆水分含趋近于一定值，按上法测出干度系数，即可求得纸浆浓度。

测定方法

将试料充分搅拌后，置于已知质量的干净瓷杯（或塑料杯）内，称取湿浆试样 200~300g（相当于 10g 绝干浆）。用水稀释至一定浓度（1.5%~2%），倾入重锤式测定器的圆筒内，徐徐放下活塞压板（压板上绕有纱布，借以吸收压榨时从圆筒壁与压板筛缝隙挤上来的水），在试样受到压板传来 10kg 重锤压力时，立即开动秒表，控制加压时间 4~6min（根据纸浆性质，确定一个固定的时间，通常应通过试验求得）。取下重锤，将活塞式压板升起，取下黏在压板上的浆饼并称量。

设纸浆浓度为 $w_{纸浆}$（%），则按式（2-54）计算：

$$w_{纸浆} = \frac{m_1'' \times Y}{m} \times 100\%\tag{2-54}$$

式中　m——试样质量，g

　　　m_1''——压后湿浆质量，g

　　　Y——干度系数

干度系数 Y 的测求法与离心脱水法相同。

5. 手拧干法

手拧干法是称取一定量的纸浆，用布包好，用手拧干后，测出其干度系数，即可求得纸浆浓度。

这个方法简单快速，但只能测出浓度的近似值，而且拧干后的干度系数随不同的操作者手力的大小而有所不同，就是同一操作者也会有些差别，因此本法测出数据不能作为生产检查的依据，仅作为参考使用。

测定方法

将试样充分搅拌后，置于已知质量的干净瓷杯（或塑料杯内），称取湿浆试样 100~200g，用白布包好，用手将其拧干，直至没有水流出为止，将拧干后的纸浆取出称量。

设纸浆浓度为 $w_{纸浆}$（%），则按式（2-55）计算：

$$w_{纸浆} = \frac{m_1''' \times Y}{m} \times 100\%\tag{2-55}$$

式中　m——试样质量，g

　　　m_1'''——拧干后湿浆质量，g

　　　Y——干度系数

干度系数的测求法与离心脱水法相同。

（二）打浆度的测定

打浆度是指浆料经过打浆以后，纤维润胀、分丝和帚化的程度，它是衡量纸浆质量的一个重要的尺度。抄造各种不同种类的纸张，要求不同的打浆度，它与纸张的物理性能有密切的关系，因此在打浆的过程中，打浆度的控制是一项重要的工作。

1. 肖伯尔打浆度的测定

应用仪器

我国各造纸厂广泛采用肖伯尔打浆度测定仪来测定打浆度。应用这种仪器测定的打浆度，单位以°SR（读作度）表示。

肖伯尔打浆度测定仪的结构如图 2-7 所示。

图 2-7 仪器的上部是一个镀铬的铜质圆筒，圆筒是活动的，可以自仪器中取下。圆筒的底

部装有 80 目的铜网。圆筒内有密封锥体 4，它与自动提升机构相连接，当转动绳轮 5 上的手柄 6 时，可使密封锥体 4 下降并将圆筒底密封。在圆筒的下部有一个漏斗形状的分离室 2 装在支架上 8，分离室 2 有两支排水管，一根为直管 7，一根为斜管 1，直管 7 的管径较斜管 1 为小，在设计时 1000mL 水（温度为 20±0.5℃）由直管 7 流出的时间应为 149±1s，如果进入分离室 2 的水量超过此流量时，水即从斜管 1 流出。

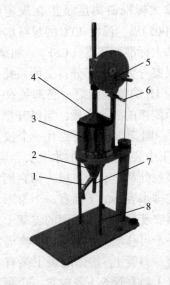

图 2-7　肖伯尔打浆度测定仪
1—斜管　2—分离室　3—圆筒及滤网　4—密封锥体
5—绳轮　6—手柄　7—直管　8—支架

浆料的打浆度不同，排水的速度也就不同，则流入斜管与直管量筒中的水量也不同。一般来说，若浆料打浆度高，其滤水速度便低，则流入直管量筒中的水就多；反之则流入直管量筒中的水就少。肖伯尔打浆度的测定正是基于这一原理。

测定方法

彻底清洗分离室与圆筒，将带铜网的圆筒放置在分离室上，用手柄旋转绳轮，放下密封锥体直至闭合在停止处。取 20±1℃ 的蒸馏水倒入圆筒以调整仪器温度，提升锥形盖待水放尽后，将°SR 量筒置于斜管下面。

取相当于绝干浆 2g 的湿浆试样，置于 1000mL 的量筒中，注入少量清水，将其充分搅散，再加水稀释至 1000mL（浆料温度控制在 20±1℃）。充分搅拌后，立即倾入仪器的圆筒中，静止 5s 后，按动手柄，则密封锥体自动升起。由于圆筒内铜网的作用，纤维留在铜网上，水被排出，通过下面的分离室的斜管及直管流入管下面的量筒中。以直管下流出的水量表示打浆度，每流出 10mL 为 1°SR。

为了使用上的方便，通常是以斜管下量筒的水量为依据读出打浆度数值的。因为直管流出的水量等于 1000mL 减去斜管流出的水量可计算出打浆度，以°SR 表示。

设打浆度为 X（°SR），则按式（2-56）计算：

$$X = \frac{1000 - V}{10} \ (°SR) \tag{2-56}$$

式中　V——斜管下量筒中水的体积，mL

为了能迅速地读出打浆度值，在斜管下面量筒的刻度与普通量筒相反，即 0~1000mL 的刻度是自上而下的，故能直接读出打浆度的数值，不需要另外换算。

注意事项

①每一种浆料应作两次测定，取其算术平均值作为测定结果，但两次测定值间的相对误差不得超过 4%。

②测定时必须注意使纤维充分离解，并防止溶液中有气泡存在，否则测定结果不正确。

③影响测定结果的主要因素为浓度和温度。浓度增加，打浆度亦增加；温度升高，则打浆度下降。故测定时浆料的浓度和温度必须固定。若夏天温度太高时，应通过测定方法找出温度与打浆度变化关系，并补正为所规定的打浆度。

2. 加拿大标准游离度的测定

反映纸浆滤水性能的测定除用肖伯尔打浆度仪外，还可以使用加拿大标准游离度仪进行测定。

加拿大标准游离度是指在规定的条件下，用加拿大标准游离度仪测定 1000mL 浓度为 (0.3±0.005)%，温度 20℃的浆料水悬浮液的滤水性能，以该仪器侧管流出的水的体积（mL）表示加拿大标准游离度（CSF）。加拿大游离度测定仪的结构如图 2-8 所示。

该仪器分为两个部分，上面系排水容器，为一个容量为 1L 的黄铜圆筒，底部装有一定规格的铜网和一个铰接的活动底板，当提升把手 5 时，底板 7 即落下。圆管的顶部也装有一个铰接的活动盖板 4，它的正中装的一个小的水龙头，底板 7 和盖板 4 与圆筒接触处都垫有橡皮板，当它们关闭时可防止漏水。在排水容器的下面有一个锥形集水室，它与排水容器安装在同一垂直面的支架上。锥形收集室内还有一个可移动的扩散体 2，收集室的锥形体侧壁上装有一斜管 1，锥体的最下端有一个直管 6 小孔，斜管 1 与直管 6 下各放置一个量筒，以便量出流下的水量。

图 2-8　加拿大游离度测定仪

1—斜管　2—扩散锥体　3—排水容器及铜网
4—盖板　5—固定把手　6—直管　7—底板

测定方法

（1）试样的制备

①浓度大于 0.3%的纸浆悬浮液：取经解离的纸浆水悬浮液样品，用电导率在 50～100MS/m 范围内的水稀释至大约 0.32%（质量分数），并测定其浓度，再稀释纸浆悬浮液至 (0.3±0.005)%，并调节温度至 (20.0±0.5)℃。若由于气候原因，可使用 (20～30)℃±0.5℃，但要在试验报告中注明。

②浓度小于 0.3%的纸浆悬浮液：取解离过的纸浆水悬浮液样品进行过滤浓缩，浓缩时尽量避免细小纤维和纤维碎片的流失。为此，滤液应通过浆层反复过滤，直至滤液清澈为止。然后，再将其稀释至 (0.3±0.005)%，并调节温度至 20.0±0.5℃。

（2）试验步骤

仔细清洗加拿大标准游离度仪的漏斗和滤水室，然后用水刷洗，将滤水室放在支架上，用温度与测定 CSF 时温度相同的水冲刷仪器以调节其温度，安放收集器以便接收由侧管排出的水。

在搅拌下取出 1000mL±5mL 均匀的浆料悬浮液，放到干净的有刻度值的量筒里。

关上滤水室的底盖，打开顶盖和空气阀门，用搅拌棒搅拌浆料悬浮液或用两个量筒反复倒混 3 次，以便浆料均匀地分布在水中，操作时要注意避免浆料悬浮液中引入空气。

在 5s 内快而稳地将悬浮液倒进滤水室内，关闭顶盖和空气阀门，然后打开底盖的空气阀门，使水自动流出。

当管不再流水时，读取流出水的体积，数值低于 100mL 时，要精确至 1mL；数值为 100～250mL 时，精确至 2mL；250mL 以上精确至 5mL。

注意事项

①同时作两次平行测定，取其算术平均值作为测定结果，两次测定误差不应高于 2%。

②如试验中浓度偏差大于 0.005%，与温度偏差大于 0.5℃时，所得的数值要分别加以修正。一般来说，纸浆浓度高于 0.30%时，应增加数值；纸浆浓度低于 0.30%时，应减少数值。温度高于 20℃时，应减少数值；温度低于 20℃时，应增加数值。具体数值的修正可通过查阅

有关国家标准得到。

（三）　纸浆的筛分析

纸浆的筛分析使用纤维筛分仪，把纸浆悬浮液中的纤维分成不同平均长度的组分，从各组分的分布量可间接地评价纸浆纤维的长度和纤维的均一性，据此控制纸浆的质量。

应用仪器

纤维筛分仪有各种不同的类型和型号。我国推荐使用鲍尔纤维筛分仪（图2-9）。该仪器获得的数据准确可靠，再现性好，筛分性能稳定。使用标准的鲍尔纤维筛分仪，有利于将纸浆质量的检测方法与国际接轨。

在过滤排水部分，该机采用真空吸盘及布袋两种方式排水。真空吸盘可提高排水效率。适用于真空吸盘上所用的过滤纸应是一种较薄的、过滤快的、无灰的且应具有较好的湿强度和耐冲洗的过滤纸。布袋可采用优质漂白或未漂细布。

测定原理是将纸浆悬浮液注入筛分器中，各筛分容器中装有筛网，容器成阶梯式，当纸

图2-9　鲍尔纤维筛分仪
1—组合开关　2—机架　3—水箱

浆悬浮液从一个容器流到另一个容器时，在不同筛网上留住不同纤维长度的纸浆，存留纸浆的纤维长度与筛板的网孔大小一致。在一定的水流速度下，筛分一定时间后，收集起各筛板上的纤维，烘干至质量恒定后，按各网目上存留纤维量对投入试样的质量百分率报告结果。

测定方法

首先根据试样要求选用适当的筛子。对于用筛分评价纤维质量时应使用下列网目：

①中等纤维：14、28、48、100目；

②长纤维：10、14、28、48、100目；

③短纤维：14、28、48、100、200目。

通常长纤维浆料是指平均纤维长度为4~5mm左右的纸浆，如优质针叶木浆。短纤维浆料是指平均长度低于1mm及1mm左右的纸浆，如一般磨木浆及部分草浆。筛子安装时，将筛子装有栅板的一面朝溢流口方向，按照筛子孔径大小装入各自水箱内，即将最粗的筛板装到最上边的筛分容器中，随后递减。称取相当于（10±0.05）g（已知水分的）绝干浆样（精确至0.001g）。如试样为干浆（水分小于30%）在水中浸泡，木浆4h，草浆6h。浸泡过程中不时用手挤柔浆样，促进水的浸透，然后在纤维标准解离器（图2-10）解离，木浆75000转（或25min），草浆45000转（或15min）。如果浆料是湿浆或糊状浆，解离15000转（或5min）。一般可在85℃水中浸泡20min后，再进行解离。解离时浆料和水的总体积为2000mL。

开始操作之前，彻底清洗筛分仪各容器及筛板，以确保器壁及筛网上没有任何纤维或附着物。并预先将布袋装好或将预先称量过的过滤纸在其上面标记试样名称、筛子顺序和滤纸质量，并把标有记号的一面向过滤排水部分真空吸盘托网，将真空吸盘排水阀关闭，按序号装到各自水箱下的排水口上。

将水管塞插入水箱排水口，并向水箱放水。开动电动搅拌器，调整水流量，使恒位水箱刚有溢流产生，溢流水直径量6~8mm即可。使供给筛分水箱的水量为（11±0.5）L/min。水流

稳定后开动电动机准备筛浆。把解离好的 10g 纤维试样均匀分散在 2L 水中，于 15～18s 内注入第一个筛分水箱内（即筛孔最粗的水箱），用干净的水将杯内剩余纤维冲入同一水箱内，从加料开始计算试验时间。

试验进行到 20min±10s，停止给水，关闭电动搅拌器。取出每个水箱内的水管塞和筛子，打开真空吸盘排水阀，将筛子放在塑料盒内冲洗干净。冲洗物仍倒入各自的水箱内，一同用布袋滤出。如用真空排水，则将真空吸盘排水嘴接到吸滤装置，依次排净每一个水箱内的水。

从布袋中取出纤维，或从真空吸盘内取出滤干的带有纤维的滤纸，置于（105±2）℃烘箱内烘干至质量恒定。称量（精确至0.001g）。

图 2-10 标准纤维解离器
1—机体 2—容器 3—搅拌器 4—电子控制装置

设 i 级纤维的百分含量为 w_{if}（%），则按式（2-57）计算：

$$w_{if} = \frac{m_i}{m} \times 100\% \qquad (2-57)$$

$$w_{5f} = 100.0 - (w_{1f} + w_{2f} + w_{3f} + w_{4f})$$

式中　m_i——残留在 i 级筛网上纤维的绝干质量，g

　　　m——原试样的绝干质量，g

　　　i——组分序数

　　　w_{5f}——流过最后一个筛网的细小纤维含量，%

还可以用质量平均纤维长度作为结果报告。一种方法是通过测量纤维的长度，然后根据测定结果进行计算，另一种方法是通过筛分试验测定出各组分纤维质量及各组分的纤维质量平均长度，然后计算而得。

设试样的纤维质量平均长度为 L_m（mm），则按式（2-58）计算：

$$L_m = \frac{m_1 l_1 + m_2 l_2 + m_3 l_3 + \cdots + m_i l_i}{m} \qquad (2-58)$$

式中　m——试样绝干质量，g

　　　m_i——各筛分组分的纤维绝干质量，g

　　　l_i——各筛分组分纤维的平均长度，mm

注意事项

①应进行两次平行测定。若平行样对应级百分数相差超过 5 时，应进行第 3 次试验，将两个合格结果取算术平均值。取准至小数后一位。

②应经常检查筛子的筛网，发现破损、穿孔或筛框翘曲现象应及时更换。

③当分级机不用时，筛板应洗净，以防筛上产生沉淀物。

（四）保水值的测定

保水值是表示纤维的润胀程度，即细纤维化程度。保水值的测定是在规定条件下，用离心机把纸浆中的游离水甩出，使纤维间保存的只是润胀水（当然也有少量的纤维表面水和纤维之间的水）。然后测定所保留的水量，以每100g绝干纤维中所保留的水分表示。

保水值与纸张的许多物理性能有着密切的关系，许多研究结果指出，纸张的紧度、裂断长、耐破度、耐折度等项物理指标，随着保水值的增加而成直线上升。机械浆的质量与保水值的关系也非常密切，保水值低的机械浆通常具有较高的湿强度。因此保水值的测定比打浆度更能正确地反映打浆质量。

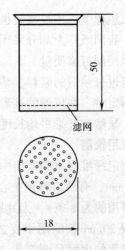

图2-11 带有滤网的离心管

测定方法

称取相当于0.15g绝干浆的湿浆，放入带有滤网底（滤网为120目）的铝制或不锈钢制的离心管内，如图2-11所示。用玻棒将湿浆压平，然后放入离心机内，离心机的转数为5300r/min，离心半径62mm，离心加速度是1950g（g是重力加速度），离心0.5h后，用镊子将浆样取出，放于称量瓶中，在感量为万分之一的天平上称量，然后在100~105℃的烘箱内烘干至质量恒定。

设保水值为$w_{保水值}$（%），则按式（2-59）计算

$$w_{保水值} = \frac{m_1 - m}{m}$$

（2-59）

式中 m_1——离心后的湿浆质量，g

m——绝干浆质量，g

注意事项

每个浆样测定2份，以算术平均值表示结果。

（五）水化度的测定

测定纸浆在煮沸前后打浆度之差，以表示纸浆打浆后膨润水化程度，称为水化度。

纤维经切断、帚化、纵向分丝、纤维表面细纤维化作用，产生表面吸水与纤维膨润等现象，这种现象纯属吸收结合水的物理作用，经过加热后能失去含有的水分，降低了在铜网上交织的紧密性，加速了脱水作用。

测定方法

称取相当于绝干纸浆2g的湿浆试样各2份，分别置于1000mL的刻度瓷杯中，注入少量清水，将其充分搅散取其中一试样再加水稀释至1000mL［浆料温度控制在（20±1）℃］。充分搅拌后按照打浆度的测定方法测定其打浆度。

将剩下的另一试样再加水稀释至500mL，加热至沸，待沸腾5min后，再加水稀释至1000mL，使温度保持在50℃，然后按照打浆度的测定方法测定其50℃时的打浆度。

设水化度为X（°SR）表示，则按式（2-60）计算：

$$X = X_1 - X_2$$

（2-60）

式中 X_1——20℃时的打浆度，°SR

X_2——50℃时的打浆度，°SR

（六）纤维湿重的测定

纤维湿重系指在一定条件下所获得的湿纤维的质量。纸浆的纤维湿重间接地反映了纸浆纤

维的长短程度。用显微镜也可以测定纤维的长度，但手续比较麻烦，时间较长，不能及时指导生产，我国纸厂大部分采用测定纤维湿重的方法来间接测出纤维的平均长度，以便在生产上能迅速地控制打浆质量。

经过打浆后的浆料，稀释至 0.2% 浓度，用框架法测定，即在肖伯尔打浆度测定仪进行打浆度测定时，在仪器的锥形盖上，附加一个框架，在测定打浆度时，测定挂在框架上湿纤维的质量。显然，纤维平均长度越长，框架上挂住的纤维越多，其纤维湿重就越大。

应用仪器

测定纤维湿重的框架构造如图 2-12 所示。框架直径为 125mm，有凹口弯到中心，框架上有肋条 25 条（测定长纤维用的为 8 条），刀片厚 0.8mm，宽 5mm，框架边缘有 4 根 20mm 长的用于支放在打浆度测定仪的密封锥体上。框架的表面呈圆弧形（圆弧 $R = 120mm$）。框架一般用铜制造。

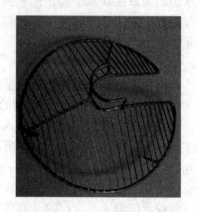

图 2-12　框架构造图

测定方法

测定纤维湿重是与打浆度同时进行的，预先将框架的质量称出，然后置于肖伯尔式打浆度仪的密封锥体上。测定方法与测定打浆度相同，待密封锥体升起 2min 后，轻轻从锥体上取下框架，称量，减去框架本身质量即为纤维湿重。然后查阅纤维湿重与纤维平均长度关系曲线或对照表，即可找出纤维平均长度。生产中往往直接运用纤维湿重结果来指导生产，不一定进行换算。

同一试样应作 2~3 次测定，取其平均值，计算结果应准确至 0.1g。

纤维湿重与纤维平均长度关系曲线的求法如下：将不同纤维湿重结果的浆，分别用显微镜观察法测出纤维实际平均长度（每次观察纤维应在 200 根以上），通过多次反复的实验，并得出一系列数据后，以纤维湿重为横坐标，以纤维长度为纵坐标，于坐标纸中画出曲线图或列成对照表，即可使用。

必须注意，各种不同种类和不同性质的浆料关系曲线是不同的，均应分别进行测定。

六、抄纸的生产检查

抄纸工序检查的项目主要有上网浆料浓度及 pH、纸中填料留着率、白水中纤维和填料含量以及纤维流失等项目。

测定上网浆料的浓度是控制成纸质量的一个重要项目。上网浆料浓度高成纸定量大，但上网浓度太高时会出现纤维分布不良，影响纸张的匀度。上网浓度低则成纸定量小，但成纸的匀度好，因此在抄造过程中要求上网浆料浓度稳定，以免成纸定量产生波动。上网浆料的 pH 对纸的施胶和抄造过程有很大的影响。一般要求 pH 在 5.0~5.5 之间，pH 过低说明施胶时硫酸铝用量过多，这不但会造成浪费，增加成本，而且成纸发脆，影响质量，同时也会影响铜网和毛毯使用寿命和增加设备的腐蚀。pH 过高则会影响施胶效果及造成抄纸时黏缸断头的现象。测定纸的填料留着率可以知道加入填料的数量是否恰当，它经过纸机各部分流失后，能保留多少在纸中，以便更好地进行经济核算。白水中有多少细小纤维和填料，应尽量加以回收及利用，如发现白水浓度太高，则应检查纸机各部分是否有漏浆情况，并采取有效措施以减少纤维的流失。

（一）　上网浆料浓度的测定

取样方法

在流浆箱中取出具有代表性的均匀试样。

测定方法

用量筒量取试样 1000mL，倒入铺有已干燥恒重的定性滤纸的布氏多孔漏斗中进行过滤，过滤完毕后，取出滤纸，置于烘箱内于 105℃ 中烘干至质量恒定。

设上网浆料浓度为 $w_浆$（%），则按式（2-61）计算

$$w_浆 = \frac{m_1 - m}{1000} \times 100 \tag{2-61}$$

式中　m——滤纸质量，g

　　　m_1——烘干后滤纸及浆质量，g

（二）　上网浆料 pH 的测定

取样方法

在流浆箱中取出具有代表性的均匀试样约 1000mL，用铺有滤纸的布氏多孔漏斗进行过滤，收集滤液约 50mL 备用。

测定方法

生产上测定 pH 多采用比色法，亦可用酸度计进行测定。测定方法与第六章中水的 pH 测定相同。

（三）　浆料 PCD 电荷测定仪

在造纸工业中，PCD 是检测阴离子垃圾含量和测定化学品添加剂电荷量的标准工具。它是世界上最广泛应用的采用流动电势的电荷测量仪，这主要得益于 PCD 在高的电导率情况下，仍然能够准确进行电荷测量。如图 2-13 和图 2-14。

图 2-13　PCD 电荷测定仪

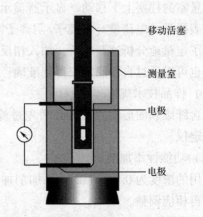

图 2-14　PCD 电荷测量室结构图

移动活塞

测量室

电极

电极

确定电荷量不仅对于造纸工业很重要，而且对于废水处理、酿酒和食品业、陶瓷、涂料和医药行业也很重要。

测量原理

水中的胶体物质和固体的表面电荷会导致其电荷周围富含相反电荷的离子，即所谓的反离子。如果使得这些反离子与这些颗粒剪切分离开，就可以测量到流动电势，单位为 mV。流动电势为 0mV，代表样品中所有的电荷被中和了。测量原理图如图 2-14 所示：

胶体溶解物质会吸附在测量室或测量柱塞上。反离子相对比较游离。测量室和柱塞之间的间距很窄。通过电机的驱动，柱塞在测试室内上下移动，产生强的液流。这包括了游离的反离子，将其与所吸附的物质分开（图 2-15）。在内置的电极内，反离子产生了电流，然后通过整流和放大，使得具有适当极性的流动电势显示在显示屏上。

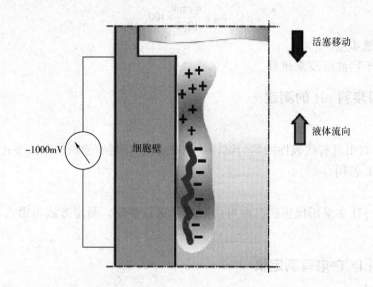

图 2-15　反离子和所吸附的物质的分离

测量方法

把确切体积的水溶性样品加入到测量室内，按下菜单屏幕的"On"，启动 PCD 颗粒测定仪，测量室的柱塞上下移动。显示器显示正的或负的 mV 信号。尽管如此，mV 信号的大小并不能代表样品的电荷量（阳离子/阴离子需求量）。

为了定量地分析这些电荷，加入相反电荷的聚合物，直至达到电位为 0mV。滴定可以手工进行；也可以通过自动滴定仪得到准确、无人为误差，再现性好的测量数据。

（1）样品技术规格

包含纤维和固形物的浆料必须先过滤。如果要测量纤维的表面电荷，建议使用系统 Zeta 电位测定仪。

（2）功能性添加剂

使用的浓度为 0.1%（0.1g 添加剂加上 99.9g 的去离子水）。根据滴定液的消耗量，使用的浓度再相应调整。

（3）颜料

使用的浓度为 0.1%（0.1g 的固含量加上 99.9g 的去离子水）。根据滴定液的消耗量，使用的浓度再相应调整。颜料悬浮液最好用 Zeta 电位测定仪进行测量。

返滴定

对于大于 500μm 的颗粒，无法采用 PCD-04 的测量室进行直接的滴定。然而，可以采用返滴定进行定量的电荷测量。在样品中加入过量的相反电荷的滴定液，反应一段时间后，再进行返滴定。

（四）浆料 Zate 电位的测定

在造纸工业生产中需添加大量的化学助剂和填料等，一般来说这些助剂和填料是带正电荷的，而纤维表面带负电荷，这样两者才能结合在一起发挥作用。

在湿部化学中，Zeta 电位是一个重要的参数纤维和各种添加剂的凝聚结构和留着率，主要是由纸料固体粒子的 Zeta 电位决定的，当 Zeta 电位较高时，纸料中各种粒子带有较多的电荷，会因较强库仑斥力而阻止纤维与填料及胶料的接近，而影响纸页成形时细小纤维、胶料填料的留着并导致随网部白水流失当。Zeta 电位趋于零时，粒子间的范德华力起主要作用而大大改善了留着率、滤水性和纸页湿强度，减少了湿部的断头次数，从而改善了纸机的运行性能，同时由于细小纤维留着率的提高可相应地降低流浆箱纸料的浓度而有利于改善纸页的成形条件和纸张匀度的保证，因此，测量 Zeta 电位，并通过添加各种阴性或阳性填料来改变 Zeta 电位的大小，具有重要意义。

我们用 Zeta 电位来表示纤维的电荷，Zeta 电位不能直接测量出来，而是要通过测量流动电位、电导率、压差，然后计算得出。测量时，纤维表面电荷受到剪切力的作用脱离，从而产生了流动电势，同时，测量得到电导率、压差等数据，通过仪器测定后得到 Zeta 电位。

测试结束后，Zeta 电位值和相关数据通过仪器自带的打印机打印出来，同时存储在即插式记忆卡中保存，需要时可以导入电脑中分析。

测量原理

实际上所有溶解在水里的胶体和固体颗粒都带电荷。这会在颗粒表面产生一定浓度的电性相反的电荷，称之为相反电性的离子。如果这些相反电性的离子被从颗粒上分开或用剪切力剥离，就可以测量到以 mV 为单位的流动电流。在图 2-16SZP-06 系统 Zeta 电位仪的测量室中，只有固体颗粒被滤饼固定在滤网电极上

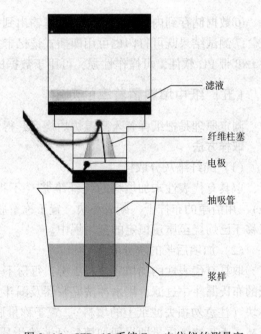

滤液

纤维柱塞

电极

抽吸管

浆样

图 2-16 SZP-10 系统 Zeta 电位仪的测量室

用搏动的液体流动剥离相反电性的离子，胶体电荷会通过滤网电极，因而这种测量方法不会受胶体电荷的影响。图 2-17 是 Zeta 电位测量原理图。

用测量到的流动电势结合其他如压力差和电导率的测量参数来计算 Zeta 电位。

仪器特征

①真空泵内置，且噪声小，真空泵有防水保护，确保泵不会被溢流的滤液破坏。

②压力完全自动控制，由微型处理器自动控制，无须手动调节，操作简便。

③整个测试过程使用菜单操作，自动进行。

④测试结束后，自动将纤维柱塞和滤液吐回试样杯。

⑤通过菜单选择自动清洗，系统自动进行清洗。

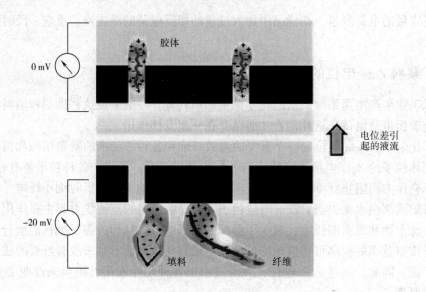

图 2-17　Zeta 电位测量原理图

⑥数据储存到内部的记忆卡中，可输出到电脑上进行评估和分析。

⑦测试结果既可打印也可用即插式记忆卡保存，可以再读取。

⑧带 PC 软件，可操作性强，可用于数据的写入、显示、分析和储存等。

（五）　纸中填料留着率的测定

测定原理是把纸样置入高温炉灼烧后，得出纸中所含的矿物量的比值，即为填料留着率。

取样方法

（1）纯纤维灰分取样

取具有代表性未加填料的纯纤维浆（不得混有填料）约 100g 2 份（每份绝干浆不少于 3g），用洁净的布拧干，撕成小块，置于称量瓶中，在（105±2）℃烘干至质量恒定，然后将干浆移于已灼烧至质量恒定的瓷坩埚中。

（2）加填后浆的灰分取样

取具有代表性的加填后浆料 2 份，每份不少于绝干浆 3g，分别倾入铺有质量恒定的无灰滤纸的布氏漏斗中过滤，用水冲洗盛浆器及漏斗上黏附浆料。抽吸干后，取出，带滤纸一起撕成小块（注意勿损失滤纸上的填料）。置于称量瓶中，在（105±2）℃烘至质量恒定。此绝干料质量减去无灰滤纸质量即得到加填后纸浆绝干质量。将烘干浆（带滤纸）移于已灼烧至质量恒定的瓷坩埚中。

（3）填料取样

从代表性的填料试样中称取 2~3g，置于已灼烧至质量恒定的瓷坩埚中。

（4）成纸灰分取样

在成纸出烘缸部分截取代表性的全幅纸样约 30g 剪成小块，贮于广口瓶中，混匀后称取 2~3g（另取试样测定水分）于已灼烧至质量恒定恒的瓷坩埚中。

测定方法

将已称好试样的坩埚在电炉上小心灼烧，使其炭化。然后移入高温炉内，在 775±25℃的温度下灼烧至灰渣中无黑色灰素，取出坩埚，在干燥器内冷却后称量，重复操作直至质量恒定。

设灰分含量为 $w_{灰分}$（%）；灼烧损失为 $w_{灼烧损失}$（%），则分别按式（2-62）和式（2-63）计算：

$$w_{灰分} = \frac{m_2 - m_1}{m} \times 100\% \qquad (2-62)$$

$$w_{灼烧损失} = \frac{m_3 - m_4}{m} \times 100\% \qquad (2-63)$$

式中　m——绝干试样质量，g

　　　m_1——空坩埚质量，g

　　　m_2——坩埚加灰分质量，g

　　　m_3——坩埚加绝干填料质量，g

　　　m_4——坩埚加灼烧后填料质量，g

　　设填料留着率为 $w_{填料留着}$（%），则按式（2-64）计算：

$$w_{填料留着} = \frac{w_1}{w_2} \times 100\% = \frac{\dfrac{w_B - w_A}{100 - w_B - w_C} \times 100}{\dfrac{w_D - w_A}{100 - w_D - w_C} \times 100} \times 100\% = \frac{(w_B - w_A) \times (100 - w_D - w_C)}{(w_D - w_A) \times (100 - w_B - w_C)} \times 100\% \qquad (2-64)$$

式中　w_1——成纸中填料含量，%

　　　w_2——纸浆中填料含量，%

　　　w_A——纯纤维灰分含量，%

　　　w_B——成纸灰分含量，%

　　　w_C——填料灼烧损失，%

　　　w_D——加填料浆灰分含量，%

表 2-3 为填料的灼烧损失参考表。

表 2-3　　　　　　　　　　　　　　　　**填料的灼烧损失参考表**

填料	灼烧损失/%	填料	灼烧损失/%
高岭土	12~14	生石膏	18~22
滑石粉	4~6	硫酸钡	0.2~0.5
滑石棉	4~6	二氧化钛	0.2~0.5
白垩	38~42	硫化锌	14~18

（六）白水中纤维和填料含量的测定

白水中含有纤维和填料，可以采用灰化法或中和法求出其中总量或各自的含量。

取样方法

①在指定地点，每隔几分钟取定量的白水盛于洁净玻璃瓶中，直至取满 2L 以上为止。

②根据纸张配比，分别取不加填料的纯纤维浆，或取不加填料的混合浆，测定其灰分。

③填料如为碳酸钙不必取样，如为滑石粉、高岭土等则取同生产条件的代表性试样。

测定方法

（1）灰化法

①纯纤维灰分及填料灼烧损失，测定方法与纸中填料留着率的测定相同。

②白水残渣灰分：量取 1000mL 白水试样，静置澄清后，过滤于铺有已干燥至质量恒定的定量滤纸的布氏漏斗中。缓缓吸干后，取出滤纸置于已灼烧至质量恒定的瓷坩埚中，在（105±3）℃烘箱中干燥至质量恒定，减去滤纸质量即为绝干白水残渣质量。

③然后将瓷坩埚在低温碳化后，转入高温炉内在（775±25）℃灼烧至灰分中无黑色炭素，移入干燥器中，冷却后称量，坩埚增加的质量即为白水残渣中的灰分质量。

设白水残渣灰分为 $w_{白水灰分}$（%），则按式（2-65）计算：

$$w_{白水灰分} = \frac{m_1}{m} \times 100\%$$ （2-65）

式中　m——绝干白水残渣质量，g

　　　m_1——白水残渣中的灰分质量，g

设白水浓度（纤维+填料）为 $\rho_{白水}$（g/L），则按式（2-66）计算：

$$\rho_{白水} = \frac{m}{1000} \times 1000$$ （2-66）

式中　m——同上

生产上有时需要分别测定白水中纤维或填料的各自含量。设白水残渣中填料含量为 $w_{白水填料}$（%）；白水残渣中碳酸钙填料含量为 $w_{白水碳酸钙}$（%），则分别按式（2-67）和式（2-68）计算：

$$w_{白水填料} = (w_{白水灰分} - w_{纤维灰分}) \times (100\% + w_{填料灼烧损失})$$ （2-67）

$$w_{白水碳酸钙} = (w_{白水灰分} - w_{纤维灰分}) \times \frac{100.09}{56.08} = (w_{白水灰分} - w_{纤维灰分}) \times 1.784$$ （2-68）

式中　$w_{白水灰分}$——白水残渣灰分，%

　　　$w_{纤维灰分}$——纯纤维浆灰分，%

　　　$w_{填料灼烧损失}$——填料灼烧损失，%

100.09/56.08——由 CaO 换算为 CaCO$_3$ 系数

（2）中和法

白水中填料为碳酸钙时可采用中和法测定。

称取 1000g 白水试样（同时称样测定浓度）置于烧杯中一边搅拌一边徐徐加入 1+2 盐酸溶液，中和至不再发生气泡为止。用已知质量的 3 号玻璃过滤器或滤纸过滤，若滤液混浊可以反复过滤至清液清澈为止。用蒸馏水洗净杯壁附着的纤维，并洗涤至无酸性反应为止。将玻璃过滤器或滤纸在（105±3）℃干燥至质量恒定。

设白水残渣中纤维含量为 $w_{白水纤维}$（%），白水残渣中碳酸钙含量为 $w_{白水碳酸钙}$（%），则分别按式（2-69）和式（2-70）计算：

$$w_{白水纤维} = \frac{m_2 - m_1}{1000 \times w_{白水}} \times 100\%$$ （2-69）

$$w_{白水碳酸钙} = 100\% - w_{白水纤维}$$ （2-70）

式中　m_1——空玻璃滤器或滤纸的质量，g

　　　m_2——绝干纤维和空玻璃滤器或滤纸的质量，g

　　　$w_{白水}$——白水浓度，%

（七）纸机动态滤水性能测定

浆料的滤水性能对于造纸企业的意义是非常重大的，它关系到纸机的运行性能、成纸质量以及成本的花费。采用动态滤水仪，分析纸机的剪切作用、动态滤水、留着（含总留着、填料留着）性能、化学品添加等，可以直观的观察纸机的运行情况。

采用动态滤水仪在浆料滤水过程中会在成形网下施加一定的真空度，测试浆料在一定的真空度下的滤水性，这与生产上的纸机运行情况是十分相似的，所以通过测试真空生产条件的数据，能对生产调整、工艺改进及新产品的研发提供了直观、科学的指导。

　　仪器的结构形状见图 2-18。通过电脑软件控制，对滤水过程全面分析，绘制滤水曲线，并能计算出保留率、成形固含量的数据，进行综合分析（图 2-19）。

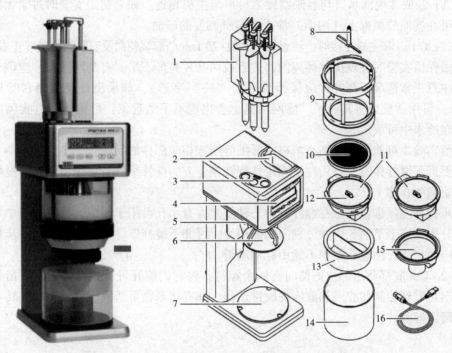

图 2-18　DFR 04 型滤水保留游离度测试仪及各主要部件

1—化学品加样点　2—浆样加入口　3—与 1 连接处　4—显示屏　5—温感器　6—搅拌锥　7—天平　8—搅拌棒　9—容浆器
10—滤网　11—出料口　12—RET-20 Lab 传感器　13—初滤液接杯　14—滤液接杯　15—滤液出口　16—USB 连接线

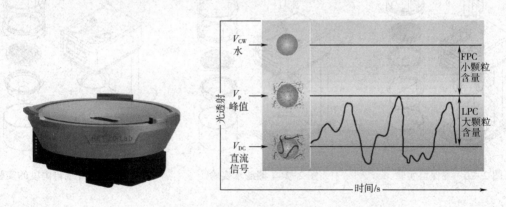

图 2-19　DFR　04 型滤水保留游离度测试仪中 RET-20 Lab
及通过光通透改变电流信号的原理测量浆料中大小颗粒的量

1. 仪器安装

选网须知

①滤水/游离度实验：用 60 目°SR 网。

②保留实验：用 24 目滤网——如果纸机保留（FPR）在 60%左右，如果高于 60%（如 80%），可选择 40 目滤网；如果低于 60%，可选择 18 目的滤网。

③如果是机械浆，可选择粗目数的滤网。

④说明：24 目（美式单位面积上的开孔率），0.35mm（金属网的厚度）。

选择合适的滤网放在容浆器底部，注意滤网外围有斜边的朝向滤水口，以保证连接紧密。将 RET-20 Lab 或常规滤水口与容浆器旋紧后再与主机相连。如果初始安装时过紧无法顺利旋转到位，可在滤网的黑框上（两面）涂上少量低黏度的硅油。

将 RET-20 Lab 和主机连接时，注意初始 RET-20 Lab 凸起端朝向及安装的位置（正右方）。

如果做保留实验时发现搅拌棒离网面过近或两叶片高低不平，有刮网倾向，应该立即卸下搅拌棒。注意正常情况下两叶片应保持水平（"一"字形），如果出现搅拌棒和叶片间出现"Y"字形，可用适量力将其扳平。滤网网面也会出现不平的现象，可将其用电吹风或热水下压固定，在冷水中可成形。

在保留实验中可能会出现细小填料或纤维等堵塞相应部件的问题。

当需要拆下搅拌棒时，可用左手固定住旋转锥上方的搅拌桨，右手握住下方的搅拌棒，朝里旋转（远离操作者）。

进一步拆卸搅拌锥：注意在搅拌锥中心轴及上方有小孔可用于固定。从旅行箱中拿出特制的扳手，分别固定上下两孔，并分别向两侧用力，可卸下搅拌锥。搅拌锥还可进一步拆卸，但最好由供应商完成。注意在锥中不能用硅油润滑。

RET-20 Lab 底部凸出部位的侧向有四个螺钉，将它们旋开可看到并排的两个齿轮，将其中一个拉出可看到控制初滤液和滤液的圆锥形阀，如有堵塞物可清洗。如果控制旋转不畅可用适量硅油帮助润滑。

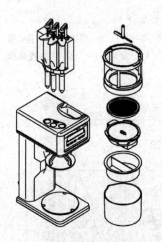 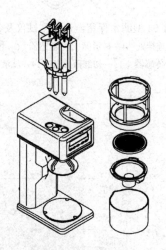 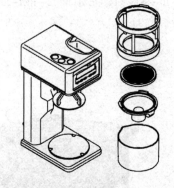

图 2-20　测保留实验　　　　图 2-21　测滤水实验　　　　图 2-22　测纤维自由度的实验

2. 三种测试实验

（1）测保留实验

将系统按照图 2-20 所示安装，注意搅拌棒不能接触到滤网，请确保搅拌棒已经旋转到转子底部的尽头。并注意各部件接触点的干燥。在下端组的接触针中，从上往下数的第二根是备用的。

（2）测滤水实验

将搅拌棒从转子底部旋出（方向为朝向操作者），将滤网换作 Schopper-Riegler 60/0.17（网目数/滤网厚度）。

将有卡口连接的滤液出口底部装在搅拌室下，并将搅拌室通过卡口连接逆时针转 90°与主机相连锁住（图 2-21）。

（3）测纤维自由度的实验

同测滤水实验相同，并且不需安装药品添加装置（图 2-22）。

每次在以上三种不同的实验中转换时，应将机器和软件重新启动一次，否则可能会产生控制紊乱。

3. DFR 04 测试仪软件安装到计算机中及各种调试

（1）安装软件

①打开 DFR 04 电源开关；

②将 DFR 04 和电脑用 USB 接口相连；

③将 DFR 04 安装 CD 放入电脑；

④打开 SETUP. EXE 文件；

⑤按照屏幕上的安装指示操作；

⑥重启动计算机；

⑦第一次安装后，软件需要 TCT DC OFFSET VALUE；

⑧更新软件；

⑨将系统中 C：\ program files \ DFR04 \ dat 中的文件另起名保存；

⑩双击更新软件中的安装软件（Setup. ext），系统会开始卸去已有的 DFR04 的运行软件，此时可检查 C 盘中的 DFR04 文件夹，将其另起名保存（如还有此文件夹，可删去前述 DAT 文件）；

⑪再一次双击更新软件中的安装软件（Setup. ext），此时系统开始安装新软件。

（2）开机

①将机器各部件按上述实验要求装好后，如果需要对天平进行校正，可按下面天平校正的步骤进行。否则直接打开机器后部的开关即可。

②打开计算机中的 DFR04 软件，可看到系统与机器连接的信息。

（3）天平的校正

为确保测量的重现性，要定时（每季度）或每次搬动后都进行天平的校正。每次将仪器和一台新的计算机连接的时候都需要做天平校正。步骤如下：

①将仪器主机放在一个平稳水平的台子上；

②将它与计算机系统相连（DFR04 软件不启动）；

③确认天平上的容器已拿开；

④在仪器的显示屏上按住"开始"键，打开仪器主机后部底的电源开关，直至显示屏上显示图 2-23 信息；

⑤当用 1000g 或 2000g 标准物校正时，按上述操作屏幕会显示"1"，"2"，分别对应下面按键"Stop"和"Menu"。按下"1"对应的"Stop"键，系统将做"0"校正。等待"Version No."字样消失。当屏幕显示 0g 时，再将 1000g 或 2000g 的重物放到天平上，按下"Menu"键（即"2"），等待"Calibration Saved"字样出现。校正数据已被保存。屏幕会显示当前天平上的克重。

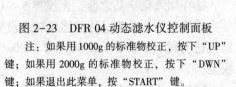

图 2-23 DFR 04 动态滤水仪控制面板

注：如果用 1000g 的标准物校正，按下"UP"键；如果用 2000g 的标准物校正，按下"DWN"键；如果退出此菜单，按"START"键。

在进行实验时，系统将自动减去容器的质量（tare balance），同时滤液的质量会被记录。

（4）仪器参数设立

在拿到浆料后，需要检测滤网目数是否合适及是否干净无堵塞，或仪器是否工作正常。按保留实验的要求选择合适的滤网并将仪器安装好。

根据纸机的湿端生产流程设计搅拌速率—时间表。根据实验用的浆料，系统过程加药点设计的不同，搅拌速率—时间表应该在开始的时候就应该设计好。例如，确定加药的种类，二元或是三元系统；以及加药点的选择，在压力筛前或后，相隔多久等。

在保留实验区域选择"New Measurement"（图2-24），命名新文件夹，所有连续测量的结果都将在此文件夹中。此时屏幕上会显示编辑菜单页，输入各项样品信息在随后的测量中会显示测量结果。如名称为"Blank"，Legend为纸机信息等，Substance为物料特性等。

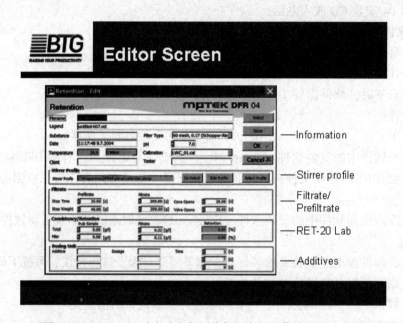

图2-24　DFR　04动态滤水仪纸浆保留率测试菜单电脑显示图

建立搅拌速率—时间表

具体操作步骤：

①在"Stirrer Profile"中选择"Edit Profile"定义新的搅拌速率表并保存以备后续的调用。搅拌速率可选择的范围是：200~1500r/min。

②在加入化学品之前，先搅拌5~10s，转速为700r/min，模拟纸机上浆料的均匀化。

③然后加入化学品A，建议初始设置速度当纸机速度小于1000m/min时设为800r/min，当纸机速度高于1000m/min时设为1000r/min，在此转速的时间由纸机上药品和浆液接触的时间决定。

④加入化学品B，定义需要的转速。

⑤改变仪器的留着率，首先改变速度，然后再改用其他尺寸的筛网。

注意

在完成药品所需的转速后加一个末速度值，转速在400~700r/min，时间在1s，此时搅拌锥已经从底部自动升起，滤液开始向下移动。在滤液收集过程中，机器保持此转速。当浆液是机械浆或是回收的纸浆时，可用较高转速（如600r/min）。天平上滤液收集的速度和此转速相关很大，当转速高时，进入的空气量多，滤液收集变慢；反之则变快。

例如：

$t=0\sim10s$，700r/min

$t=10s$，药品 1 加入

$t=10\sim15s$，800r/min

$t=15s$，药品 2 加入

$t=15\sim30s$，800r/min

$t=30\sim31s$，400～700r/min

因现在只是检查仪器是否正常，所以当建好搅拌速率—时间表后，在实验中并不添加化学品。

⑥下一步要做的是输入浆料和灰分的浓度，量好 1L 浆液，点击"OK"，等待搅拌锥下移。倒入纸浆，按机器上的开始键，等待实验结果。

如果正常的话，滤液和时间的关系是线性的。

清理干净后重复实验，此时在仪器装好后可直接点击"OK"开始实验，仪器自动将其命名为 Blank-001。正常情况下，两次重复实验的误差在±0.01g/L。

（5）RET-20#Lab 传感器的校正

新的校正曲线的建立

①在主菜单选择"SETUP"进入"RET-20 Lab Calibration"（图 2-25）。

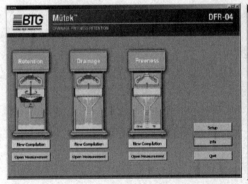
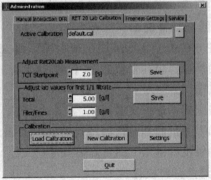

图 2-25　DFR 04 动态滤水仪设置菜单界面

②选择"Settings"调整校正时所需参数。

③建立"Stirrer Profile"和"Stop-conditions for Full Concentration"（注：搅拌速率设置可能常需根据实验具体情况改变，但 Stop-condition 厂商已做优化，建议不要改变）；

④选择"New Calibration"可见信息框（图 2-26）；

⑤选择"YES"用以前所存的清水值（如果选择这个下面将不做清水校正实验）；

⑥选择"NO"做清水值校正（建议做，自来水）。

清水值校正

①确保所有的容器保持干净；

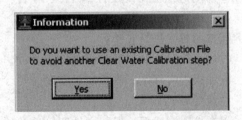

图 2-26　DFR 04 动态滤水仪菜单界面

②可选用任何目数筛网；

③选择"CLEAR WATER"后按照提示继续实验；

④在"Quality"中如果低于90%，应清洗传感器。

1/1 滤液校正

①取1000mL纸浆；

②选择所需目数的筛网（同后续RDF实验设置相同）；

③点击"FULL CONCENTRATION"；

④按照提示进行实验；

⑤如果测量顺利，仪器将自动标示"OK"；

⑥如果没有标示，需重新做实验。

⑦测量将产生300mL滤液，取150mL留做下一步校正，另150mL将用来做纤维保留和灰分分析。

1/2 滤液稀释校正

①将150mL上述滤液用自来水稀释到300mL；

②筛网选择粗孔目数的24目或18目；

③点击"1/2CON"；

④按照提示进行实验；

⑤如果测量顺利仪器将自动标示"OK"；

⑥如果没有标示，需重新做实验。

1/4 滤液稀释校正

①将150mL上述滤液用自来水稀释到300mL；

②筛网选择粗孔目数的24目或18目；

③点击"1/4CON"；

④按照提示进行实验；

⑤如果测量顺利，仪器将自动标示"OK"；

⑥如果没有标示，需重新做实验。

1/8 滤液稀释校正

①将150mL上述滤液用自来水稀释到300mL；

②筛网选择粗孔目数的24目或18目；

③点击"1/8CON"；

④按照提示进行实验；

⑤如果测量顺利仪器将自动标示"OK"；

⑥如果没有标示，需重新做实验。

注意

①在校正完成后，保留文件留给后续的RETENTION实验作为标准曲线。实际的保留值和灰分值等结果出来后可再填入校正，而不会影响后续实验的进行。当然，合理的估计保留值和灰分值也很重要。在每次更新保留的实验值时，应打开DFR 04，在RET-20#Lab中改变保留值和灰分值。选定应相应改变的各个文件。

②在用机械浆校正时，仪器可能不能显示"OK"，此时可更改筛网目数（选用粗网目）或在"SETTINGS"中进一步修改。

③在DFR04文件夹中的"CAL"中仪器自带的只有两个文件，一个是默认校正文件，另

一个是未涂布化学浆的校正文件。

4. 纸浆保留率测试、纸浆滤水实验和纸浆游离度测试

（1）纸浆保留率测试

注意

每次测保留率的纸浆量是 1000mL。

测试步骤

①在主菜单中选择"New Measurement"（图 2-24）。

②在样品信息栏处输入样品信息，实验条件，测试信息等，载入校正数据线（滤液稀释实验）。

③在搅拌速率表中调用已建好的文件。

④为保证实验的准确性，沉积在筛网和出料口之间初滤液应尽可能除去：

- 在"Prefiltrate"中填入需收集的初滤液质量（如 40g）和停止收集的时间（如 20s）
- 在"Filtrate"中填入需收集的滤液量（如 200g）和时间（如 200s）
- 系统会根据先达到要求的设置停止

⑤在 RET-20Lab 中填入估计的未添加化学品时滤液的浓度和灰分值，如果已经在实验室测出，请填入实测值。

⑥在"Additives"中填入化学品的用量（%）及添加时间（有计算栏可供应用）。

⑦检查一下仪器是否组装好，浆料和药品是否就绪。

⑧点击"OK"或仪器面板上的"START"。

⑨在仪器上可看到搅拌锥体下降，容浆器底部封闭。

⑩按照仪器提示加入 1000mL 的浆液。

⑪点击"OK"。

⑫仪器会自动记录测试结果。

⑬清洗仪器并继续实验。

输入标定好的保留值和灰分值

①在前述的"RET-20 Lab CALIBRATION"中的"ACTIVE CALIBRATION"找到已存的校正曲线文件。

②在"ADJUST LAB VALUES FOR FIRST 1/1 FILTRATE"中输入保留值和灰分值。

③"TOTAL"保留值应该是总干重（g，在 105 摄氏度干燥）/150mL：g/L。

④"Filler/fines"（ash content）灰分值应该是灰分（g）/150mL：g/L。

⑤"SAVE"保存结果。

⑥确认保存"YES"。

⑦下列菜单（图 2-27）将显示是否对以前的测量结果进行校正。

⑧选择"YES"将出现可选择的测量结果。

⑨选择所需调整的测量文件并确认"DONE"。

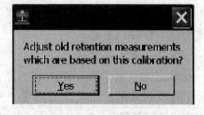

图 2-27 DFR04 动态滤水仪纸浆
保留率测试结果菜单界面

（2）纸浆滤水实验

①按照前述安装好仪器，选择筛网，并将一个能容纳超过 800mL 的烧杯放在仪器的天平上；

②在主菜单（图 2-28）上选择滤水的"New Measurement"；

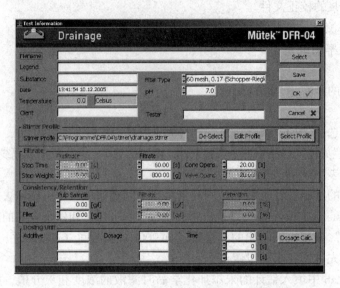

图 2-28　DFR　04 动态滤水仪纸浆滤水实验菜单界面

③输入样品信息和测试条件；

④建立搅拌速率表；

⑤其他输入与保留率实验相似；

⑥在滤液停止条件中输入"Stop Weight"（如 800g）和"Stop Time"（如 60s）；

⑦选择"OK"；

⑧"Start Measurement"；

⑨加入 1000mL 浆液，选择"OK"；

⑩等待实验结束并清洗各部件；

⑪在未加化学品的情况下，滤液的质量大约是 300~700g，如果不在此范围，选用更粗也孔或更细眼的筛网，或者改变浆液的浓度。

（3）纸浆游离度的测试

①待测纸浆的浓度必须保持在 0.2%，温度保持在 20℃（启动温度补偿功能）；

②筛网是 60 目的；

③在主菜单上选择测"Freeness"的"New Measurement"；

④输入样品信息等；

⑤搅拌一般不需要变；

⑥设定滤液量"Stop Weight"为 1000g（可调整），"Stop time"为 100s；

⑦重度打浆的纤维设定滤液量"Stop Weight"为 1000g（可调整），"Stop time"为 200s；

⑧通过调整"Treshold"值可调整仪器结果与另一 SR 测量仪器匹配；

⑨通过调整"fiber adjustment factor"（图 2-29）可将仪器得出的°SR 值同 CSF 值相转换。

Pulp sample	"fibre adjustment factor"
65% TMP 35% Long fibre	a ~ 1.0 (literature correlation)
100% Long fibre	a ~ 0.8
80% Short fibre 20% Long fibre	a ~ 0.9
100% Waste paper	a ~ 1.0

图 2-29　调整"fibre adjustment factor"界面

七、涂布加工纸的涂料及生产检验

近年来涂布加工纸随着科学及工农业技术的发展和人们生活水平的不断提高，涂布加工纸在国家发展经济中发挥着越来越重要的作用，加工纸的品种数量日益增多，质量不断提高，生产技术越来越先进，涂布加工纸目前已成为造纸工业中发展最快的产业领域之一，因此，越来越多的造纸企业对涂布加工纸及涂料有测试的要求。

涂料是一种复杂的固液体系，其主要组成成分为颜料、胶黏剂和其他添加剂，为了使得涂层达到所需要求，一是涂料应有适当的黏度，从而有适当的流平性，以保证涂于纸上的涂料能很快地流平，使涂层无处理而平整，二是涂料要有适当的渗透性，使涂层与原纸有良好的迁移，保证涂层自身结合强度的特征；三是涂料稳定性要好，没有泡沫，因此要对涂料的黏度、涂料的固含量、涂料的保水度及颜料的粒度分布等进行测定。

（一）涂料黏度的测定

作为在原纸上涂布涂料、生产涂布纸时的涂布方法，现在所使用的有刮刀涂布头、气刀涂布头、门辊式涂布头等装置。其中，刮刀涂布头与原纸的凹凸毫无关系，具有能够得到极为平滑的涂布平面之特点。因此目前这种涂布方式使用最为广泛。在用刮刀涂布头生产涂布纸方面，为了进一步提高生产效率和操作性能，要求卷纸高速化和涂料含固量高。这里成问题的是在如此高剪切速度下的涂料物理性变化，特别是黏度通过刮刀对涂布纸质量影响以及涂布操作，而涂料是一种非牛顿液体，因此对黏度的测定是极为重要的。

涂料流变性的检测及表示方法

一般以涂料的表观黏度说明涂料体系的流变性能。具体分为低剪切黏度和高剪切黏度。涂料在低剪切速率下的表观黏度是由组成涂料的不同组分的相互作用决定的，这些作用包括颜料的絮聚，粒子的胶体性质及少量流变助剂的缔合作用。涂料在高剪切速率下的表观黏度非常重要，它是由涂料的流体力学因素决定的，如颜料粒子的平均粒径、粒径分布、形状和表面电荷以及胶黏剂性能。

表观黏度的测量多用黏度计，包括旋转黏度计和毛细管黏度计，其中毛细管黏度计适合测量涂料的高剪切黏度。下面介绍两种主要的流变仪：Brookfield 黏度计和毛细管黏度计。

（1）Brookfield 黏度计

Brookfield 黏度计使用方便，价格便宜，可提供涂料的低剪切黏度。由于仅能单点测定，不能预测高剪切黏度，适合于生产稳定时的日常监控（图 2-30）。

Brookfield 黏度计为最通用的黏度计，可连接个人电脑实现数据采集，54 种可选转速满足不同测试范围，内建温度探头实时监控样品温度，随机带软件实现自动化操作。

黏度测量的使用方法：

①机器一定要保持水平状态。

②转子放入样品中时要避免产生气泡，否则测量出的黏

图 2-30　Brookfield 黏度计
1—支架　2—搅拌叶
3—控制面板　4—读数显示

度值会降低，避免的方法是将转子倾斜的放入样品中，然后再安装转子，转子不能碰到杯壁和杯底，被测量的样品必须没过规定的刻度。

③测量不同的样品时，必须保持转子的清洁和干燥，如果转子残留有其他样品或清洁后残留水，就会影响测量的准确度。

④酸性（pH）最大不能超过 2，如果酸性过大应选用特殊转子，使用 ULA（超低黏度适配器）时要确定好样品量（只需 16mL）。

⑤连接转子时要用左手轻轻托起并捏住心轴（主机上），右手旋转转子，这样操作是为了保护机身内的心轴和游丝，这样可以延长仪器的使用寿命。

⑥取值要在数值比较稳定时，否则取得的数值会存在较大的误差。

⑦选择转子时，要看被测量的样品的黏度和几号转子的测量范围最接近，就选几号。

⑧根据测定的黏度范围选择黏度标准液，并在每次使用黏度计前对仪器进行验证，或定期校验，以保证测量的准确性。

（2）毛细管黏度计

剪切速率明确、可提供极高剪切速率下的黏度，但需多次测定进行矫正，适合于模拟高速涂布过程（图 2-31）。但这种模拟过程也只是近似的，例如在实际的刮刀涂布过程中，刮刀下的剪切速率很大（达 106s），涂料受剪切变形的时间很短（10s），因此在刮刀下涂料的剪切应变很小。

毛细管黏度计的使用方法：

①清洗：使用前必须将黏度计洗净，一般先用能溶解黏度计内残留物的溶剂反复洗涤，再用酒精或者汽油洗，然后用发烟硫酸洗或重铬酸钾洗液浸 2~3h，最后用自来水冲洗，蒸干为止。

②装油：有带有小嘴的橡皮球（洗耳球）或注射器连结粗管子上小玻璃管，左手拿着黏度计，并用食指堵住粗管子口，将黏度计倒过来，把有毛细管的长玻璃管伸入样品内，拉动注射器，把样品吸到第二个圈线（使液面与圈线相切），然后竖起来即可。逆流装好后，用夹子夹紧乳胶管，套在吸样品的管子上。

③恒温及调垂直：把装好样品的黏度计放到恒温槽架子上，把毛细管左、右、前、后调垂直，在测定温度下恒温 10min 上，开始测定，记下第一到第二圈线间流出时间，一般选三次（去掉不正常）取平均数。

④可用毛细管内径、测样品黏度范围，可参考表 2-4（选用的黏度计被测样品流出时间不低于 200s）。

表 2-4　　　　　　　　　　　　可用毛细管内径与可测黏度范围

毛细管内径/mm	可测黏度范围/（mm²/s）	毛细管内径/mm	可测黏度范围/（mm²/s）
0.4	1.5 以下	2.0	100~400
0.6	2~6	2.5	200~700
0.8	4~10	3.0	500~1000
1.0	10~40	3.5	700~2500
1.2	20~50	4.0	1000~5000
1.5	40~100	5.0	2500~5000
		6.0	5000~10000

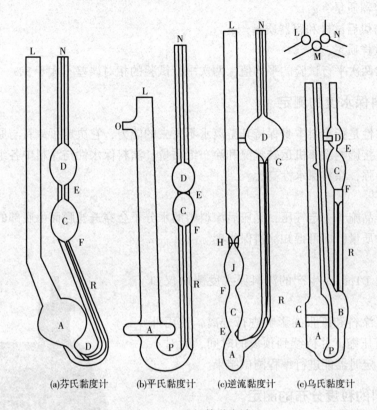

图 2-31 毛细管黏度计

A—下储器 B—悬挂水平球 C 和 J—计时器 D—上储器 E 和 F—计时标线 G 和 H—测定标线
M—下透气管 N—上透气管 L—宽管 O—支管 P—连接管 R—毛细管

显然，每一种黏度仪都有一定的剪切速率范围及应用条件，把几种黏度仪的测定结果综合起来才能满足预测大部分涂布工艺过程的要求。

（二）涂料固含量的测定

测定涂料的固含量是以质量分数来表示的涂料资料的质量性能指标，是涂料最基本的质量指标，其大小直接影响涂料的黏度、流变性等，进而影响到涂布操作及涂布纸的质量。

涂料的固含量也影响干燥时的能耗。固含量高的涂料，其含水量低，在相同的涂布量下，在干燥部需要蒸发的水分少，有利于减少干燥负荷，节约能源，提高车速，涂料的固含量一般在 30%~70% 范围。

测定方法：

①先将二块干燥洁净可以互相吻合的表面皿在 105±2℃ 烘箱内焙烘 30min。取出放入干燥器中冷却至室温，称量。

②将试样放在一块表面皿反过来，使二块皿互相吻合，轻轻压下，再将皿分开，使试样面朝上，放入已调节至按下表所规定温度的恒温鼓风烘箱内焙烘一定时间后，取出放入干燥器中冷却至室温，称量。然后再放入烘箱内焙烘 30min 取出放入干燥器中冷却至室温，称量，至前后两次称量的质量差不大于 0.01g 为止（全部称量精确至 0.01g），试验平行测定两个试样。

③计算 固体含量 $w_{固含量}$（%）按式（2-71）计算：

$$w_{固含量} = (m_2 - m_1)/m \times 100\% \tag{2-71}$$

式中　m_1——容器质量，g

　　　m_2——焙烘后试样和容器质量，g

　　　m——试样质量，g

试验结果取两次平行试验的平均值，两次平行试验的相对误差不大于3%。

（三）涂料保水度的测定

涂料的保水性是指涂料本身保持其游离水不失去的能力，它决定了涂料与原纸的结合状态和脱水速率，直接影响涂布机运转状况和涂布纸质量。涂料保水性与涂料中各组分的亲水能力有关，亲水能力强，涂料保水性高。

测定原理

由外部对样品施予一定气压，受压后涂料中的水分子会穿透滤膜而由底部的基纸吸收，称量基纸所增加的质量，即可得知涂料保水度。

测定仪器

一种由芬兰 DTpaper 生产的涂料保水度测试仪如图 2-32 所示。

该仪器是将涂料和纸张的影响进行分离，使用外部空气压力进行压缩，并持续到预设的时间，针对不同类型的测试，定时器能进行编程测试结果。

（四）颜料的粒度分布的测定

粒度分布在颜料物理性质中是最基本的特性之一，它不仅左右着颜料本身的性质和活动，而且也影响着以颜料为原料的涂料液的质量，是一个重要的物理性质。因此，在处理颜料时，粒度分布的测量就变得极其重要。

图 2-32　涂料保水度测试仪外形图

颗粒的大小称为粒度。一般颗粒的大小又以直径表示，故也称为粒径。用一定方法反映出一系列不同粒径区间颗粒分别占试样总量的百分比称为粒度分布。由于实际颗粒的形状通常为非球形的，难以直接用直径表示其大小，因此在颗粒粒度测试领域，对非球形颗粒，通常以等效粒径（一般简称粒径）来表征颗粒的粒径。等效粒径是指当一个颗粒的某一物理特性与同质球形颗粒相同或相近时，就用该球形颗粒的直径代表这个实际颗粒的直径。由此可知，粒径是表征单个颗粒大小的参数，对非球形颗粒它是一个相对值。而粒径分布是表征颗粒群（有许多个颗粒组成）的参数，是一个统计值，反映了组成颗粒群中所有颗粒大小的规律。根据不同的测试方法，等效粒径可分为等效筛分径（筛分法的粒径）、等效沉速径（沉淀法的粒径）、等效投影面积径（显微镜法的粒径）、等效体积径（光学法的粒径）等。需注意的是基于不同物理原理的各种测试方法，对等效粒径的定义不同，因此各种测试方法得到的测量结果之间无直接的对比性。

粒度及粒度分布的测试方法

目前在涂料工业中常用的测试粒度及粒度分布的方法主要有刮板细度法、筛分法、显微镜法、沉降法和激光衍射光学法等。

现介绍激光法测定颜料粒度的方法；该法是基于颗粒能使光产生散射这一物理现象来测量颗粒的粒径及粒径分布的。即来自光源的光束穿过含有待测颗粒的器皿，在光与颗粒的相互作用下产生光的散射，用多元检测器测量颗粒在各个角度的散射光信号，然后用合适的光学模型和数学程序将散射信号进行转换与处理，就可得到按试样的体积比计，以不同粒度范围表示的等效球体体积粒径分布。按仪器接受的散射信号可以分为衍射法、角散射法、全散射法、光子相关光谱法等。其中以激光为光源的激光衍射散射式粒度仪（习惯上简称此类仪器为激光粒度仪）发展最为成熟，在颗粒测量技术中已经得到了普遍的采用。与上述各种方法相比，该方法的特点是：

①适用性广，既可测粉末状的颗粒，也可测悬浮液和乳浊液中的颗粒；

②测试范围宽，国际标准 ISO13320-1Particle size analysis　Laser diffraction methods　Part1：General principles 中规定激光衍射散射法的应用范围为 $0.1\sim3000\mu m$；

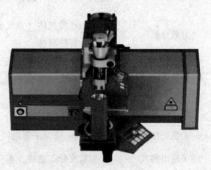

③准确性高，重复性好；

④测试速度快；

⑤可进行在线测量。

图 2-33　全自动激光粒度仪外形图

图 2-33 为德国新帕泰克全自动干湿二合一激光粒度仪 HELOS/OASIS，其原理结构见图 2-34，其技术参数见表 2-5。由其测量的粒度分布曲线见图 2-35。

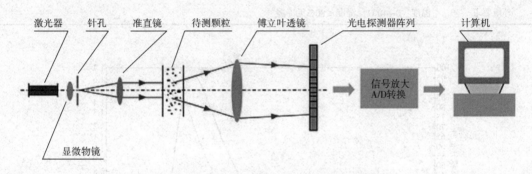

图 2-34　全自动激光粒度仪原理结构图

表 2-5	全自动激光粒度仪技术参数
参数	指标
测试范围	干法：$0.1\sim3500\mu m$（可选择不同的量程以获得最优的测试精度） 湿法：$0.1\sim875\mu m$（可选择不同的量程以获得最优的测试精度）
重复性精度	$\sigma<0.04\%$（同一产品单次取样重复测试结果的误差） $\sigma<0.3\%$（同一产品分次取样测试结果的误差）
光源	5mW 氦氖激光，波长 632.8nm
激光产品等级	一级
探测器	全自动准直对焦系统，多元探测器，扫描速率：2000 次/s
测试时间	干法：10s 以内 湿法：20s 以内
遮光率	高达 50%

续表

参数	指标
样品量	毫克—千克（mg—kg）
进样方式	干法：振动槽漏斗进料 湿法：自动循环进料（蠕动泵循环）
分散介质	干法：压缩气体（空气或惰性气体） 湿法：各种液体
分散方式	干法：0.01～0.6MPa压力，连续可调 湿法：内置60W超声波，功率和超声时间可调，速率可调的机械搅拌泵；蠕动循环泵：速率可无级调节
数据传输	高速的TCP/IP传输
数据处理	Fraunhofer或Mie理论
结果输出格式	标准粒度分布曲线、客户自定义格式结果输出等
配套文件	全套仪器操作维护手册、软件操作说明书中英文各一套、仪器软件原版光盘、系统恢复光盘、仪器配置清单光盘
操作	软件控制标准操作程序（SOP）
电源	AC65-260V，50/60Hz
环境要求	温度：0～40℃，湿度≤80%无冷凝

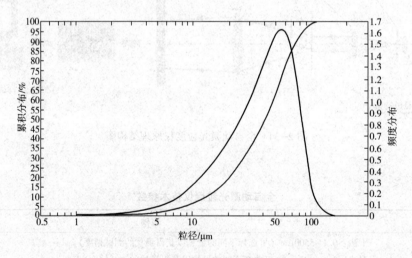

图 2-35　粒度分布曲线

（五）涂料的体积比

（1）定义

涂料的体积比是用体积分数表现的涂料分散体的质量性能指标，可表示为式（2-72）：

$$涂料体积比 = 〔颜料粒子体积/（颜料粒子体积+液体体积）〕×100\%$$
（这里的液体包括水、溶于水中的化学物和胶黏剂）

（2-72）

（2）意义

体积比在讨论涂料流变性关系中比固含量更确切，因为固含量受颜料密度影响，密度大的颜料制成的涂料含量高，但黏度不一定高，而用体积比则排除了密度影响，可对不同颜料制备的涂料进行比较。体积比对涂料性质影响与固含量基本相同，但涉及几何效应的影响时则表现更为直接。

（六）涂料的 pH

（1）定义

涂料的 pH 是涂料酸碱性能的表示法。

（2）意义

不同品种纸的涂料有不同的 pH 要求。它对涂料稳定性、黏度、涂料黏结力及涂布纸的质量和稳定性能均有影响。为了达到涂料的某一性能需以酸或碱来调节 pH 达到要求的范围。

（3）检测方法

①pH 试纸检测法：从 pH 试纸联上撕下一条合适的试纸，用滴管吸取 1mL 量杯中的蒸馏水，滴一小滴在试纸上，然后用玻璃棒萃取部分涂料涂在 pH 试纸已经润湿的部分，30s 内观察试纸另一面的颜色变化，并与标准比色板比较，即得该涂料的 pH。

②仪器检测法：采用酸度计（如图 2-36）对涂料 pH 进行测定也是企业常用的方法，具体操作是：按酸度计的"ON/OFF"键开机，按"pH"键仪器进入工作状态。把电极插在取样

图 2-36 pH 酸度计图外形图

杯的涂料中，待酸度计显示屏幕的数值稳定，该数值就是涂料的 pH。

复习思考题

1. 为什么对制浆造纸生产过程进行分析与检验？

2. 草片和木片的合格率的测定有什么不同？

3. 测定原料水分时，红外干燥法与烘干法相比有何优越性？

4. 怎样测定蔗渣的含髓率？

5. 碱法蒸煮液中总碱的测定中有哪些化学反应？

6. 碱法蒸煮液中活性碱的测定依据是什么？

7. 图示法表示测定过程（自己按图 2-1 方法画出）。

8. 如何求烧碱法蒸煮液中碳酸钠的含量？

9. 为什么在烧碱法蒸煮液双指示剂法分析中，要先加入酚酞指示剂后加甲基橙指示剂？加入的顺序能否颠倒？

10. 用碘量法、双指示剂法和硝酸银铵法测定硫酸盐法蒸煮液中硫化钠的含量有什么不同之处？

11. 硫化度的定义是什么？如何计算？

12. 图示法表示测定过程（自己按图 2-1 方法画出）。

13. 如何测定黑液的密度？

14. 测定黑液中的二氧化硅含量有什么意义？

15. 测定黑液中的总碱采用什么方法？其测定原理又是什么？

16. 黑液中的残碱与有效碱有什么不同？

17. 在高锰酸钾值的测定过程中，高锰酸钾、碘化钾和硫代硫酸钠分别起什么作用？

18. 为什么在测定纸张卡伯值时要考虑校正系数 "f"？

19. 漂白剂中的有效氯是指什么？如何计算？如何测定？

20. 测定二氧化氯漂白液时，为什么在加入硫酸进行酸化？

21. 用什么方法测定过氧化氢漂白液中的 H_2O_2？

22. 为什么要用乙二胺四乙酸二钠测定漂后洗净度？该法是否能适用于所有漂白方法的漂后洗净度的测定？

23. 测定纸浆浓度有多少种方法？各有什么特点？

24. 肖伯尔式打浆度测定仪的结构有什么特点？直管与斜管排水量的多少与纤维的滤水性有什么关系？

25. 加拿大游离度的测定与肖伯尔打浆度的测定各有什么特点？

26. 鲍尔纤维筛分仪的结构包括哪些部件？各处起什么作用？如何测定？

27. 在纸浆湿强度的测定中，其试验结果是如何求出来的？

28. 保水值的大小与纸张的其他物理性能有什么关系？

29. 水化度的含义是什么？怎样测定？

30. 纤维湿重与纤维长度有什么关系？

31. 测定浆料 PCD 的原理及意义是什么？

32. 测定浆料 Zate 电位的意义及原理是什么？

33. 为什么要测定纸机动态滤水性能？

34. 测定涂料黏度的方法有哪些？分别有哪些特点？

35. 为什么要测定涂料的粒度分布？

第三章　化学纸浆、纸与纸板的化学分析

纸浆为纸品的半成品，纸浆的品质决定着纸品的质量。所以纸浆的化学分析，对抄造生产过程及成品质量有重要的指导作用。我国每年都要进口大量木浆，浆粕的贸易要求对纸浆的各种品质及其抄片的物理性能进行全面分析与检验。例如纸浆的水分、灰分分析，关系到质量核算以及存贮温度及期限。纸浆甲种纤维含量的多少，可以确定能否用于生产高级纸甚至人造纤维。测定纸浆铜价，就可以了解纤维在蒸煮、漂白过程中，纤维受损坏而变质程度等。

纸与纸板的化学分析关系到纸的寿命及用途，尤其是特种纸，如电容器纸、中性纸、绝缘纸，必须根据其特殊需要测定，如抽出液的 pH、电导率、含铁量、氯根、酸根等。

鉴于化学纸浆和纸与纸板的分析项目基本相同，故统一介绍，与纤维原料测定方法相同的项目省略。

一、试样的采取

（一）抽样检查

1. 抽样方案的确定

我国过去一直采用按产品的百分数抽样办法进行检验，但理论和实践已证明按百分比的抽样检验是不科学的。目前我国造纸行业采用的抽样程序是按照《GB/T 2828.1—2012 计数抽样检验程序　第1部分：按接收质量限（aql）检索的逐批检验抽样计划》（适用于连续批的检查）和《GB/T 2829—2002 周期检验计数抽样程序及表》（适用于对过程稳定性的检验）进行的。对于产成品抽样程序及抽样表则按 GB/T 2828.1—2012 所规定的逐批的检查计数抽样程序及抽样表所指定的方法进行的。由于这种抽样方法较为复杂，因此，必须先弄清楚以下一些概念和术语。

（1）批量 N，样本大小 n

为了实施抽样检查的需要而划分的基本单位称单位产品，如单体产品。为实施抽检汇集起来的单位产品称为批。批中所包含的单位产品数称批量 N。从批中随机抽取被检查的单位产品。样本单位的全体称样本。样本中所包含的样本单位数称样本大小，以 n 表示。例如 n_2 为第二样本大小，n_5 为第五样本大小，以此类推。

（2）合格质量水平 AQL

在抽样检查中，认为可以接收的连续提交检查批的过程平均上限值称 AQL。

合格质量水平的规定如下：在产品技术标准或订货合同中，应根据缺陷、缺陷组、试验项目、试验项目组等不同的划分，分别规定适当的合格质量水平。合格质量水平数值小于或等于 n，适用于按每百单位产品不合格品数（或缺陷数）的检查，大于 n 的那些合格质量水平仅适用于按每百单位产品缺陷数的检查。

（3）合格判定数 Ac 和不合格判定数 Re

Ac 是指做出批合格判断样本中所允许的最大不合格品数或不合格数。例如 $Ac=1$，即只允

许在所抽取的样本出现 1 个不合格品，如大于此数可判断该批不合格；Re 是指做出批不合格判断样本中所不允许的最小不合格品数或不合格数。例如 $Re=2$，即在所抽取的样本中若出现 2 个或 2 个以上不合格品，就可判断为该批不合格。

（4）检查水 IL

IL 是用来决定批量与样本大小之间关系的等级。GB/T 2828—2012 规定了 3 个一般检查水平：Ⅰ、Ⅱ、Ⅲ 和 4 个特殊检查水平：S-1、S-2、S-3 和 S-4。特殊检查水平用于破坏性检查或费用较高的检查，样本容量较小。一般检查水平，供一般检查用，除非另有规定。通常采用一般检查水平Ⅱ。

（5）缺陷分类

单位产品不符合产品技术标准等级的情况，即构成缺陷。按照它们不符合要求的严重程度，一般地可将缺陷区分为：致命缺陷、重缺陷、轻缺陷等。

①致命缺陷是指对使用维护或保管产品的人有危险或不安全，以及对重要产品（如飞机、卫星等）的基本功能有致命影响的缺陷。

②重缺陷是指不构成致命缺陷，但能够造成故障或严重降低产品的实用性能的缺陷。如单面白纸板的耐折度。

③轻缺陷是指不构成致命或重缺陷，只对产品的实用性能有轻微影响或几乎没有影响的缺陷。如单面白纸板的定量、白度等。

当需要检查某批产品时，如何取样，必须先看产品标准的规定。参照检查程序要求，需检验哪些指标，检查水平是哪一级，抽样方案类型属何种级（即Ⅰ级或Ⅱ级），合格质量水平是几等。只有首先了解这些规定方能据此确定取多少样，如何判断是否合格。

而上面说的项目，在产品标准中已由有关部门规定，如单面白纸板的交收试验项目如表 3-1 所示。

表 3-1　　　　　　　　　单面白纸板分组顺序及检查水平和合格质量水平规定

缺陷类型	试验项目	检查水平	抽样方案	AQL
重缺陷	耐折度、平滑度、挺度	Ⅱ	二次正常抽样	4.0
轻缺陷	定量、紧度、白度、施胶度、尘埃度、交货水分、外观纸病	Ⅱ	二次正常抽样	6.5

根据连续批所提供的包装单位数以及产品标准规定的检查水平，在样本大小字码表（表 3-2）上查出该批量范围和该检查水平下样本大小字码。

表 3-2　　　　　　　　　　　　　样本大小字码表

批量范围	特殊检查水平				一般检查水平		
	S-1	S-2	S-3	S-4	Ⅰ	Ⅱ	Ⅲ
1~8	A	A	A	A	A	A	B
9~15	A	A	A	A	A	B	C
16~25	A	A	B	B	B	C	D
26~50	A	B	B	C	C	D	E
51~90	B	B	B	C	C	E	F
91~150	B	B	C	D	D	F	G
151~280	B	C	D	E	E	G	H
281~500	B	C	D	E	F	H	J

续表

批量范围	特殊检查水平				一般检查水平		
	S-1	S-2	S-3	S-4	I	II	III
501～1200	C	C	E	F	G	J	K
1201～3200	C	D	E	G	H	K	L
3201～10000	C	D	F	G	J	L	M
10001～35000	C	D	F	H	K	M	N
35001～150000	D	E	G	J	L	N	P
150001～500000	D	E	G	J	M	P	Q
≥500001	D	E	H	K	N	Q	R

查到样本大小字码后，根据产品标准规定的抽样方案要求（可以是一、二、五次正常方案；一、二、五次加严方案；一、二、五次放宽抽样方案；一、二、五次特宽抽样方案）查对应的检查抽样表（GB/T 2828—2012 共给出 64 份表格和图表）。具体查表方法是（以一次正常抽样方案为例）：由样本大小字码沿水平所在列的相交处，读出合格判定数 Ac 和不合格判定数 Re。然后由此数判定数组所在行水平向左，在样本大小栏内读出相应的样本大小 n。如果采用二次以上的任一种抽样方案，则还要从相应的表中查出第一至第五合格判定组 Ac_1—Ac_5，不合格判定数 Re_1—Re_5。

由上述步骤选择出抽样包装单位即样本大小 n。

例：提供交货的一批单面白纸板，共 500 包，求抽样方案。

解：以产品标准规定的检查水平表（表 3-1）中查出，该产品采用二次正常抽样方案，一般检查水平 II，重缺陷合格质量 $AQL=4.0$，轻缺陷 $AQL=6.5$。

因为已知批量为 500 包；一般检水平为 II，查样本大小字码表，得出样本大小字码为"H"。

查二次正常检查抽样方案表（表 3-3）。先从表中查出 H 的位置，然后从 H 字码水平向右，在 $AQL=4.0$ 处向下，这二个行和列相交点查得 $Ac_1=2$；$Re_1=5$；$Ac_2=6$；$Re_2=7$。这二组数即为二次抽样方案的合格判定数组。然后以这个数组所在栏向左，在样本大小栏内查出样本大小为 $n_1=32$；$n_2=32$。第二次抽样时，累计样本大小为 64。

那么据上所述，当 $AQL=4.0$ 时，求得的抽样方案为 $\{n_1=32；n_2=32\}$；$\{Ac_1=2，Ac_2=6$；$Re_1=5，Re_2=7\}$。

$AQL=6.5$ 时的抽样方案过程可参照以上办法查得。

2. 批合格或不合格的判定

所谓不合格即有一个或一个以上缺陷的单位产品，又分致命、重、轻不合格品。

（1）对于一次抽样方案

根据样本检查的结果，若在样本中发现的不合格数小于或等于合格判定数，则判定该批是合格的。若在样本中发现的不合格数大于或等于不合格判定数，则判断该批是不合格的。

（2）对于二次抽样方案

根据样本检查的结果，若在第一样本中发现的不合格品数小于或等于第一合格判定数，则判断该批是合格的。若在第一样本中发现的不合格品数大于或等于第一不合格判定数，则判断该批是不合格的。若在第一样本中发现的不合格品大于第一合格判定数，同时小于第一不合格判定数，则抽第二样本进行检查。若在第一和第二样本中发现的不合格样品数总和小于或等于第二合格判定数，则判断该批是合格的；相反，若大于或等于第二不合格判定数，则判断该批是不合格的。

表 3-3　　正常检查二次抽样方案

合格质量水平（AQL）（各栏数值为 Ac Re，Ac—合格判定数，Re—不合格判定数）

样本大小字码	样本	样本大小	累计样本大小	0.010	0.015	0.025	0.040	0.065	0.10	0.15	0.25	0.40	0.65	1.0	1.5	2.5	4.0	6.5	10	15	25	40	65	100	150	250	400	650	1000
A				↓	↓	↓	↓	↓	↓	↓	↓	↓	↓	↓	↓	↓	↓	*	↑	↑	↑	↑	↑	↑	↑	↑	↑	↑	↑
B	第一	2	2	↓	↓	↓	↓	↓	↓	↓	↓	↓	↓	↓	↓	↓	*	0 2	0 3	1 4	2 5	3 7	5 9	7 11	11 16	17 22	25 31	↑	↑
	第二	2	4															1 2	3 4	4 5	6 7	8 9	12 13	18 19	26 27	37 38	56 57		
C	第一	3	3	↓	↓	↓	↓	↓	↓	↓	↓	↓	↓	↓	↓	*	0 2	0 3	1 4	2 5	3 7	5 9	7 11	11 16	17 22	25 31	↑	↑	↑
	第二	3	6														1 2	3 4	4 5	6 7	8 9	12 13	18 19	26 27	37 38	56 57			
D	第一	5	5	↓	↓	↓	↓	↓	↓	↓	↓	↓	↓	↓	*	0 2	0 3	1 4	2 5	3 7	5 9	7 11	11 16	17 22	25 31	↑	↑	↑	↑
	第二	5	10													1 2	3 4	4 5	6 7	8 9	12 13	18 19	26 27	37 38	56 57				
E	第一	8	8	↓	↓	↓	↓	↓	↓	↓	↓	↓	↓	*	0 2	0 3	1 4	2 5	3 7	5 9	7 11	11 16	17 22	25 31	↑	↑	↑	↑	↑
	第二	8	16												1 2	3 4	4 5	6 7	8 9	12 13	18 19	26 27	37 38	56 57					
F	第一	13	13	↓	↓	↓	↓	↓	↓	↓	↓	↓	*	0 2	0 3	1 4	2 5	3 7	5 9	7 11	11 16	17 22	25 31	↑	↑	↑	↑	↑	↑
	第二	13	26											1 2	3 4	4 5	6 7	8 9	12 13	18 19	26 27	37 38	56 57						
G	第一	20	20	↓	↓	↓	↓	↓	↓	↓	↓	*	0 2	0 3	1 4	2 5	3 7	5 9	7 11	11 16	17 22	25 31	↑	↑	↑	↑	↑	↑	↑
	第二	20	40										1 2	3 4	4 5	6 7	8 9	12 13	18 19	26 27	37 38	56 57							
H	第一	32	32	↓	↓	↓	↓	↓	↓	↓	*	0 2	0 3	1 4	2 5	3 7	5 9	7 11	11 16	17 22	25 31	↑	↑	↑	↑	↑	↑	↑	↑
	第二	32	64									1 2	3 4	4 5	6 7	8 9	12 13	18 19	26 27	37 38	56 57								

注：↓——使用箭头下面的第一个抽样方案（若仍为箭头，则接下页表）；

↑——使用箭头上面的第一个抽样方案；

*——使用对应的一次抽样方案或下面适用的二次抽样方案；

Ac——合格判定数；

Re——不合格判定数。

至于纸浆（包括浆包和卷筒浆）的抽样，已制定了国家标准，规定抽取样本浆包或卷筒浆的最少数量 n 不能小于 $\sqrt{N}$（N 为该批浆的浆包或卷筒浆的总数）为原则，但无论批量多大，抽样数不多于 32 包或卷筒（见表 3-4）。为使样本具代表性，应采用随机取样。

表 3-4   **抽取样本浆包或样本卷筒浆卷筒的数目表**

在该批浆中的浆包或卷筒的总数（N）	抽取样本浆包或卷筒的最少数量（n）	在该批浆中的浆包或卷筒的总数（N）	抽取样本浆包或卷筒的最少数量（n）
100 以下	10	601~700	27
101~200	15	701~800	29
201~300	18	801~900	30
301~400	20	901~1000	32
401~500	23	>1000	32
501~600	25		

（二）化学浆平均试样的采取

当样本浆包或卷筒浆被抽取出来之后，就要从每一个样本浆包或卷筒中取出一个样品，所有样品的干纤维数大约相同，样品的数量取决于所进行的试验项目，一般每个样品为 100g，记录所有采样的包或卷筒的标志号码。

1. 浆板浆包试样的采取

打开浆包并以每个包随机选出一张浆板，但不能选取靠近顶部或底部的前 5 张，并应避免在离浆板边缘 70~80mm 范围内取样。以每一张选出的浆板撕出大小适宜的样品。弃掉余下部分。为避免开包还可以在捆包线间切割出深度足够的方法，以取得大小适宜的试样，或弃去外层三张浆板和撕掉切过的边缘。

2. 浆块（如急骤干燥的散块状）浆包试样的采取

从浆包的一角取出浆块组成品，但不能包括有已暴露在外的浆料。可以采用切割工具按规定切取。

3. 卷筒浆试样的采取

从卷筒上除去外面三层，然后切出或撕出尺寸适宜不含卷筒边缘的样品。

不论是浆板浆包或是卷筒浆，集中取出的样品形成混合样品应包起来以防污染，并要与阳光、热源和水汽隔离。如果需要测定微量金属，就不能用金属工具采样并应弃去任何切过的边缘，以免被金属污染。

4. 供分析用浆料的处理

①供 α-纤维素、铜价及黏度等分析用浆样，将浆板或急骤干燥浆块撕碎，用水浸泡 4h，在湿浆解离器（或其他离散设备）中加水分散成纤维状，不得留有浆块或纤维末，然后用盖有白布的铜网在手抄纸器（或其他成形设备）上抄成定量约 40g/m² 的浆片，由白布上取下，撕成 5mm×5mm 的小块，置于干燥洁净的玻璃瓶中，用塞子塞紧，放置过夜，使试样的水分达到平衡。

②供氯化物、硫酸根等无机盐类及各种抽提液分析用浆样，将浆板或急骤干燥块送入粉碎机中磨碎。置于干燥、洁净的玻璃瓶中，用塞子塞紧，放置过夜，使试样水分达到平衡。

分析乙醚抽出物、木素、酸碱度、pH、多戊糖等分析用浆样可采用上述两种方法中任何一种处理。

（三）纸与纸板平均试样的采取方法

按逐批检查的检查程序以及抽样方案抽样表，以随机取样方式选取包装单位之后，就要从包装单位中采取整张样品。

1. 平板纸试样的采取

按所选取的包装单位（样本）的总张数抽取样品，抽取张数如表 3-5 所示。

表 3-5　　　　　　　　　　　　　　最少取样张数

整个样本总张数	最少取样张数
<1000	10
1001~5000	15
>5000	20

2. 卷筒纸样的采取

去掉卷筒外部受损伤的纸层，在未损的部分再去掉三层（定量不超过 $225g/m^2$ 时）或一层（定量超过 $225g/m^2$ 时）。沿卷筒的全幅用刀切一片，其深度要能够满足取样所要的张数，让切取的纸样与纸卷分离。

从每叠切取的纸样数量如表 3-5 所示。整批样本的张数为相当于全部卷筒所能切出的相应大小的纸的总张数。

3. 盘纸试样的采取

去掉盘纸外部带有破损、皱纹或其他外观纸病的纸幅，切取长 5~10mm 的纸条，按表 3-5 所规定的数字从总的纸条数中随机抽取所需的样品张数。

例：设根据 GB/T 2828—2012 选取的样本数为 5，其总张数为 3000 张，样本采取应是以这 5 个包装单位中采取 15 张样品作为平均试样，这 15 张样品分别从 5 个样本中平均抽取。

按上述方法所抽取的样品，如果是平板纸则从每一张上面切取一个试样，取样部位应各不相同。如果为卷筒纸，则从每整张样品上切取一个试样，试样为卷筒的全幅，宽度为 400mm。所采取的试样必须保持平整、不皱、不折，同时要避免日光直射，防止湿度波动及其他有害影响。注意试样不要用手触摸，否则会影响纸张的化学、物理性质。每件试样要作标记并应标明纸和纸板的纵、横向和正、反面。在取样或试验时如出现意外，除非另有说明，试样可以在同一包装单位中采取。

二、化学成分的分析及性能的测定

（一）水分的测定

测定方法是根据化学纸浆、纸与纸板在 $(105\pm3)℃$ 下烘至质量恒定所失去的质量而求得的。

测定方法

精确称取 1~2g 试样（称准至 0.0001g），若为纸张试样应不少于 5g（精确到 0.001g）。放入已烘至质量恒定的扁形称量瓶中，打开称量瓶盖，连盖一起放入烘箱中，在（105±3）℃下烘干。当烘干结束时，应在烘箱中将称量瓶加盖，移入干燥器中，冷却30min后称量。重复上述操作，当两次称量相差不大于原试样质量的0.1%时，即可认为达到质量恒定。

水分含量$w_水$（%），按式（3-1）计算：

$$w_水 = \frac{m_1 - m_2}{m_1 - m} \times 100\%$$

(3-1)

式中　m——扁形称量瓶质量，g

　　　m_1——扁形称量瓶与试样在烘干前的质量，g

　　　m_2——扁形称量瓶与试样在烘干后的质量，g

同时进行两份测定，取其算术平均值作为测定结果，两次测定值间误差不应超过0.2%。

注意事项

测定量较多的浆样的水分时，也可称取撕碎的浆样10g（称准至0.001g）。用本测定方法可测定供化学分析用纸和纸板试样的水分。

（二）灰分的测定

灰分是指纸浆、纸与纸板在规定温度下，经过完全灼烧后，剩余质量占绝干试样的百分数。

灰分来源

①纤维本身所含的无机物；

②由制浆造纸过程中所用化学药剂而带来的残渣；

③纸中施加的填料及颜料；

④生产用水、管线剥落物带入的金属物及杂质。因此不同的纤维原料、生产方法及浆种、纸种不同，测得的灰分含量也可能不同。因而对分析时所称取的样品量就不能作统一规定，而应根据它的灰分含量多少为转移，见表3-6。一般要求每次测定的灰渣量不于10mg。

表3-6 　　　　　　　　　　　　　　灰分含量对应取样量

灰分含量/%	风干试样取样量/g	灰分含量/%	风干试样取样量/g
高于2	2~3	0.08~0.12	30
0.5~2	5	0.04~0.08	40
0.2~0.50	10	低于0.04	50
0.12~0.20	20		

测定方法

先将试样剪成5mm×5mm的小块，置于干燥洁净的玻璃瓶中，用塞子塞紧，放置过夜使试样的水分达到平衡，供测灰分用。

精确称取按表3-6规定取样量的试样（称准至0.0001g）。若样品为纸和纸板，则称取小块风干试样2g（低灰分的纸所称取的试样应使灼烧后残渣质量不小于10mg），称准至0.0001g（同时另称取试样测定水分）于预先灼烧至质量恒定的瓷坩埚中。先在电炉上仔细燃烧，使其炭化。然后将坩埚移入高温炉内，若样品为纸浆，则在（575±25）℃下灼烧；若样品为纸或纸板，则在（925±25）℃下灼烧至灰渣中无黑色碳素，取出坩埚，在干燥器内冷却后称量，直至质量恒定为止。

灰分含量 $w_{灰分}$（%），按式（3-2）计算：

$$w_{灰分} = \frac{m_1}{m \times \left(\frac{100 - w_水}{100}\right)} \times 100\% \tag{3-2}$$

式中　m_1——灰渣质量，g

　　　m——风干试样质量，g

　　　$w_水$——试样水分，%

若作纸浆灰分测定，同时进行两次测定，取其算术平均值作为测定结果，精确到第二位小数。两次测定值间容许误差按表 3-7 规定，

表 3-7　　　　　　　　　　两份平行试样灰渣质量测定值间容许误差

灰渣质量/mg	最大容许误差/mg	灰渣质量/mg	最大容许误差/mg
50~100	4	5~20	1
20~50	2	<5	0.5

若作纸和纸板灰分测定，用两次的算术平均值报告结果。各次测定的误差不大于平均值的5%。灰分百分数报告至三位有效数字，对于无灰纸报告至两位有效数字。

纸浆灰分含量低于 0.50% 者，最好用铂坩埚进行测定。

纸张灰分小于 0.01% 称为"无灰纸"。其测定可取 20g 或更多的样品使至少产生 20mg 灰分，用小的铂坩埚灼烧至质量恒定。

（三）化学纸浆灰分中二氧化硅的测定

将化学纸浆灼烧成灰，硅转化成硅酸盐，用酸处理，使硅酸盐转化成不溶性硅酸，过滤、洗涤、灼烧过滤得残渣（即硅酸）即得脱水硅酸——二氧化硅。

$$SiO_3^{2-} + 2HCl \longrightarrow 2Cl^- + H_2SiO_3$$

$$H_2SiO_3 \xrightarrow{\triangle} SiO_2 + H_2O$$

测定方法

精确称取 20g 试样（同时另称取试样测水分），于瓷蒸发皿或大瓷坩埚中，先在较低温度灼烧至炭化，再移入高温炉，于不超过 600℃温度下，灼烧至灰渣中无黑色碳素。

冷后，加入一定量的浓盐酸（相对密度 1.19）于坩埚中，至残渣全部润湿后，再多加 1~2mL，放在热水浴上蒸干。再加入浓盐酸至残渣全部润湿，再蒸干。最后将蒸发皿或坩埚移入烘箱，于 105~110℃烘干 1h。

冷却后，加入浓盐酸至残渣全部润湿。再加入热水以溶解残渣，转入 150mL 烧杯中，用热水漂洗蒸发皿或坩埚，所有洗液皆倒入烧杯中。加水至溶液总量约为 100mL，煮沸，趁热过滤，以热水洗涤至洗液不含氯根为止。

将残渣连同无灰滤纸移入质量已恒定的瓷坩埚中，烘干，灼烧至质量恒定。所增加的质量，即为二氧化硅量。

二氧化硅含量 w_{SiO_2}（%），按式（3-3）计算：

$$w_{SiO_2} = \frac{m_1 - m}{m_2 \times \left(\frac{100 - w_水}{100}\right)} \times 100\% \tag{3-3}$$

式中 m——坩埚质量，g

m_1——盛有二氧化硅的坩埚质量，g

m_2——风干试样质量，g

$w_水$——试样水分，%

（四）化学纸浆乙醚抽出物的测定

本测定方法是用乙醚抽提化学纸浆，使浆中的脂肪、蜡和树脂等物质被萃取出，然后将抽出液蒸发烘干，称量不挥发的残渣即为抽出物。

纸浆中脂肪、蜡和树脂含量对纸的抄造影响很大。特别是使用含树脂较多的木材纸浆造纸时，会形成树脂障碍，即树脂黏在铜网、毯、压榨辊及烘缸上，使纸张容易断头，增加操作困难，还会造成多种纸病发生。草浆中含树脂较少，含脂肪和蜡则较多。

一般不单独测定树脂、脂肪和蜡，而采用有机溶剂抽出物来综合衡量。常用的有机溶剂有乙醚、苯、乙醇、苯-醇混合液、二氯甲烷、丙酮、四氯化碳、石油醚、三氯甲烷、二氯乙烷等。能被有机溶剂抽提出的物质多达十几种，各溶剂对浆中少量的物质溶解能力不同。乙醚能溶解试样中所含有的脂肪、脂肪酸、树脂、蜡、植物甾醇等，同时还能与少量水混合，因此对抽提含有水分的试样渗透性较好。但缺点是沸点低，易燃，在抽提过程易挥发损失。此外还由于乙醚贮存过久或见光易于生成过氧化物，在抽提完毕进行蒸发时有发生爆炸的可能。

测定方法

精确称取5g试样（称准至0.0001g，同时另称取试样测定水分），用预先以乙醚抽提过的滤纸包好（不可包得太紧，但也要防止过松，以免漏出）。置入索氏脂肪抽提器中（抽提器底瓶容量为150mL），加入乙醚至超过其溢流水平。将抽提器安装好置于水浴上加热，使抽提液每小时循环不少于6次。抽取6h后，从抽提器取出试样纸包。将底瓶与冷凝管重新接好，加热回收一部分溶剂，直至底瓶仅剩少量乙醚为止。

取下底瓶，将其内容物移入已烘干至质量恒定的扁形称量瓶中，并用少量乙醚分几次漂洗底瓶，洗液亦倾入称量瓶中。将称量瓶置于水浴上，仔细加热以蒸去多余的溶剂。最后擦净称量瓶外部，置入烘箱中，于100~105℃烘干至质量恒定。

乙醚抽出物含量 $w_{抽出物}$（%），按式（3-4）计算：

$$w_{抽出物} = \frac{m_1 - m}{m_2 \times \left(\frac{100 - w_水}{100}\right)} \times 100\% \tag{3-4}$$

式中 m——扁形称量瓶质量，g

m_1——扁形称量瓶和质量已恒定的残渣质量，g

m_2——风干试样质量，g

$w_水$——试样水分含量，%

同时进行两份测定，以其算术平均值作为测定结果，数字修约至小数点后第二位，两次测定计算值间误差不应超过0.10%。

注意事项

①乙醚贮存过久或见光，因与空气长期接触，能自动氧化生成过氧化物：$CH_3CH_2OOCH_2CH_3$。这种过氧化乙醚不易挥发，受热容易爆炸。所以将乙醚蒸馏到干时，由于过氧化物的浓缩往往发生爆炸，所以回收乙醚时千万不要蒸干。

②过氧化乙醚存在的检验方法：用淀粉碘化钾试纸检验，如有过氧化物存在，碘化钾被氧

化成碘使试纸变蓝。

③乙醚中过氧化物的去除：有多种去除办法。例如将乙醚与亚硫酸钠或硫代硫酸钠的饱和溶液在分液漏斗中振摇，后分离。

（五）化学纸浆 α-纤维素的测定

漂白化学纸浆在 20℃ 不溶于 17.5% NaOH 溶液的那部分聚合度较大的纤维素，称为 α-纤维素，也称甲种纤维素（其溶解的组分用酸中和能沉淀的那部分为 β-纤维素；保留在溶液中的那部分为 α-纤维素）。这样的纤维素不是单一物质，这样划分只是纯工业概念。α-纤维素含量可以代表纸浆的纯度，对于人造纤维及纤维素衍生物工业有着重要意义。

α-纤维素的测定标准方法是质量法，亦可用容量法。质量法费时，容量法测得结果略高于质量法。

应用试剂

17.5%±0.15% 及 9.5% NaOH 溶液——将分析纯固体 NaOH 与等量不含 CO_2 的蒸馏水混合，静置 5~10d，以使 Na_2CO_3 及其他残渣沉积。然后用虹吸法吸出上层清液。用不含 CO_2 蒸馏水稀释调节，用密度计测其 20℃ 时的相对密度，20℃ 时 17.5% NaOH 溶液相对密度为 1.192，9.5% NaOH 溶液相对密度为 1.103。

$c(CH_3COOH) = 2mol/L$ 乙酸溶液——量取相对密度为 1.05 的乙酸 120mL，稀释至 1000mL。

测定方法

称取 2g 试样（称准至 0.0001g）于 100~150mL 烧杯中（同时另称取试样以测水分），加入 30mL 17.5% 的 NaOH 溶液浸渍试样。碱液按下列程序加入，先加入约 15mL，用一端压扁为直径 15mm 的玻璃棒小心搅拌 2~3min，使成为均匀的糊状物，再将剩下的一部分碱液加入，均匀而仔细地搅拌 1min，应避免剧烈的搅拌。然后盖上表面皿，放在（20±0.5）℃ 的恒温水浴中进行丝光化作用，45min 后（包括碱液浸渍的时间），立即加入 30mL（20±0.5）℃ 的蒸馏水，小心搅拌 1~2min。然后将烧杯内的浆料移入质量已恒定的 1G1 或 1G2 玻璃滤器中，使其均匀铺于滤器中，再用真空泵缓缓吸滤。

为了避免浆料损失，应重复过滤 2~3 次，直至纤维完全被捕集为止。然后在微弱的真空吸滤下，用（20±0.5）℃ 的 9.5% NaOH 溶液洗涤 3 次（每次 25mL）。每次洗涤，在前一次洗液将滤尽时，即加入新的洗液，不要使空气通过。洗涤的时间应为 2~3min。当全部洗液滤尽后，再用 1000mL（18~20）℃ 的蒸馏水分次洗涤。在不使用真空吸滤的情况下，加入 18~20℃ 的 $c(CH_3COOH) = 2mol/L$ 醋酸溶液于滤器中，至 α-纤维素全被浸没，浸泡 5min，再用吸滤法滤去醋酸溶液，继续用水洗涤至洗液不呈酸性反应为止。洗涤完毕，继续吸干水分，直至虽用玻璃棒紧压，而滤器下端仍无水滴为止。

取出滤器，用蒸馏水漂洗滤器外部，移入烘箱，于（105±3）℃ 烘干至质量恒定，滤器增加的质量，即为 α-纤维素的质量。

如为漂白木浆，即可根据所得 α-纤维素质量，计算浆中 α-纤维素百分含量。

如为漂白草浆，则需将质量已恒定的盛有 α-纤维素的玻璃滤器置入一较大瓷坩埚中，一并移入高温炉中，徐徐升温至 500~550℃ 并继续保持此温度灼烧，直至残渣全部灰化并质量达恒定为止。测得 α-纤维素中的灰分，再计算浆中 α-纤维素的含量。

如为未漂木浆或未漂草浆，则需从质量已恒定的块状 α-纤维素中精确称出 1g（称准至 0.0001g），放在洁净光滑的白纸上，用小刀将其刮散，仔细移入 250mL 具有磨口玻塞的锥形瓶中，以混合酸法测定 α-纤维素中木素含量（如为未漂草浆时，还需按上述漂白草浆方法测定 α-纤维素灰分含量）。

注意事项

测定草浆中 α-纤维素时，空的玻璃滤器应预先放入一较大的瓷坩埚中，置入高温炉于 500～550℃灼烧至质量恒定。

测定计算

漂白木浆 α-纤维素含量 w_1（%），漂白草浆 α-纤维素含量 w_2（%），未漂木浆 α-纤维素含量 w_3（%），未漂草浆 α-纤维素含量 w_4（%），分别按式（3-5）、式（3-6）、式（3-7）和式（3-8）计算：

$$w_1 = \frac{m_1 - m}{m_2 \times \left(\dfrac{100 - w_{水}}{100}\right)} \times 100\% \tag{3-5}$$

$$w_2 = \frac{(m_2 - m_1) - (m_3 - m_4)}{m_2 \times \left(\dfrac{100 - w_{水}}{100}\right)} \times 100\% \tag{3-6}$$

$$w_3 = \frac{(m_2 - m_1) - \dfrac{(m_2 - m_1) - (m_6 - m_7)}{m_5}}{m_2 \times \left(\dfrac{100 - w_{水}}{100}\right)} \times 100\% \tag{3-7}$$

$$w_4 = \frac{(m_2 - m_1) - (100 - w_{\alpha1木素} - w_{\alpha2灰})}{m_2 \times \left(\dfrac{100 - w_{水}}{100}\right)} \times 100\% \tag{3-8}$$

式中　m——烘干后玻璃滤器质量，g

　　　m_1——盛有已烘干的 α-纤维素玻璃滤器质量，g

　　　m_2——风干试样质量，g

　　　m_3——灼烧后玻璃滤器连同灰渣质量，g

　　　m_4——灼烧后玻璃滤器质量，g

　　　m_5——绝干的含木素的 α-纤维素质量，g

　　　m_6——盛有木素的玻璃滤器质量，g

　　　m_7——玻璃滤器质量，g

　$w_{\alpha1木素}$——α-纤维素中的木素含量，%

　　$w_{\alpha2灰}$——α-纤维素中的灰分，%

　　　$w_{水}$——试样水分含量，%

同时进行两份测定，取其算术平均值作为测定结果，数字修约至小数点后第二位。两份测定计算值间误差不应超过 0.40%。

注意事项

①半纤维素及聚合度<200 的纤维素的溶出，与浸渍时间及温度、碱液浓度、碱液与试样的比例、已分离的纤维素过滤及洗涤方法，以及纤维素的形态结构有关。浸渍时间长，半纤维素溶出量增加，但不成比例，最初一段时间较快，以后变慢。但总的半纤维素溶出速度是慢的。

②温度下降有利于纤维素的膨化和碱纤维素的生成，所以温度下降有利于半纤维素的溶出。

③碱液浓度增加，开始时膨化增加，升至 12% 附近，膨化最大，浓度再增加时膨化又减少。

④纤维素与碱作用发生碱化反应：

$$C_3H_7O_2\ (OH)_3+NaOH \rightleftharpoons C_2H_7O_2\ (OH)_2ONa+H_2O$$

该反应是放热反应、可逆反应。由于生成碱纤维素，所以最后须经水洗和酸化，使恢复生成纤维素。

（六）多戊糖的测定

分析手续与测定植物纤维原料中多戊糖含量完全相同。试样用量为：多戊糖含量高于 10% 的化学纸浆称取 0.5g，低于 10% 者，称取 1g。

测定结果计算，不论木浆或草浆，多戊糖含量等于糠醛百分含量乘以 1.38。

（七）化学浆木素的测定

木素是植物纤维原料的主要成分之一，化学浆木素含量的测定，可以说明纤维原料在蒸煮和漂白过程中木素除去的程度。

木素的分离和测定方法较多，主要有直接法及间接法。直接法测纸浆酸不溶木素多见诸各种资料，并早有国家标准，直接法测造纸原料和纸浆中酸溶木素也已有国家标准。间接法主要是利用木素也能与一些氧化剂如氯、高锰酸钾、重铬酸钾等作用，根据所消耗的氧化剂量多少，以确定木素含量。间接法操作简单、快速，并可供计算漂白剂用量，因此被生产部门广泛采用。

可将酸溶和酸不溶木素含量视为总木素含量，它与纸浆硬度的相关性比酸不溶木素更好，纸浆硬度值所反映的是总木素的数量。

1. 酸溶木素的测定

用测定的酸溶木素的百分数与用测定的酸不溶木素百分数的和表示原料或纸浆中总木素的含量。

酸溶木素测定原理是按照造纸植物纤维原料木素测定或纸浆酸不溶木素测定方法，分离酸不溶木素以后得到的滤液，于波长 205nm 测量紫外光吸收值。吸收值与滤液中 3% 的硫酸溶解的木素含量有关。

试剂与仪器

72%±0.1% 硫酸溶液——配制方法见第一章。

3% 硫酸溶液——将 17.3mL 的浓硫酸加到 500mL 水中，并用水稀释到 1000mL。

紫外分光光度计。

光距 10mm 的石英玻璃吸收池。

试样溶液的制备

按第一章或按本章规定相应的试验步骤进行，但当进行第二级 3% 硫酸水解时，不用回流法煮沸溶液，而是敞开瓶口煮沸溶液，并不断补充热水，使溶液体积保持为 575mL（对原料）或 1540mL（对纸浆）。

滤出酸不溶木素下沉后得到的上层清液，滤液必须清澈，收集到的滤液作为试验样品溶液。

测定方法

将上述试验样品溶液冲洗吸收池二遍后注入吸收池中，以 3% 的硫酸溶液作为参比溶液，用紫外分光光度计于波长 205nm 测量其吸收值。

如果试验样品溶液的吸收值大于 0.7，则用 3% 的硫酸溶液在容量瓶中稀释滤液，以便得到 0.2~0.7 吸收值，并用此稀释后的滤液作为试验样品溶液进行吸收值测定。

滤液中的酸溶木素含量（$\rho_{木素}$）以每 1000mL 中的质量（g）表示，按式（3-9）计算：

$$\rho_{木素} = \frac{A}{110} \times D\,(g/1000mL) \tag{3-9}$$

式中　A——吸收值

　　　D——滤液的稀释倍数，以 V_D/V_0 表示，此处 V_D 为稀释后滤液的体积（mL），V_0 为原滤液的体积（mL），未稀释溶液 $D=1$

　　　110——吸光系数 L/（g·cm），该数值是由不同原料和纸浆的平均值求得的

原料与纸浆试样中酸溶木素含量 $w_{纸浆木素}$（%），按式（3-10）计算：

$$w_{纸浆木素} = \frac{\rho_{木素} \times V \times 100\%}{1000 \times m_0} \tag{3-10}$$

式中　$\rho_{木素}$——滤液中酸溶木素的含量，g/1000mL

　　　V——滤液的总体积，mL（原料为 575mL，纸浆为 1540mL）

　　　m_0——绝干试样质量，g

用两次测定结果的算术平均值，准确至第二位小数报告结果。两次测定计算值间误差不应超过 0.20%。

2. 酸不溶木素的测定

本测定适用各种未漂纸浆，也适于测定木素含量高于 1% 的半漂纸浆。

测定原理系用 72% 硫酸将已用苯-醇混合液抽提过的纸浆中的碳水化合物水解和溶解，然后过滤、干燥、称量，从而定量地测定其残余物酸不溶木素量。

应用试剂见第一章木素测定。

（1）试样的称取和抽提

精确称 2g（称准至 0.0001g）已备好的试样。用定性滤纸包好，并用线扎住，放入索氏抽提器中（同时另称取试样测定水分），加入苯-醇混合液，置沸水浴中抽提 6h（控制抽提循环次数每小时不少于 4 次）。将试样取出风干。解开滤纸包，用洁净毛笔仔细将其刷入容量 250mL 具有磨口玻塞锥形瓶中。

（2）试样的酸处理

往装有试样的锥形瓶中加入预先冷至 10~15℃ 的 72% 硫酸溶液 40mL，塞紧瓶塞，摇荡 1min，使试样全部为酸液浸渍。然后将锥形瓶置入预先调节温度为（20±1）℃ 的恒温水浴中，并在此温度下保温 2h，并经常摇荡锥形瓶内容物。

到达规定时间后，将锥形瓶的内容物移入容量 2000mL 锥形瓶中，用蒸馏水漂洗 250mL 的锥形瓶，将所有残渣全部洗入 2000mL 锥形瓶中，所有洗液亦倾入该瓶，加水稀释至酸的浓度成为 3%，最后总体积为 1500mL。

将锥形瓶装上回流冷凝管，煮沸 4h，静置，使不溶物沉积下来（注：如需滤液测酸溶木素，则不用回流）。

（3）酸不溶木素的过滤、干燥与称量

用质量已恒定的紧密定量滤纸（滤纸应预先用 3% 硫酸溶液洗涤 3~4 次，再用热蒸馏水洗涤至洗液不呈酸性反应，再烘干至质量恒定）过滤，再用热蒸馏水洗涤，至洗液用 10% 氯化钡溶液试之不现混浊，并用 pH 剂试纸检查滤纸边缘不呈酸性为止。然后将滤纸连同残渣移入

一称量瓶中，置（105±3）℃烘箱中烘干至质量恒定即得酸不溶木素。

如为非木材原料纸浆，则还要测定木素所含的灰分。如此可将已烘干至质量恒定的带有残渣的滤纸移入质量已恒定的瓷坩埚中，先于较低温度灼烧至滤纸全部炭化，再置高温炉中在（575±25）℃的温度下灼烧至灰渣中无黑色碳素，并质量恒定为止。

木浆中木素含量 $w_{木浆木素}$（%），按式（3-11）计算：

$$w_{木浆木素} = \frac{m_1 - m}{m_2 \times \left(\frac{100 - w_水}{100}\right)} \times 100\% \qquad (3-11)$$

式中　m——烘干滤器质量，g

　　　m_1——烘干后滤器连同残渣质量，g

　　　m_2——风干试样质量，g

　　　$w_水$——试样水分，%

草类浆中木素含量 $w_{草浆木素}$（%），按式（3-12）计算：

$$w_{草浆木素} = \frac{m_1 - m_3}{m_2 \times \left(\frac{100 - w_水}{100}\right)} \qquad (3-12)$$

式中　m_1、m_2、$w_水$——同上

　　　m_3——灼烧后滤器连同灰分质量，g

取两次测定结果的算术平均值，至第二位小数报告结果。两次计算值间误差不应超过 0.20%。

（八）化学纸浆铜价的测定

100g 绝干纸浆纤维，在碱性介质中，于 100℃ 时将硫酸铜（$CuSO_4$）还原为氯化亚铜（Cu_2O）的质量（g）的数值，称为纸浆的铜价。

测定铜价可用于确定水解纤维素或氧化纤维素还原某些金属离子到低价状态的能力。同时，这类反应可用来检查纤维素的降解程度、变质程度以及用来估计还原基的量。实际上可把铜价看作是纸浆中某些具有还原性杂质（例如氯化纤维素、水解纤维素、木素和糖）的一种指标。铜价测定方法适用于漂白浆与精制浆，不适用于机械浆或未漂浆。

举例来说，纯纤维素（如棉花）大分子只有一个末端还原基，其铜价几乎为零，受氧化或水解的纤维素链被切断，还原性基大大增加，其铜价也增高，将纤维素完全水解成葡萄糖，其铜价约为 300。

铜价原理

测定原理是基于纸浆纤维素的醛基能将萨氏试剂中的二价铜还原为一价铜，析出一定量的氧化亚铜。

$$R_{纤维素}—CHO + 2CuO + NaOH \xrightarrow{100℃} R_{纤维素}—COONa + Cu_2O \downarrow + H_2O$$

以硫酸酸化后，萨氏试剂中的碘酸钾与碘化钾作用析出碘：

$$KIO_3 + 5KI + 3H_2SO_4 \longrightarrow 3K_2SO_4 + 3I_2 + 3H_2O$$

溶液中的氧化亚铜溶于酸后与析出的碘作用转变为硫酸铜：

$$Cu_2O + I_2 + 2H_2SO_4 \longrightarrow 2CuSO_4 + 2HI + H_2O$$

用硫代硫酸钠标准溶液滴定剩余的碘：

$$2Na_2S_2O_3 + I_2 \longrightarrow 2NaI + Na_2S_4O_6$$

并用等量试剂按同样手法进行空白试验，即可求得与氧化亚铜相当量的碘，根据耗用的碘量，即可求得铜的含量。

应用试剂

（1）萨氏试剂

溶解 30g 酒石酸钾钠及 30g 无水碳酸钠于约 200mL 热水中，入 400mL 的 $c(NaOH)=1mol/L$ 氢氧化钠溶液。在不断搅拌下加入 100g/L 硫酸铜溶液，煮沸，以除去溶液中的空气。在另一烧杯中溶解 180g 无水硫酸钠于约 300mL 水中，煮沸，以除去溶液中的空气。然后将其与含有硫酸铜的溶液合并在一起，冷却后移入 1000mL 容量瓶中，加入 10%（即 100g/L）碘化钾溶液 80mL。摇匀后再加入 $c(1/6KIO_3)=1mol/L$ 碘酸钾溶液 4mL，最后加水稀释至刻度，摇匀。静置 1~2d。如溶液出现混浊，应用玻璃砂芯滤器过滤后存入试剂瓶备用。储存时温度应保持在于 25℃ 左右。

配制萨氏试剂注意事项：

①先分别将 $c(NaOH)=1mol/L$ 氢氧化钠、10% 硫酸铜、碘化钾溶液和 $c(KIO_3)=1mol/L$ 碘酸钾溶液配好。不得用计算量的固体试剂代替溶液来配制萨氏试剂。

②配制顺序不可颠倒。

③如因保存温度偏低而析出结晶时，可在使用前将试剂连同试剂瓶一起放入约 35℃ 水中，结晶便可溶解，溶液清澈后方可使用。

④所用试剂应用分析纯。

（2）其他试剂

$c(1/2H_2SO_4)=2mol/L$ 硫酸，$c(Na_2S_2O_3)=0.01mol/L$ 硫代硫酸钠，0.05% 淀粉指示剂溶液。

测定方法

精确称取 0.5g（称准至 0.0001g）按化学浆取样方法处理的风干试样，同时另称试样测定水分，放在 300mL 或 500mL 干的碘量瓶中，用移液管加入 50mL 萨氏试剂，边加边摇动，摇匀后，于瓶口倒放一个 25mL 的锥形瓶（或安放玻璃空气冷凝管），放在沸水浴中（瓶内液面应稍低于沸水面）加热 1h，时间差不得超过 3min。在加热过程中应经常摇动碘量瓶（10~15min 一次），加热完毕，将碘量瓶取出，置于流动的冷水中冷却至室温，取下盖在瓶口的小锥形瓶，立即用少量蒸馏水洗涤锥形瓶，洗涤水应无损失地洗进碘量瓶中，加 50mL 蒸馏水、30mL $c(1/2H_2SO_4)=2mol/L$ 硫酸溶液，充分摇动约 0.5min，待气泡基本停止发生后盖上碘量瓶塞，进一步摇匀后放置 5min，取下瓶塞，用水吹洗并稀释至溶液体积约 200mL。然后用 $c(Na_2S_2O_3)=0.01mol/L$ 硫代硫酸钠标准溶液滴定。近终点时加入 0.5% 淀粉溶液 2~3mL。在充分摇动的情况下，继续滴定至蓝色刚好消失为终点。

在另一碘量瓶中，用移液管加入 50mL 萨氏试剂，按照上述方法进行空白试验。

纸浆的铜价 $w_{铜价}$（%），按式（3-13）计算：

$$w_{铜价} = \frac{c(V_0 - V_1) \times \dfrac{M}{1000}}{m \times \left(\dfrac{100 - w_水}{100}\right)} \times 100\% \tag{3-13}$$

式中　c——硫代硫酸钠标准溶液的实际浓度，mol/L

　　　V_0——空白试验时耗用的硫代硫酸钠标准溶液的体积，mL

　　　V_1——滴定试样时耗用的硫代硫酸钠标准溶液的体积，mL

　　m——风干试样质量，g

　　$w_水$——试样水分，%

　　M——Cu 的摩尔质量，63.55g/mol

　　同时进行两次测定，取其算术平均值作为测定结果，数字修约至小数后第二位。两次测定计算值间的误差不应超过 10%。

注意事项

　　①萨氏试剂不是标准溶液，故空白试验具有标定作用（即标定酸化后析出的碘量）。尽管该试剂很稳定，但存放时间很长以后，空白试验值也会改变，故此时应再做空白试验。

　　②试样一定要经干浆分离机磨碎或手工充分分散，否则样品未经分散将导致测定结果偏低。

　　③严格控制煮沸时间和温度。实验表明温度每降低 1.5℃，铜价减少 5%~10%。煮沸时间越长，铜价亦越高。

　　④铜价若超过 2.2，可适当减少称样量，或加大萨氏试剂用量。

　　⑤铜价的测定不适用于未漂浆及木素含量高的浆。

（九）铁含量、铜含量的测定

　　某些特种纸，如电容器纸、照相原纸、人造浆粕以及食品的包装纸等，其含铁量、含铜量及其他金属离子含量不宜过高，但因纸浆、纸和纸板铁和铜的含量甚微，采用一般的分析方法误差较大，目前国家标准是采用测微量组分常用的分光光度法比色分析，也可采用火焰原子吸收分光光度法，两法具有同等效力，并均可适用于纸浆、纸和纸板。

　　比色分析测物质浓度的原理基于物质对光的吸收。有色物质溶液浓度越大，则颜色越深，其对光的吸收性作用就越强，溶液的吸光度与浓度在一定条件下成正比。

　　测定铁含量及铜含量时，首先要配制铁标准溶液储备液和铜标准溶液储备液，临用前准确稀释 10 倍即成操作液。再则按一定条件和要求配制一系列浓度由低到高、颜色由浅到深的标准铁或铜溶液即成"色列"。在分光光度计上，选择溶液的"对比色"作为入射光，分别测各"色阶"的吸光度，然后以铁含量或铜含量（单位：mg）为横坐标，吸光度为纵坐标绘制成标准曲线。

　　将被测试样转化成各溶液，在和配制色阶完全相同的条件下处理并显色，在相同测量条件下测样品溶液的吸光度，这样就可以从标准曲线上查得试样的含铁量或含铜量。

　　纸浆和其他纸成品的微量金属或非金属成分以及其他微量成分的比色测定均可参考上述做法。储备液的配制可参考有关分析化学手册。

1. 铁含量的测定

　　测定原理是基于将样品灰化，然后将灰溶解于盐酸中。用盐酸羟胺使三价铁还原为二价铁。在微酸性条件下，二价铁与 1，10-菲罗啉形成红色络合物。用分光光度法，于波长 510nm 对此有色溶液进行光度测定。有关反应如下：

$$4FeCl_3 + 2NH_2 \cdot OH \cdot HCl \longrightarrow 4FeCl_2 + 6HCl + N_2O + H_2O$$

在适宜的 pH 介质下，红色络合物颜色稳定时间较长，可达 6 个月，因而可方便地进行比色分析。

应用试剂

（1）标准铁溶液贮备液，浓度为 0.1g/L

将 0.100g 纯铁丝放在 1000mL 容量瓶中，溶解于 10mL 密度为 1.19g/L 的盐酸中，用蒸馏水稀释至刻度，并混合均匀。1mL 这种标准溶液，含有 0.1mg 铁。

（2）标准铁溶液操作液，浓度为 0.01g/L

移取 100mL 标准铁溶液贮备液于 1000mL 容量瓶中，用蒸馏水稀释至刻度，并混合均匀。1mL 这种标准溶液含有 0.01mg 铁。此溶液不稳定，当天用当天配。

（3）盐酸 1，10-菲罗啉溶液，浓度为 10g/L

将 1g 盐酸 1，10-菲罗啉（$C_{12}H_8N_2 \cdot H_2O \cdot HCl$）溶解于 100mL 蒸馏水中。此溶液宜存放在棕色试剂瓶中（注意只使用无色溶液）。

（4）乙酸钠溶液，浓度为 540g/L

将 540g 乙酸钠（$NaCOOCH_3 \cdot 3H_2O$）溶解于蒸馏水中，并稀释至 1L。

（5）盐酸羟胺溶液，浓度为 20g/L

将 2g 盐酸羟胺（$NH_2OH \cdot HCl$）溶解于 100mL 蒸馏水中（上述各溶液所用药品均应用分析纯）。

标准曲线的绘制

空白参比溶液：在测定试样的同时，进行空白试验。按照与测定试样时所采用的同样的试验步骤和使用同样数量的所有试剂，但不放试样。

①标准比色溶液的制备：分别向 5 个 50mL 容量瓶中准确移入标准铁溶液操作液 0（空白参比溶液）、5.0、10.0、15.0、20.0mL（其相当铁的质量分别为 0、0.05、0.10、0.15、0.20mg），再分别向每瓶较准确地加入 10mL 盐酸溶液，1mL 的盐酸羟胺溶液，1mL 盐酸 1，10-菲罗啉溶液，15mL 乙酸钠溶液。加水稀释至刻度，摇匀。如果溶液出现混浊，可用玻璃滤器或用离心机分离。将此有色溶液放置 15min 后进行吸收值测量。

②吸收值（有多个名称）的测量：将分光光度计波长调至 510nm，用空白参比溶液调节仪器的吸收值为 0，然后分别测定各容量瓶溶液（即各色阶）的吸收值。测定时比色皿先用蒸馏水洗净，再用容量瓶中有色溶液置换 2~3 遍后将溶液倒入，并用擦镜纸吸干比色皿外壁，尤其光学面。

③绘制曲线：以铁的质量 mg 为横坐标，以对应的吸收值为纵坐标先列表后绘制成标准曲线。

测定方法

每个样品各称取 10g（称准至 0.01g）试样两份，（如果样品的铁含量已知超过 10mg/kg 则只称 5g）。同时称取两份样品测定样品的水分。

将称好的试样放在瓷蒸发皿（最好采用带盖有柄蒸发皿）或瓷坩埚内，按测灰分的方法将浆样于（575±25）℃［纸和纸板样于（925±25）℃］下灼烧成灰。

冷却后，仔细向蒸发皿内加入 5mL $c(HCl) = 6mol/L$ 盐酸溶液，并在蒸汽浴上蒸发至干。如此重复操作一次，然后用 5mL 盐酸溶液处理残渣，并在蒸气浴上加热 5min。

用蒸馏水将蒸发皿里的内容物移入 50mL 容量瓶中。再向蒸发皿中的残渣加入 5mL 盐酸溶液，并在蒸汽浴上加热，用蒸馏水将此最后的一部分内容物移入容量瓶中，用少量水漂洗蒸发皿 3 次，洗液亦倾入容量瓶中。向容量瓶中加入 1mL 20g/L 盐酸羟胺溶液，准确加入 1mL

10g/L盐酸1，10-菲罗啉溶液，15mL 540g/L乙酸钠溶液，加水稀释至刻度，摇匀。如果溶液出现混浊，可用玻璃滤器过滤或用离心机分离。将此有色溶液放置15min后进行吸收值测量。

倾出一定量样品溶液于光距1cm比色皿中，用空白参比溶液调节仪器的吸收值为0以后，测量样品溶液的吸收值。从标准曲线中查出对应的铁含量。

试样的铁含量 $w_{铁}$（mg/kg），按式（3-14）计算：

$$w_{铁} = \frac{m_1}{m_0} \times 1000 \tag{3-14}$$

式中　m_1——由标准曲线所查得的样品溶液的铁含量，mg

　　　　m_0——试样的绝干量，g

用两次测量的算术平均值，取一位小数报告结果。

注意事项

①1，10-菲罗啉又名邻菲罗啉、邻二氮菲，属NN型螯合剂，是目前测定 Fe^{2+} 的较好的试剂。又叫试亚铁灵，在pH=3~9（控制在pH=5~6）的条件下，与 Fe^{2+} 生成的络合物红色可稳定6个月不变。而用硫氰酸胺法CNS—与 Fe^{2+} 的络合物，红色只稳定6h。

②1，10-菲罗啉铁溶液最大吸收波长为508nm，摩尔吸光系数为 1.1×10^4。故用510nm为入射光波长。

③显色反应酸度若过高（pH<2）时邻菲罗啉与 Fe^{2+} 显示色缓慢而且色浅，适宜酸度下颜色不随酸度改变。但在碱性条件下被破坏。

④每测好一个样液，比色皿均应仔细用水清洗再用样液置换皿内水分后擦干。不可执握光学面。

2. 铜含量的测定

测定原理系基于将纸浆、纸或纸板样品灰化，然后将灰溶解于盐酸中，在氨溶液中，铜离子与二乙基二硫代氨基甲酸钠作用生成黄棕色胶状络合物，其颜色深浅与铜离子浓度成正比，利用淀粉作保护胶体，可使这黄棕色胶态络合物形成一种稳定的胶体悬浮液。用分光光度法，于波长为435nm对此有色溶液进行吸光度测定。其显色反应如下：

$$2S=C\begin{array}{c}N(C_2H_5)_2\\ \\SNa\end{array}+Cu^{2+}\longrightarrow\left[S=C\begin{array}{c}N(C_2H_5)_2\\ \\S^-\end{array}\right]_2Cu+2Na^+$$

应用试剂

（1）标准铜溶液储备液，浓度为0.1g/L

将0.100g纯的电解金属铜，溶解于约5mL密度为1.4g/mL的硝酸中，将溶液煮沸，以便驱除亚硝烟。待冷却后，将溶液定量地移入1000mL容量瓶中，用蒸馏水稀释至刻度，并混合均匀，1mL这种标准溶液含有0.1mg铜。

（2）标准铜溶液操作液，浓度为0.01g/L

移取100mL标准铜溶液贮备液于1000mL容量瓶中，用蒸馏水稀释至刻度并混合均匀。1mL这种标准铜溶液操作液含有0.01mg铜。此溶液不稳定，当天用当天配。

（3）二乙基二硫代氨基甲酸钠溶液，浓度约为1g/L

将0.1g二乙基二硫代氨基甲酸钠 [$(C_2H_5)_2NCSSNa \cdot 3H_2O$] 溶解于100mL蒸馏水中（如混浊，则应过滤）。用棕色玻璃瓶贮存，置于暗处。此溶液可保持大约一周不变。

（4）酒石酸钾钠溶液，浓度大约为50g/L

将50g酒石酸钾钠溶解于水，并稀释至1000mL。

（5）氨水：1:5氢氧化铵溶液

将1体积浓氨水（密度0.91g/mL）与5体积水混合。

标准曲线的绘制

①空白参比溶液：在测定试样的同时，进行空白试验，按照与测定试样时所采用的同样的试验步骤和使用同样数量的所有试剂，但不放试样。

②标准比色溶液的制备：分别向5个100mL烧杯中注入20mL $c(HCl) = 6mol/L$盐酸溶液，加入密度0.91g/mL的浓氨水至中性，加热浓缩至约20mL，然后分别移入5个50mL容量瓶中，并用少量蒸馏水漂洗烧杯，洗液亦倾入容量瓶中，分别向各容量瓶准确加入0（空白参比溶液）2.0、5.0、7.0、10.0mL标准铜溶液操作液。混合后，分别加入1mL（50g/L）酒石酸钾钠溶液，5mL（1:5）氨水，1mL新配制（0.25g/L）的淀粉溶液，混合均匀后，准确加入5mL（1g/L）二乙基二硫代氨基甲酸钠溶液，加水稀释至刻度，摇匀。倾出一定量溶液于光距1cm比色皿中，立即进行吸收值测量。

③吸收值的测量：调节分光光度计波长为435nm，用空白参比溶液调节仪器的吸收值为0，然后，分别测定其吸收值。

④绘制曲线：以铜的质量（mg）为横坐标，以相应的吸光值为纵坐标绘制标准曲线（先制表，后绘制）。

测定方法

每个样品各称取两份10g（称准至0.01g）试样，（如果样品铜含量已知超过10mg/kg，则只称取5g）。同时称取两份样品测定样品的水分。

将称好的试样放在瓷蒸发皿（最好采用带盖有柄蒸发皿）或坩埚内，浆样按测灰分的办法灼烧成灰。

冷却后，仔细向蒸发皿内加入5mL $c(HCl) = 6mol/L$盐酸溶液，并在蒸汽浴上蒸发干，如此重复操作一次，然后用20mL $c(HCl) = （6mol/L）$盐酸溶液处理残渣，并在蒸汽浴上加热5min。稍冷，缓缓加入氨水（密度0.91g/mL）至成微碱性。此时，铁应以氢氧化铁沉淀析出，溶液应为无色。用滤纸过滤，用热水洗涤6~7次，集滤液及洗液于烧杯中，蒸浓至约为20mL，移入50mL容量瓶中，用少量水漂洗烧杯3次，洗液亦倾入容量瓶中。向容量瓶中加入1mL新配制的淀粉溶液，混合均匀后，准确加入5mL二乙基二硫代氨基甲酸钠溶液，加水稀释至刻度，摇匀。

倾出一定量试验溶液冲洗已用蒸馏水洗过的光距为1cm的比色皿两次，后倾入。用空白参比溶液调节仪器的吸收值为0后，测定样品溶液的吸收值。从标准曲线中查出对应的铜含量。

试样的铜含量$w_{铜}$（mg/kg），按式（3-15）计算：

$$w_{铜} = \frac{m_1}{m_0} \times 1000 \tag{3-15}$$

式中　m_1——由标准曲线所得的试验溶液的铜含量，mg

　　　m_0——试样的绝干量，g

用两次测定的算术平均值，取一位小数报告结果

（十）　黏度的测定

测定纸浆黏度的目的在于测定纤维素分子链的平均聚合度。还可用以鉴别化学纸浆是否由于蒸煮或漂白过度或其他影响而降级。当纤维素受到氧化或水解而变质时，其链分子会变短。宏观表现为纤维素溶液黏度降低。因此，如将纸浆纤维溶于适宜的溶剂中，测定此溶液的黏

度，即可了解纸浆纤维变质程度，同时亦可推知成纸的强度。对于多段漂白、人造纤维浆粕及某些质量要求较高的纸种，常测定纸浆黏度以控制生产、稳定质量。

测定高分子化合物平均聚合度的常用方法是黏度法，测定黏度的方法又有两种，一是落球法（快速简易），二是毛细管黏度计法，后者应用较广，此方法同样适用于纸浆纤维素。

纸浆黏度的测定，过去多采用铜氨溶液为溶剂。但铜氨溶液有不易制备、不稳定，使纤维素分子发生氧化而降级等缺点。因此现在多采用铜乙二胺（CED）为溶剂，可以克服或减少上述铜氨溶液的缺点。纤维素溶于铜乙二胺的反应如下：

$$2C_6H_{10}O_5 + 2[Cu(NH_2CH_2CH_2NH_2)_2](OH)_2 \longrightarrow$$
$$[(C_6H_8O_5)_2Cu][Cu(NH_2CH_2CH_2NH_2)_2] + 2H_2NCH_2CH_2NH_2 + 4H_2O$$

铜乙二胺溶液测定黏度的方法原理是先测出相对黏度 $\eta_{相}$ 后，采用马丁经验公式而求出特性黏度 [η]。为了方便起见，将这个经验公式预先计算好列成表（如表3-7所示），就可以从测得的相对黏度在表中查出 [η]c 的乘积，然后除以浓度 c 即得 [η]。再以特性黏度 [η]，根据马丁经验公式计算平均聚含度。

马丁公式式（3-16）：

$$DP^{0.905} = 0.75[\eta] \tag{3-16}$$

测定时要求特性黏度和浆浓的乘积 [η]$c = 3.0 \pm 0.5$，并使黏度测定在速度梯度 $G_{max} = (200 \pm 30)$ s^{-1} 时进行。

应用仪器

①试样溶解瓶——容积为52mL的细口聚乙烯塑料瓶，瓶上带有中间插一毛细管的胶塞。要求当容器中加入50mL溶液时，残留的空气能排出。空气排出后，用一带玻璃的橡皮管塞住，如图3-1所示。

②带有水套的校准用毛细管黏度计——要求25℃的蒸馏水在此黏度计中流出时间为60s。黏度计的规格如图3-2所示。流出时间约为100s，速度梯度 G_{max} 约为200s^{-1}。速度梯度按式（3-17）计算：

图3-1　试样溶解瓶

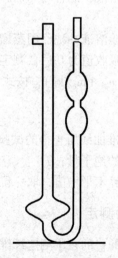

图3-2　毛细管黏度计

$$G_{\max} = \frac{4V}{\pi r^3 t} \tag{3-17}$$

式中　V——流出体积，cm^3

　　　r——毛细管内半径，cm

　　　t——流出时间，s

③恒温水浴——带有自动循环泵，能保持温度在（25±1）℃。

应用试剂

①甘油水溶液——浓度为65%（质量分数），20℃相对密度为1.1670，黏度为10mPa·s。

②铜乙二胺（CED）溶液（1.000mol/L）——溶解250g分析纯硫酸铜（$CuSO_4 \cdot 5H_2O$）于盛有200mL热蒸馏水的烧杯中，加热至沸，冷至约45℃，在不断搅拌下，慢慢加入浓氨水，至溶液呈淡紫色（约需加入浓氨水115mL），静置使沉淀下降。用倾泻法洗涤沉淀，先用热蒸馏水洗四次，再用冷蒸馏水洗二次，每次约用1000mL蒸馏水。将糊状沉淀冷却至20℃以下（最好在10℃以下），在剧烈搅拌下慢慢加入800mL冷的100g/L NaOH溶液，以倾泻法用蒸馏水洗涤沉淀出的氢氯化铜，至洗液用酚酞指示剂检验无色为止。在不断搅拌下，慢慢向糊状沉淀中加入110g乙二胺（以100%计），使之溶解。加入时注意保持温度低于20℃，然后用水稀至800mL，置于带塞的棕色瓶中，配好的溶液静置一两天后，用虹吸法或用玻璃滤器过滤。将清液量好体积，置于棕色瓶中，以备标定。

标定

用移液管吸取25mL配好的溶液于250mL容量瓶中，用水稀释至刻度，摇匀。用移液管吸取25mL稀释液，置入500mL带磨口塞的锥形瓶中，加入25mL $c(HCl)=1mol/L$盐酸标准溶液及30mL 10%碘化钾溶液，摇匀后，立即用$c(Na_2S_2O_3)=0.1mol/L$硫代硫酸钠标准溶液滴定至棕色几乎消失时，加入1g硫氰酸铵及0.5%淀粉指示剂，继续滴定至蓝色消失为止，记下硫代硫酸钠溶液用去体积。

向上述溶液中多加5滴硫代硫酸钠溶液，再加入200mL蒸馏水，摇匀，用0.1%甲基橙为指示剂，以$c(NaOH)=1mol/L$氢氧化钠标准溶液滴定至显黄色，即为终点。

铜乙二胺溶液中乙二胺的浓度$c_{乙二胺}$（mol/L），铜乙二胺溶液中铜的浓度$c_{铜}$（mol/L），乙二胺与铜的浓度比例R，分别按式（3-18）、式（3-19）和式（3-20）计算：

$$c_{乙二胺} = \frac{c_{HCl}V_{HCl} - 2c_{Na_2S_2O_3}V_{Na_2S_2O_3} - c_{NaOH}V_{NaOH}}{2V_{乙二胺}} \tag{3-18}$$

$$c_{铜} = \frac{c_{Na_2S_2O_3}V_{Na_2S_2O_3}}{V} \tag{3-19}$$

$$R = \frac{c_{乙二胺}}{c_{铜}} \tag{3-20}$$

式中　$V_{乙二胺}$——用于滴定的铜乙二胺溶液体积，mL

　　　V_{HCl}——加入的盐酸标准溶液体积，mL

　　　c_{HCl}——盐酸标准溶液的实际浓度，mol/L

　　$V_{Na_2S_2O_3}$——滴定时耗用的硫代硫酸钠标准溶液的体积，mL

　　$c_{Na_2S_2O_3}$——硫代硫酸钠标准溶液的实际浓度，mol/L

　　　V_{NaOH}——滴定时耗用的氢氧化钠标准溶液的体积，mL

　　　c_{NaOH}——氢氧化钠标准溶液的实际浓度，mol/L

R要求为2.00±0.04，铜的浓度$c_{铜}$为（1.00±0.02）mol/L。如果分析结果，$R<2$；$c_{铜}>$

1mol/L，说明乙二胺和水量不够，则可按下式计算，加入一定量的乙二胺和蒸馏水，以配制所需浓度的铜乙二胺溶液。

①需加入乙二胺量 $V_{乙二胺}$；按式（3-21）计算：

$$V_{乙二胺} = (2c_{铜} - c_{乙二胺})6.0V_{原}/w_{乙二胺}$$ (3-21)

式中　　$V_{原}$——原始溶液体积，mL

$w_{乙二胺}$——乙二胺的含量，%

②需配制的铜乙二胺溶液总量 $V_{总}$，按式（3-22）计算：

$$V_{总} = c_{铜}V_{原}$$ (3-22)

③需加入的蒸馏水量 $V_{水}$，按式（3-23）计算

$$V_{水} = V_{总} - (V_{乙二胺} + V_{原})$$ (3-23)

毛细管黏度计的较准

用 65%甘油水溶液，蒸馏水及 0.5mol/L 铜乙二胺溶液（取一定量配制好的铜乙二胺溶液加入等量蒸馏水配制成），分别调整至（25±1）℃，在校准黏度计中测定其流出时间，然后在测定用黏度计中测定同一甘油水溶液流出时间。

分别用式（3-24）和式（3-25）计算黏度计因子 f_n 和黏度计常数 h_n（s^{-1}）：

$$黏度计因子　　f_n = t_{kg}/t_{ng}$$ (3-24)

$$黏度计常数　　h_n = f_n/t_{KCED}$$ (3-25)

式中　　t_{kg}——甘油溶液在校准用黏度计中的流出时间，s

t_{ng}——甘油溶液在测定用黏度计中的流出时间，s

t_{KCED}——稀铜乙二胺溶液在校准用黏度计中流出时间，s

要求 25℃蒸馏水在校准用黏度计中流出时间约为 60s，其中：

$$t_{KCED}/t_{KH_2O} = 1.28 \sim 1.29$$

式中　　t_{KH_2O}——蒸馏水在校准用黏度计中的流出时间，s

试样处理

取有代表性浆样，在湿浆解离器（或其他离散设备）中加水分散成纤维状，不得有浆块或纤维束，然后用覆盖有洁净白布的铜网，在手抄纸器（或其他成形设备）上抄成定量约 $40g/m^2$ 的浆片，不必挤压，连同白布一起风干。最后将浆片由白布上取下，撕成 5mm×5mm 的小块，置于干燥洁净的玻璃瓶中，用塞子塞紧，放置过夜，使水分达到平衡。

测定方法

根据浆的不同黏度，按照表 3-8 所示，称取一定量的撕碎浆片（称准至 0.0005g）于图 3-1 小塑料试样溶解瓶中（同时另称取浆样测水分）。加入 2~3 块紫铜片，加 25mL 蒸馏水，用塞塞紧，摇瓶至完全分散，加入 25mL 铜乙二胺溶液，并排除残留的空气，反复剧烈摇荡至试样完全溶解。一般低黏度浆约需摇 3min 即可。调整溶液的温度至 25℃。仔细倒出部分溶液于测定用黏度计中，开动自动循环保温的恒温器，恒温 5min，测定（25±0.1）℃时的流出时间，用秒表计时，平行测定三次，取其平均值计算相对黏度。

表 3-8　　　　　　　　　　　　浆特性黏度 [η] 与浆浓换算表

[η] / (mL/g)	浆浓/ (g/100mL)	绝干浆质量/g
400~650	0.5	0.25
650~850	0.4	0.20
850~1100	0.3	0.15

浆特性黏度 [η] 及聚合度（DP）的计算：

（1）浆的特性黏度计算

浆的相对黏度（η_{rel}）按式（3-26）计算：

$$\eta_{rel} = h_n \times t_n \tag{3-26}$$

式中 h_n——黏度计常数，校准时测得的 s^{-1}

　　t_n——试样溶液的流出时间 s^{-1}

由 η_{rel} 即可在表 3-10 中查出相当的 [η] c 值（表 3-9 由马丁方程式计算而得）。由绝干试样量和溶液体积（50.0mL）计算出浓度 c。[η] c 被 c 除，得到特性黏度 [η] mL/g。

例如：$\eta_{rel} = 8.20$；$c = 0.004$g/mL。查表 3-10，[η] $c = 2.961$，[η] $= 2.961/0.004 = 740$mL/g。

（2）聚合度（DP）的计算

按照马丁公式（3-16）：

$$DP^{0.905} = 0.75[\eta]$$

即可计算出纸浆的平均聚含度。[η] <1100mL/g 时，允许误差<2%，[η] <700mL/g 时，要求误差<1%；[η] >1100mL/g 时，允许较大的误差。

注意

未知聚合度样品浆浓度的确定：

根据纸浆品种，首先估计一聚合度，由表 3-8 查出相应的浆浓和浆质量；如浆浓为 0.2000g/100mL，测定结果 $\eta_{rel} = 6.12$，查表 3-9，[η] $c = 2.453$，[η] $c < 2.5$，不符合要求（因要求 [η] $c = 3 \pm 0.5$）。应再按 [η] $c = 3$，计算一浓度，将 [η] $= 2.453/0.00200 = 1227$mL/g，代入 [η] $c = 3$ 式中，则 $c = 3/1227 = 0.002445$g/mL，再按计算得出的浆浓度称样，即可符合要求。

表 3-9 [η] c

η_{rel}	0.00	0.01	0.02	0.03	0.04	0.05	0.06	0.07	0.08	0.09
5.0	2.119	2.122	2.125	2.129	2.132	2.135	2.139	2.142	2.145	2.148
5.1	2.151	2.154	2.158	2.160	2.164	2.167	2.170	2.173	2.176	2.180
5.2	2.183	2.186	2.190	2.192	2.195	2.197	2.200	2.203	2.206	2.209
5.3	2.212	2.215	2.218	2.221	2.224	2.227	2.230	2.233	2.236	2.240
5.4	2.243	2.246	2.249	2.252	2.255	2.258	2.261	2.264	2.267	2.270
5.5	2.273	2.276	2.279	2.282	2.285	2.288	2.291	2.294	2.297	2.300
5.6	2.303	2.306	2.309	2.312	2.315	2.318	2.320	2.324	2.326	2.329
5.7	2.332	2.335	2.338	2.341	2.344	2.347	2.350	2.353	2.355	2.358
5.8	2.361	2.364	2.367	2.370	2.373	2.376	2.379	2.382	2.384	2.387
5.9	2.390	2.393	2.396	2.400	2.403	2.405	2.408	2.411	2.414	2.417
6.0	2.419	2.422	2.425	2.428	2.431	2.433	2.436	2.439	2.442	2.444
6.1	2.447	2.450	2.453	2.456	2.458	2.461	2.464	2.467	2.470	2.472
6.2	2.475	2.478	2.481	2.483	2.486	2.489	2.492	2.494	2.497	2.500
6.3	2.503	2.505	2.508	2.511	2.513	2.516	2.518	2.521	2.524	2.526
6.4	2.529	2.532	2.534	2.537	2.540	2.542	2.545	2.547	2.550	2.553

续表

η_{rel}	0.00	0.01	0.02	0.03	0.04	0.05	0.06	0.07	0.08	0.09
6.5	2.555	2.558	2.561	2.563	2.566	2.568	2.571	2.574	2.576	2.579
6.6	2.581	2.584	2.587	2.590	2.592	2.595	2.597	2.600	2.603	2.605
6.7	2.608	2.610	2.613	2.615	2.618	2.620	2.623	2.625	2.627	2.630
6.8	2.633	2.635	2.637	2.640	2.643	2.645	2.648	2.650	2.653	2.655
6.9	2.658	2.660	2.663	2.665	2.668	2.670	2.673	2.675	2.678	2.880
7.0	2.683	2.685	2.687	2.690	2.693	2.695	2.698	2.700	2.702	2.705
7.1	2.707	2.710	2.712	2.717	2.717	2.719	2.721	2.724	2.726	2.729
7.2	2.731	2.733	2.736	2.740	2.740	2.743	2.745	2.748	2.750	2.752
7.3	2.755	2.757	2.760	2.764	2.764	2.767	2.769	2.771	2.774	2.776
7.4	2.779	2.781	2.783	2.788	2.788	2.790	2.793	2.795	2.798	2.800
7.5	2.802	2.805	2.807	2.812	2.812	2.814	2.816	2.819	2.821	2.823
7.6	2.826	2.828	2.830	2.835	2.835	2.837	2.840	2.842	2.844	2.847
7.7	2.849	2.851	2.854	2.858	2.858	2.860	2.863	2.865	2.868	2.870
7.8	2.873	2.875	2.877	2.881	2.881	2.884	2.887	2.889	2.891	2.893
7.9	2.895	2.898	2.900	2.905	2.905	2.907	2.909	2.911	2.913	2.915
8.0	2.918	2.920	2.922	2.924	2.926	2.928	2.931	2.933	2.935	2.937
8.1	2.939	2.942	2.944	2.946	2.948	2.950	2.952	2.955	2.967	2.959
8.2	2.961	2.963	2.966	2.968	2.970	2.972	2.974	2.976	2.979	2.981
8.3	2.983	2.985	2.987	2.990	2.992	2.994	2.996	2.998	3.000	3.002
8.4	3.004	3.006	3.008	3.010	3.012	3.015	3.017	3.019	3.021	3.023
8.5	3.025	3.027	3.029	3.031	3.033	3.035	3.027	3.040	3.042	3.044
8.6	3.046	3.048	3.050	3.052	3.054	3.056	3.058	3.060	3.062	3.064
8.7	3.067	3.069	3.071	3.073	3.075	3.077	3.079	3.081	3.083	3.085
8.8	3.087	3.089	3.092	3.094	3.096	3.098	3.100	3.102	3.104	3.106
8.9	3.108	3.110	3.112	3.114	3.116	3.113	3.120	3.122	3.124	3.126
9.0	3.128	3.130	3.132	3.134	3.136	3.138	3.140	3.142	3.144	3.146
9.1	3.148	3.150	3.152	3.154	3.156	3.158	3.160	3.162	3.164	3.166
9.2	3.168	3.170	3.172	3.174	3.176	3.178	3.180	3.182	3.184	3.186
9.3	3.188	3.190	3.192	3.194	3.196	3.198	3.200	3.202	3.204	3.206
9.4	3.208	3.210	3.212	3.214	3.216	3.218	3.219	3.221	3.223	3.225
9.5	3.227	3.229	3.231	3.233	3.235	3.237	3.239	3.241	3.242	3.244
9.6	3.246	3.248	3.250	3.252	3.254	3.256	3.258	3.260	3.262	3.264
9.7	3.266	3.268	3.269	3.271	3.273	3.275	3.277	3.279	3.281	3.283
9.8	3.285	3.287	3.289	3.291	3.293	3.295	3.297	3.298	3.300	3.302
9.9	3.304	3.305	3.307	3.309	3.311	3.313	3.316	3.318	3.320	3.321
10	3.32	3.34	3.36	3.37	3.39	3.41	3.43	3.45	3.46	3.48
11	3.50	3.52	3.53	3.55	3.56	3.58	3.60	3.61	3.63	3.64

续表

η_{rel}	0.00	0.01	0.02	0.03	0.04	0.05	0.06	0.07	0.08	0.09
12	3.66	3.68	3.69	3.71	3.72	3.74	3.76	3.77	3.79	3.80
13	3.82	3.83	3.85	3.86	3.88	3.89	3.90	3.92	3.93	3.95
14	3.96	3.97	3.99	4.00	4.02	4.03	4.04	4.06	4.07	4.09
15	4.10	4.11	4.13	4.14	4.15	4.17	4.18	4.19	4.20	4.22
16	4.23	4.24	4.25	4.27	4.28	4.29	4.30	4.31	4.33	4.34
17	4.35	4.36	4.37	4.38	4.39	4.41	4.42	4.43	4.44	4.45
18	4.46	4.47	4.48	4.49	4.50	4.52	4.53	4.54	4.55	4.56
19	4.57	4.58	4.59	4.60	4.61	4.62	4.63	4.64	4.65	4.66

（十一） 水溶性氯化物的测定

有些特殊品种的纸和纸板，例如要求绝缘强度高的电器用纸与纸板或能耐腐蚀的包装金属品用纸或纸板，一般是要求不得含有金属或其他导电杂质（如氯离子及硫酸根离子等可溶性盐类）。由于纸浆、纸或纸板中这些杂质含量极少，而且所用的浆一般都是用未漂硫酸盐木浆制成的，在用水或酸液抽出其中氯化物时，抽出液常显棕黄色，并有微量还原杂质，更增加分析难度。

氯化物的测定方法大致有质量法、比浊法、汞定量法等，目前国家标准方法为电位滴定法。

电位滴定法是基于20g的试样用沸水抽提1h，抽提的滤液蒸发至干，残渣用稀硝酸和丙酮溶解，用硝酸银标准溶液进行电位滴定来测定氯离子含量。

应用仪器

电位计及其附属装置，可以测量直流电压范围0～300mV，精度为2mV。银指示电极（银离子选择电极）和玻璃参比电极（注：如有合适的带有记录仪的自动电位滴定计也可以使用）。

玻璃微量注射器：100μL的1支。

注意本实验用的玻璃器皿和其他仪器必须仔细洗净。烧瓶、烧杯和漏斗应该用蒸馏水煮沸，不要裸手拿取，制备试样用的镊子和剪子也应同样地保持干净。

应用试剂

测试用的所有试剂应该为分析纯。

①硝酸，$c(HNO_3)$ = 1.5mol/L：将100mL的硝酸（相对密度1.40）用蒸馏水稀释至1L。

②硝酸银，$c(AgNO_3)$ = 20mmol/L 标准溶液：准确称取干燥过的硝酸银3.397g，用蒸馏水使其完全溶解后移入1000mL的容量瓶并用蒸馏水稀释至刻度。此溶液应避光保存。

③蒸馏水或脱盐水：电导率应小于0.2mS/m。

④丙酮：不含氯化物。

测定方法

应戴干净的手套拿取试样和准备纸片，操作时要小心拿取，防止试样污染。称取风干试样20g（称准至0.01g，同时另称取试样测定水分），将试样剪成不大于5mm×5mm的纸片，装入500mL的平底烧瓶中，并加进300mL煮沸的蒸馏水，在烧瓶颈上罩上一个松配合的烧杯，在沸水浴中抽提1h，用预先处理过的无灰滤纸（无灰滤纸预处理办法：滤纸经水浴抽提1h，然后用镊子夹出放在布氏漏斗中，用热蒸馏水充分洗涤后，烘干备用）和布氏漏斗滤去悬浮物，并用扁平的玻棒挤压漏斗中的滤饼，以榨出尽可能多的抽出液，用量筒测量抽提液的体积，并同时称滤饼的质量，称准至 0.01g。

转移抽提液于一个与抽提用的相似的 500mL 烧瓶中，放烧瓶于沸水浴中，在烧瓶上方倒挂一个 250mL 的烧杯，并与烧瓶保持一定的距离，以防止污染。当完全蒸干后，加进 20mL 的蒸馏水于烧瓶中再次蒸干。用 1.5mol/L 的硝酸 5mL 溶解抽提的残渣。

转移此溶液于一个滴定用的 50mL 烧杯中，分 3 次洗涤烧瓶，每次用丙酮 10mL。浸没电极于试液中，并用电磁搅拌器连续不停地搅拌，利用微量注射器每次加入 0.01mL 的硝酸银标准溶液进行滴定。

以电位计的电压读数和硝酸银的加入体积作曲线图（若使用带有记录仪的自动电位滴定计，滴定液滴入的速度应为 0.01~0.1mL/min）。在图上，曲线的最大斜率点所对应的硝酸银的体积作为试样的消耗量。

按照测试样相同的方法做一个空白试验。

试样的水溶性氯化物含量 $w_{氯化物}$（mg/kg），按式（3-27）计算：

$$w_{氯化物} = 35.46 \frac{(V - V_0)c}{m_{od}} \times \left(1 + \frac{m_w - m_{od}}{V_e}\right) \tag{3-27}$$

式中　V——滴定试样时，硝酸银标准溶液的消耗量，mL

　　　V_0——滴定空白时，硝酸银标准溶液的消耗量，mL

　　　c——硝酸银标准溶液的实际浓度，mmol/L

　　　m_{od}——绝干试样的质量，g

　　　m_w——湿试样滤饼质量，g

　　　V_e——抽提液的体积，mL

35.46——实验系数

以两份试样测定的平均值作为氯化物含量，以每公斤绝干试样所含氯化物的质量（mg）来表示。对于含氯化物 5mg/kg 以下的试样修约至 0.1mg/kg，含氯化物大于 5mg/kg 的取整数。

注意事项

①如有必要，也可以采用 10mmol/L 的硝酸银标准溶液，配制时只要把容量瓶改为 2000mL 即可。

②本测定方法属高纯产品（适用于电气用纸）的测定法。一般用纸的水溶性氯化物的测定可参见《GB/T 2678.2—2008 纸、纸板和纸浆　水溶性氯化物的测定》。

（十二）水抽出液酸碱度和 pH 的测定

某些技术用纸，如中性纸、滤纸、浸渍绝缘纸等，要求纸的水抽出液为中性。即使是一般纸张，酸度对纸的耐久性影响也较大。纸的酸度主要来源于酸性施胶所用的硫酸铝，另外还来自生产用水、漂白残余物、添加剂中所含有机酸。碱度可能来源于浆料或由于涂布有碱性颜料等。

纸浆和纸的酸碱度用测定它的水抽出液的酸碱度或 pH 来表示。以下给予分别介绍。

1. 酸度或碱度的测定法

试样用沸蒸馏水抽提 1h，然后用酸碱滴定法测定酸度或碱度。

应用试剂

0.04%酚红指示剂——称取 0.1g 酚红溶于 5.7mL c（NaOH）= 0.05mol/L 氢氧化钠溶液中，

加水稀释至 250mL。此溶液在酸性中呈黄色，在碱性中呈红色。变色范围为：pH 从 6.8~8.4 转变时由黄色变红色。

测定方法

称取 5g 风干试样（称准至 0.01g，同时称取试样测水分）于 500mL 锥形瓶中，注入 250mL pH 为 6.6~7.0 的新煮沸的蒸馏水，如试样不易润湿，可先加入 20mL 水，用扁头玻璃棒压至全部润湿后，再加其余的水。

用包有铝箔的橡皮塞将锥形瓶塞紧，橡皮塞中插入长约 600~700mm 玻璃管作为空气冷凝器。将锥形瓶置入沸水浴中，保持瓶内容物温度为 95~100℃，加热 1h，不时摇荡锥形瓶。

抽提完毕后，迅速以布氏漏斗过滤，滤液收集于一洁净的锥形瓶中，迅速冷却，用移液管吸取 100mL 滤液于 250mL 锥形瓶中，加酚红指示剂 4~5 滴，如显红色则以 $c(1/2H_2SO_4) = 0.01mol/L$ 硫酸标准溶液滴定至溶液呈黄色。如加入指示剂呈现黄色，则以 0.01mol/L 氢氧化钠标准溶液滴定至溶液恰呈红色，并以同样手续进行空白试验。

如水抽出液呈酸性反应，则测得的酸度 $w_{H_2SO_4}$ 以含硫酸百分数表示 [式 (3-28)]；如呈碱性反应，则测得的碱度 w_{NaOH} 以氢氧化钠百分数表示 [式 (3-29)]。

$$w_{H_2SO_4} = \frac{c_{NaOH}(V_{NaOH} - V_0) \times \dfrac{49}{1000}}{m_{ad} \times \left(\dfrac{100 - w_{水}}{100}\right) \times \dfrac{100}{250}} \times 100\% \tag{3-28}$$

$$w_{NaOH} = \frac{(c_{H_2SO_4}V_{H_2SO_4} + c_{NaOH}V_{NaOH}) \times \dfrac{40}{1000}}{m_{ad} \times \left(\dfrac{100 - w_{水}}{100}\right) \times \dfrac{100}{250}} \times 100\% \tag{3-29}$$

式中　c_{NaOH}——氢氧化钠标准溶液的实际浓度，mol/L

$c_{H_2SO_4}$——硫酸标准溶液的实际浓度，mol/L

V_{NaOH}——滴定时耗用的氢氧化钠标准溶液体积，mL

$V_{H_2SO_4}$——滴定时耗用的硫酸标准溶液体积，mL

V_0——空白试验时耗用的氢氧化钠标准溶液体积，mL

m_{ad}——风干试样质量，g

$w_{水}$——试样水分，%

同时进行两次测定，取其算术平均值为测定结果。准确至小数点后第二位，两次测定值间误差不应超过 0.10%。

2. pH 的测定法

对于水抽提液电导率超过 0.2mS/m 的各种纸、纸板和纸浆，称取 2g 试样，用 100mL 冷的或沸腾的蒸馏水抽提 1h，在 20~25℃测定抽提液的氢离子浓度，以 pH 表示。

应用仪器

pH 计。耐化学药剂的玻璃器皿如带有磨口接头的锥形瓶、瓶塞、烧杯和水冷的回流冷凝器，恒温水浴等。

应用试剂

标准缓冲溶液（要求所用试剂应为分析纯，缓冲溶液至少一个月重新配制一次）的配制：

pH=4.0，0.05mol/L 苯二甲酸氢钾溶液——在 1000mL 容量瓶中用蒸馏水溶解 10.21g 苯二甲酸氢钾，并稀释至刻度，摇匀。这种溶液 pH 在 20℃时为 4.00，25℃时为 4.01。

pH＝6.7 磷酸二氢钾和磷酸氢二钠溶液——在 1000mL 容量瓶中，用蒸馏水溶解 3.39g 磷酸二氢钾（KH_2PO_4）和 3.54g 磷酸氢二钠（Na_2HPO_4），并稀释至刻度，摇匀。这种溶液 pH 在 20℃时为 6.87，在 25℃时为 6.86。

0.01mol/L 四硼酸钠溶液——在 1000mL 容量瓶中，用蒸馏水溶解 3.80g 10 结晶水的四硼酸钠（$Na_2B_4O_7 \cdot 10H_2O$），并稀释至刻度，摇匀。这种溶液 pH 在 20℃时为 9.23，在 25℃时为 9.18。

试验中所用蒸馏水或去离子水，均应加热至近沸并冷却后，水的电导率不应超过 0.1mS/m。

测定方法

戴洁净的防护手套，将未用手接触过的试样切或撕成大约 5mm×5mm 的小片混匀后，称取 2g 试样（以绝干计，称准至 0.1g），放在适当大小的锥形瓶中，进行热或冷抽提。

（1）水抽提液的制备

①热抽提：用移液管量取 100mL 水放在一个与装有试样同样大小的另一锥形瓶中，装上回流冷凝器，将水加热近沸。移去冷凝器，将此近沸的水倒入装有纸样的锥形瓶中，将此锥形瓶接上冷凝器，温和煮沸 1h。在不移去冷凝器的情况下，迅速冷却至 20~25℃。使纤维沉下，然后把上部清液倒入小烧杯中，制备两份抽提液。

②冷抽提：用移液管量取 100mL 水，放在锥形瓶中，并加入试样，用一磨口玻璃塞塞好锥形瓶，在 20~25℃放置 1h。在此期间至少摇动一次，将抽提液倒入小烧杯中，制备两份抽提液。

（2）pH 的测定

用两种缓冲溶液校准 pH 计，抽提液的 pH 应在校准用的两种缓冲溶液的 pH 之间。校准后，用水冲洗电极数次，然后用少量抽提液（热或冷抽提液）冲洗一次。校准抽提液的温度为 20~25℃。将电极浸入抽提液中，并测定 pH。用两份抽提液重复测定。

用两次测定的算术平均值表示结果，精确至 0.1，两个结果之间的差别不得大于 0.2，并注明抽提方法。

注意事项

①蒸馏水的质量很重要，尤其是在测定冷水抽出液 pH 时更为重要。如果必要，要将水重新蒸馏，或用碱性高锰酸钾溶液（1L 水含有 4g NaOH 和 1g $KMnO_4$）蒸馏。

②玻璃仪器应放在 1:1 硝酸中煮沸 5min，然后用蒸馏水洗至水的 pH 不变，最后用二次蒸馏水洗。

③不许用赤裸的手接触纸样，不能让试样暴露在含酸性或碱性烟雾中，实验过程也应防止不良气体，注意抽出液易吸收空气中的二氧化碳。

④pH 计的电极必须用二次蒸馏水彻底清洗，洗至不断地用水测定得到相同的读数为止。这点十分重要。

（十三）　水抽提液电导率的测定

纸、纸板或纸浆中若含有可溶性盐类电解质时，会使其绝缘性能下降。尽管氯化物和硫酸盐在溶液的导电中起最重要的作用，但是任何可离子化的酸、碱或盐都对电导产生影响。一般可通过测定其水抽提液的电导率确定这一性能。例如电缆纸的电导率要求不大于 10mS/m。测定方法是基于在纸或纸板的水抽提液中，如含有带电离子，则这些离子将在电场的影响下移动而输送电子，因而有导电作用。由导电能力强弱而测得电导率。

应用仪器

电导仪——该仪器最小读数为 1×10^{-3} mS/m，精度为 5%，测量频率为 500~1000Hz。

带有回流冷凝的 250mL 硬质玻璃或石英锥形瓶。使用前应用电导率小于 0.2mS/m 的蒸馏水处理数次，使煮沸（60±5）min 后，蒸馏水的电导率不大于 0.2mS/m。

应用试剂

蒸馏水——电导率不大于 0.2mS/m。

测定方法

用洁净的工具将试样切成 10mm×10mm 的小片，戴上干净的手套拿取并称取（5±0.002）g 风干试样，放入 250mL 锥形瓶中，并加入 100mL 刚煮沸的蒸馏水（其电导率不大于 0.2mS/m），装上回流冷凝器，在水浴上缓缓煮沸（60±50）min 后，在带盖的锥形瓶中冷却，调至（23±0.5）℃，注意避免吸入空气中的二氧化碳。

然后用抽提液洗涤电导池两次，把抽提液倾入电导池内，在（23±0.5）℃测量电导率。

同时进行空白试验。

抽提液的电导率 $\gamma_{抽提液}$（mS/m），按式（3-30）计算：

$$\gamma_{抽提液} = \gamma_1 - \gamma_0 \tag{3-30}$$

式中 γ_1——样品抽提液的电导率，mS/m

γ_0——空白试验的电导率，mS/m

同时进行两次测定，取其算术平均值作为测定结果，取两位有效数字，两次测定计算值间误差不应超过 10%，如超过，另取试样重新测定。

注意事项

本测定见于《GB/T 7977—2007 纸、纸板和纸浆水抽提液电导率的测定》，适用于包括电气用绝缘纸和纸板的测定。

（十四） 水溶性硫酸盐的测定

抄造电器用纸的绝缘浆、包装金属材料用品的防锈纸及中性纸，除对上述测定指标有限制外往往对硫酸根离子也有严格要求。例如防锈原纸规定水溶性硫酸盐含量不得大于 300mg/kg。测定系基于试样用水缓和煮沸 1h，滤出抽提液冷至室温，在醇介质中加入过量的钡离子，然后用硫酸锂电导滴定来测定水溶性硫酸盐的含量。

应用仪器

电导仪——灵敏度 0.02μS/cm。

微量滴定管——10mL，刻度为 0.05mL。

搅拌器和自动滴定装置——能控制和调节温度。

恒温水浴装置——能控制和调节温度为（25±0.5）℃或其他温度。

应用试剂

硫酸锂标准溶液——5mmol/L。精确称取 0.640g 干燥的硫酸锂（$Li_2SO_4 \cdot H_2O$）溶解于蒸馏水中，并稀释到 1000mL 容量瓶中，摇匀。

蒸馏水或脱离子水——电导小于 0.5mS/m。

氯化钡溶液——约 5mmol/L，溶解 1.25g $BaCl_2 \cdot H_2O$ 于蒸馏水中，并稀释到 1000mL。

约 1mmol/L 盐酸溶液。

所用试剂均应为分析纯。

测定方法

每个试样抽提三份并按照测试样的方法做空白试验。

戴干净的手套拿取并称取按规定取样的风干试样不少于 4g（精确到 0.001g，同时称取试样测定水分），将试样剪成约为 5mm×5mm 的纸片装入 300mL 的锥形瓶中，然后用移液管移入 10mL 蒸馏水，装上冷凝管，在电炉上加热煮沸后再保持缓和沸腾 1h，取下后用布氏漏斗及预先处理过的无灰滤纸过滤，将滤液收集到有塞的干净瓶中，冷至室温。

用移液管吸取 50mL 滤液，放入 500mL 的烧杯中，加入 100mL 95%乙醇及 10mL $c(HCl)=$ 1mmol/L 盐酸，再从滴定管中准确加入 0.2mL $c(1/2BaCl_2)=5mmol/L$ 氯化钡后，将烧杯放入恒温水浴中［水浴温度为 (25±0.5)℃］；将电导仪的电极插入试液中，用一玻璃棒以均匀速度搅拌试液，待温度稳定后，用滴定管每次加入 0.2mL $c(1/2LiSO_4)=5mmol/L$ 硫酸锂标准溶液，直至加入的总体积达到 3.5～4.0mL 为止，记录每次加入标准溶液稳定后相应原电导值。如使用自动滴定仪，加入硫酸锂的速度控制约为 0.2mL/min。

以加入硫酸锂的毫升数为横坐标，溶液的电导数为纵坐标，将测试结果绘制成滴定曲线。在滴定过程中溶液的电导先是下降，到达等当点时，电导最低，越过等当点后上升，连接各点（最低点除外）画成两条直线并延长相交于一点形成"V"形，自交点处读得硫酸锂标准溶液的相应消耗量。

试样的水溶性硫酸盐含量 $w_{硫酸盐}$（mg/kg），按下式计算：

$$w_{硫酸盐} = \frac{V_水}{V_{滤液}} \times M_{SO_4^{2-}} \times (V_0 - V_{样品}) \frac{c}{m_{od}} \tag{3-31}$$

式中　$V_{滤液}$——滴定所取滤液体积，mL

$V_水$——抽提试样用水的总体积，mL

V_0——空白滴定时硫酸锂标准溶液的相应消耗量，mL

$V_{样品}$——样品液滴定时硫酸锂溶液的相应消耗量，mL

c——硫酸锂标准溶液实际浓度，mmol/L

m_{od}——绝干试样的质量，g

$M_{SO_4^{2-}}$——SO_4^{2-} 的摩尔质量，96.1g/mol

两份试样测定的平均值作为硫酸盐含量，以每公斤绝干试样所含的硫酸盐的质量（mg）表示，取三位有效数字。

注意事项

为了保证硫酸钡的完全沉淀，在滴定开始时要有足够量的钡离子，此点甚为重要，如硫酸锂的相应消耗量少于 1mL，则需取少量的抽出液（少于 50mL，如取 20mL 或 10mL 等）再加蒸馏水补充到总体积为 50mL，重新进行测定。

复习思考题

1. 化学浆的平均试样是如何采取的？采样后应如何处理试样？

2. 平板纸、卷筒纸、盘纸的试样采取各有什么分别？

3. 测定甲种纤维素时需用碱液处理，说出碱液处理化学纸浆时纤维素发生了几方面的物理化学变化？

4. 甲种纤维素测定时注意事项是什么？

5. 酸溶木素与酸不溶木素如何定义？两者如何测定？

6. 铜价的定义是什么？为什么铜价测定法不适于未漂浆或机械浆？

7. 萨氏试剂法测铜价与多缩戊糖的测定均为溴酸盐法（或碘酸盐法），写出铜价测定的化学反应式，说出最后都要做一空白的试验的目的。

8. 说出萨氏试剂的成分，分析各成分的大致作用。

9. 什么是相对黏度？什么是特性黏度？什么是平均聚合度？

10. 黏度测定意义是什么？

11. 叙述邻菲罗啉法测纸浆中含铁量的原理。叙述含铁量测定的比色分析原理。

12. 水溶性氯化物对成纸什么危害？使用电位滴定法测定时应如何作滴定曲线？

13. 已学过的测定中哪些需要用到索氏脂肪抽提器？

14. 纸浆水抽出液的电导率单位是什么？抽提用的蒸馏水事前应如何处理？

第四章　纸和纸板物理性能检验

一般来说，定量在 $225g/m^2$ 以下者称为纸张；定量在 $225g/m^2$ 以上者称为纸板，但是区分纸和纸板主要是根据其特性，有时还要根据它的用途才能决定。许多定量小于 $225g/m^2$ 的纸例如某些折叠盒纸，通常就被称作纸板，而许多定量大于 $225g/m^2$ 的例如吸墨纸和图画纸通常被称作"纸"。纸和纸板的种类繁多，用途广泛。不同用途的纸和纸板，其质量规格各有不同的要求。如印刷用纸必须具有良好的吸墨性能，油墨印在纸上较快被吸收，使纸面出现清晰鲜明的字迹。因此要求这一类纸具有较高的印刷适应性和不透明性，纸面平滑。纸和纸板在印刷、加工、使用中要求能承受各种作用力，如拉力、撕裂、耐折、压力等。作为书写用纸，要求有良好的抗水性能，用墨水书写时非常流利，除要求纸面平滑外，还要求质地紧密，这样书写时不致被笔尖钩起而产生字迹模糊现象。此外，作为产品，不允许纸张外观存在诸如孔洞、皱纹、斑点、裂口等毛病。所有这些都必须通过检验才能鉴别其质量是否符合要求。所要求的性质亦各异，因此每种纸张应按国家规定的标准逐项进行外观检查和物理性能指标的检验。

一、试样的采取及处理

（一）试样的采取

当按逐批检查计数抽样程序及抽样表以随机取样方式选取包装单位之后，就要从所选取的包装单位中取整张样品。

（1）平板纸试样的采取

按所选取的包装单位（样本）的总张数抽取样品，抽取张数如表 4-1 所示。

表 4-1　　　　　　　　按所选取的包装单位（样本）的总张数抽取样品张数

整个样本总张数/张	最少取样张数/张
1000 以下	10
1001~5000	15
5000 以上	20

（2）卷筒纸试样的采取

去掉卷筒外部全部受损伤的纸层，在未损部分再去掉三层（定量不超过 $225g/m^2$ 时）或一层（定量超过 $225g/m^2$ 时）。沿卷筒的全幅用刀切一刀，其深度要能满足取样所要的张数，让切取的纸样与纸卷分离。

从每叠切取的纸样上，随机采取相同张数的纸样，取样数量如表 4-1 所示。整批样本的张数为相当于全部卷筒所能切出的相应大小的纸的总张数。

（3）盘纸试样的采取

去掉盘纸外部带有破损、皱纹或其他外观纸病的纸幅，切取长 5~10mm 的纸条，按表 4-1

所规定的数字从总的纸条数中随机抽取所需的样品张数。

例：根据 GB/T 2828.1—2012 选取的样本数为 5，其总张数为 3000 张，样品采取应是从这 5 个包装单位中采取 15 张样品作为平均试样，这 15 张样品分别从 5 个样本中平均抽取。

按上述方法所抽取的样品，如果是平板纸则从每一张上面切取一个试样，取样部位应各不相同。如果为卷筒纸，则从每整张样品上切取一个试样，试样为卷筒的全幅，宽度为 400mm。所采取的试样必须要保持平整，不皱、不折，同时要避免日光直射，防止湿度波动及其他有害影响。注意试样不要用手触摸，否则会影响纸张的化学、物理性质。每件试样要作标记并应标明纸和纸板的纵、横向和正、反面。在取样或试验时如出现意外，必须重新取样。样品应按上面所述的方法采取，除非另有说明，试样可以在同一包装单位中采取。

（二）试样的大气处理

检验之前，纸或纸板要经过恒温恒湿处理。因为纤维原料是一种亲水性材料，当制成纸以后就要受到周围空气的相对湿度及温度的影响，使纸张所含的水分发生变化，这样就对纸张的物理性质、光学性质及电的性质产生了影响，如相对湿度由 20% 升至 90%，纸张的抗张强度随湿度的增加而减低 55%，伸长率增加 50%~70%，耐折度增加 50%~250%，厚度增加 10%~20%。因周围空气相对湿度及温度不同，使纸张水分不能保持在一定平衡状态，所检验的结果也就不同，这样在控制上就无法统一。只有在规定的湿度及温度下处理过的试样，检验时才能准确地反映出纸或纸板的质量情况。

另外，纸张在一定湿度下达到水分平衡状态解吸到所控制的相对湿度时，纸张的平衡水分总是大于由低湿度状态吸湿到所控制的同样的相对湿度（由高向低比由低向高的水分含量要高些，见图 4-1）。这种滞后现象对纸张的性质也有很大的影响。为了消除滞后现象的影响，可对纸页水分较大的试样进行预处理，亦可将试样放在温度低于 40℃、相对湿度不大于 35% 的环境中进行处理。例如将试样放在硅胶干燥器中或硫酸干燥器（硫酸相对密度在 20℃ 时大于 1.3951）中预处理 24h，或在温度小于 40℃ 的烘箱中烘 30min，然后再置于恒温恒湿室内进行处理。生产中若要及时控制产品的质量，不能采用恒温恒湿（或条件不具备）处理时，作为质量的相对比较，将不同湿度、温度条件下测定的结果，与标准湿度、温度条件下测定的结果进行比较，并从中找出校正系数。图 4-2 为温度及湿度监控系统。

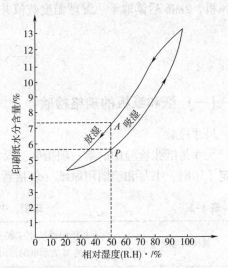

图 4-1　吸湿和放湿方式达到平衡时的水分图

国际标准化组织于 1990 年后采用温度（23±1）℃、相对湿度 50%±2% 的大气处理条件。我国也同样采用与国际标准相同的纸张测试条件。

试样在进行恒温处理时，要将切好的试样挂起来，以便恒温恒湿的气流能自由接触到试样各面，直到水分平衡。试样的处理时间，以其水分与空气中的水汽达到平衡为止，即当前后相隔 1h 以上两次试样称量之差不大于试样质量的 0.5% 时，就认为已达到平衡。一般纸处理 4h 已足够，薄纸板至少要 5~8h，高定量或其他纸种要 48h 或更长。

经过恒温恒湿处理后的试样，应尽可能避免用手摸或受呼吸的影响。

图 4-2   温度及湿度监控系统

1—监控器   2—温度显示   3—湿度显示   4—显示屏

注意事项

①测量相对湿度时采用通风式干湿球温度计。温度计分度值为 0.2℃读准至 0.1℃，通风风速为（4±1）m/s。

②湿度计中湿球温度计的水银球应用脱脂纱布包裹，注意保持纱布清洁，并要定期更换，注水使其保持饱和水分。

③将湿度计悬挂在室内任意的地方，首先检查湿球所包的纱布是否湿润，然后开动湿度计通风机，2min 后读取干、湿球温度数值并据此查表得大气相对湿度。

二、一般性能

（一）纸和纸板的规格检验

尺寸检验

尺寸是纸张检验中的第一项指标。尺寸不足则不能符合使用要求。我国已制定国家标准，规定了印刷、书写和绘图用原纸（包括卷筒纸和平板纸）的尺寸，其规格如表 4-2 所示。

表 4-2		印刷、书写和绘图用原纸尺寸		单位 mm
卷筒纸宽度尺寸	平板纸幅面尺寸（数字后面的 M 表示纸的纵向）	卷筒纸宽度尺寸	平板纸幅面尺寸（数字后面的 M 表示纸的纵向）
1575	1000M×1400	900	880×1230M
1562 1400 1092	1000×1400M	880	880M×1230
1280 1000	900×1280M	787	787×1092M
1230	900M×1280		787M×1092

此外，我国还规定了印刷、书写和绘图纸幅面尺寸规格。尺寸分 A、B、D 三个系列，A 系列所用原纸为 880mm×1230mm 或 900mm×1280mm，B 系列所用原纸为 1000mm×1400mm，D 系列所用原纸为 787mm×1092mm。各系列内，每号尺寸的面积均可对折成邻近号尺寸，每两邻近号尺寸的面积比例为 1：2。各系列内的用纸面积均为相似形，每号尺寸中，宽与长之比等于正方形之一边与对角线之比，即 $X : Y = \sqrt{2}$。所规定的幅面尺寸如表 4-3 所示。

表 4-3	印刷、书写和绘图纸幅面尺寸		单位：mm
号　组	A	B	D
4×0	1682×2378		
2×0	1189×1682		
0	841×1189	984×1376	764×1064
1	594×841	688×980	532×760
2	420×594	490×684	380×528
3	297×420	342×486	264×376
4	210×297	243×338	188×260
5	148×210	169×239	130×184
6	105×148	119×165	92×126
7	74×105	82×115	
8	52×74	57×78	
9	37×52	39×53	
10	26×37	26×35	

测定方法

①平板纸的尺寸是用精度 1mm，长度 2000mm 的钢卷尺测量平板纸的长和宽。从每一包装单位取出三张纸样进行测定，测定结果以所有的测定值表示，准确至 1mm。

②卷筒纸只测定卷筒宽度。测定结果以 mm 表示，准确至 1mm。

③盘纸的尺寸只测量卷盘的宽度。测量结果以 mm 表示，准确至 0.25mm。用精度 0.02mm 的游标卡尺测量。

（二）偏斜度的测定

平板纸的偏斜度是指平板纸的长边（或短边）与其相应的矩形的长边（或短边）偏差的最大值，其结果以偏差的毫米数或偏差的百分比表示。

测定方法

①将平板纸按长边（或短边）对折，使顶点 A 与 D（或 A 与 B）重合，然后测量 BC（或 CD）两点间的距离如图 4-3（a）所示，测量应准确至 1mm，以所有测定值表示结果。

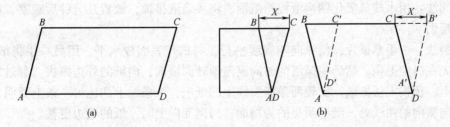

图 4-3　偏斜度测定

②如平板纸较厚不易折叠，可将两张纸板正反面重叠，使正面的点 A 与 D 分别与反面的

D' 与 A' 重合，然后测量 BC'（或 CB'）两点间的距离，如图 4-3（b）所示，测量应准确至 1mm，以所有测定值表示结果。

（三）纵横向和正反面的测定

1. 纵横向测定

纸和纸板经过造纸机成形后具有一定方向性。通常把纸张分为纵横两个方向：与造纸机运行平行的方向为纵向；垂直于造纸机运行的方向为横向。纸张的许多性能因纵、横向的不同而有差别，如抗张强度和耐折度，其纵向大于横向；撕裂度则横向大于纵向。很多纸张在使用时要求纵横向强度尽量一致，但有些纸张则要求纵向强度大一些。因此，在测定纸张的物理性能时必须区别其纵横向。未经特殊处理（例如起皱处理）的纸可用下述方法测定。

测定方法

①纸条弯曲法：将试样的边平行地取两条相互垂直的长 200mm、宽 15mm 的纸条，将其重叠，用手指捏住一端，使另一端自由地弯向左方或右方，如两个纸条分开，下面的纸条弯曲大，则为纸的横向；再将纸条弯向另一方向，如上面的纸条压在下面的纸条上，两个纸条不分开，则上面的纸条为横向。

②纸页卷曲法：沿原试样的边平行地切取 50mm×50mm 见方或直径为 50mm 的试片，并标注出相当于原试样的边的方向，然后将试片漂浮在水面上，试片卷曲时，与卷曲轴平行的方向为纸的纵向。

③抗张强度鉴别法：按纸条的强度分辨方向。沿原试样边平行地切取两条相互垂直的长 250mm，宽 15mm 的纸条，测定其抗张强度，一般情况下抗张强度大的为纵向。如测定试片的耐破度以分辨方向时，则与破裂主线成直角的方向为纵向。

④纤维定向鉴别法：纸张表面的纤维排列方向特别是网面上的大多数纤维，是沿纵向排列的。观察时，纸平放，入射光与纸面成约 45°角，视线也与纸面成 45°角下观察纸表面纤维的排列方向，在显微镜下观察纸面也有助于识别纤维排列方向。

2. 正反面测定

纸张分正反两面。贴向成形网一面为反，亦称为网面；反之为正。纸张的反面因有网痕，加上细小纤维流失率大，因而使纸面较粗糙且疏松，正面相对较紧密。纸张两面结构组成的差异，使纸张的一些性能如平滑度、白度、施胶度等因纸张正反面而呈现差别。这种差别称之为纸张的两面性。

测定方法

①直观法：折叠一张纸页，观察两面的平滑性，有纸机网印者为反面（网面），反之为正。也有用显微镜观察纸面帮助识别。

②湿润法：用水或氢氧化钠溶液浸渍纸面，将多余液排掉，放置几分钟后观察，如有清晰网印者为反面。

③撕裂法：一手拿试片，使纵向与视线平行，与试片表面成水平，用另一手将纸向上拉，这样它首先在纵向上撕。然后将撕纸的方向逐渐地转向横向，向纸的外边撕去。翻过纸面，使另一面向上，仍按上法撕纸，比较两条撕裂线上的纸毛，一条线上的比另一条上要明显。特别是纵向转向横向的曲线处，纸毛明显的为网面，当网面向上时，纸的毛边更甚。

（四）定量的测定

定量是指纸或纸板每平方米的质量，以 g/m^2 表示。定量是纸和纸板重要的指标之一，定量的大小直接影响纸张的技术性能。定量若偏低，会影响纸张质量及使用要求；定量偏高则浪费纤维原料，增加成本。故为了节约原料和增加单位使用面积，在保证使用性能的前提下，力求将纸张定量控制在低限范围内，其经济意义是不言而喻的。

应用仪器

试样重 5g 以下的用感量 0.001g 天平。

试样重 5g 以上的用感量 0.01g 天平。

试样重 50g 以上的用感量 0.1g 天平或象限称。

测定方法

取 5 张纸样并加以堆叠，然后沿纸幅的横向均匀切取 100mm×100mm 的试样 4 叠（精确度为 0.1mm），共 20 张试样。一并称重。宽度在 100mm 以下的盘纸应按卷盘全部切取 5 条长 300mm 的纸条，一并称量，并同时测量纸条的长、短边（长边精确至 0.5mm，短边准确至 0.1mm，可用精度为 0.02mm 的游标卡尺测量），然后计算面积。

设定量为 G（g/m^2），则按式（4-1）计算：

$$G = \frac{m}{A_A} = \frac{m}{A_a \times n} \tag{4-1}$$

式中　m——试样叠的质量，g

$\quad\quad A_A$——试样叠的面积，m^2

$\quad\quad A_a$——每一张试样的面积，m^2

$\quad\quad n$——试样层数

（五）厚度及紧度的测定

1. 厚度的测定

厚度是指纸或纸板在两测量板间受一定压力下直接测量的厚度，其结果以 mm 或 μm 表示。

纸张是一种较松软有一定压缩性的物质，而且表面凸凹不平，各处厚薄不均，用非接触法测量它的厚度经常得不到准确的结果，用接触法测量，也必须加以一定的压力及在一定的面积下才能测得其准确的厚度。因此厚度计的工作原理，就是在一定压力和一定面积下所测得的纸厚，用百分表测出并指示出数值。

应用仪器

采用全自动厚度测量仪测定。仪器如图 4-4 所示。

仪器的特点

测量头带有感应器，自动感应到试样，避免了测量头在测试时对纸张的冲击。并且快速、精确、自动测量，自动显示，内置打印机。

测定方法

将单张试样放在测试位置中，按下测试按钮，仪器即可开始测试。上压力面立刻向上移动，以便将试样放置到位，上压力面的下降速度可预先设置为一个指定的标准值，测试开始前的延迟时间也可以预先设置好。测试值将自动显示在显示屏上，并存储在内存中以便生成最终的测试报告。单个结果和统计信息都可通过内置打印机打印输出。

图 4-4　全自动厚度测量仪

1—显示器　2—测量头

仪器规格

测试范围：0~1.25mm。

传感器：差动变压器。

测试表面：硬化不锈钢和抛光不锈钢。

提升速度：5mm/s。

提升高度：可通过计算机逐步调整。

单位：通过计算机可在 mm，μm，in 或 mil 范围内调整单位。按一定程序按下控制面板上的按钮可设置单位。

结果

测试值：厚度

统计参数：平均值

—标准偏差

—变异系数

—序列中的最大值和最小值

功率：25W。

测定点如图 4-5 所示，测定点要均匀分布在纸样上。

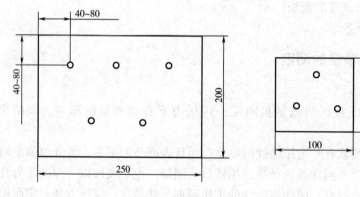

图 4-5　试样上测量点

2. 紧度的测定

紧度亦即纸和纸板的表观密度，是指用定量和厚度计算出来的单位体积或纸板的质量，其单位为 g/cm³。紧度是衡量纸的松紧程度的项目，因为同一体积的质量越大，纸的结构就越紧密；反之纸质就松。紧度在相当程度上表示纸的结构、透气度、吸收性和其他性质。如滤纸、吸墨纸等，紧度较小，紧度最大的是电容器纸，可达 1.2g/cm³。紧度可通过计算而得。

设紧度为 $\rho_{紧度}$（g/cm³），则按式（4-2）计算：

$$\rho_{紧度} = \frac{G}{d \times 1000} \tag{4-2}$$

式中　G——纸和纸板的定量，g/m²

　　　d——纸和纸板的厚度，mm

计算结果准确至 0.01g/cm³。

（六）伸缩性的测定

纸张是一种纤维堆聚而成的材料，它在一定的湿度和温度下，会产生尺寸上的变化。而印刷用纸要求有一定的尺寸稳定性，使纸张在印刷当中不致产生很大变形，避免造成套印不准的质量问题。尤其是胶版纸、地图印刷用纸，伸缩性是一项非常重要的性能指标。

导致纸张伸缩的原因为纤维相互拧紧或散开以及单根纤维发生收缩及润胀。尺寸变化的大小取决于纸张在抄造时受力的程度，一般纸张的横向膨胀性较大。纸在干燥过程中自然收缩受到阻碍，在纸上形成内应力，也容易变形。除此之外，纤维的种类、浆料的处理、填料和施胶量都对尺寸的稳定性有一定的影响。

目前伸缩性的测定是采用纸和纸板受水浸渍而使其尺寸发生变化，或浸水后再风干使尺寸改变，以浸渍前与浸渍后再风干的尺寸改变的百分率表示。

测定方法

切取长 250mm、宽 15 或 20mm 的试样 5 个，长边代表准确测定其性能的方向，即纵向或横向。根据需要亦可沿横向纸幅均匀地切取 220mm×220mm 的试样。

将试样置于一平坦的表面上，用专用画线器划两个标记（也可用其他办法划标记），两标记要处在同一水平面上，距离为 200mm，然后放试样于盛有温度为（23±1）℃的蒸馏水的盘中，浸渍至最大变形为止。时间可根据产品不同性能在产品标准中规定，一般为 15min。

待达到浸泡时间后，从盘中取出试样，避免试样伸长，置于平坦的表面上，立即用画线器的刀脚与原先的记号重合，然后用另一刀脚在湿试样上划一记号，用放大镜或游标卡尺测量两记号间距离的变化。

如要浸水风干后的伸缩性，可在湿后的试样测定尺寸变化后，将试样平放在玻璃板上，让其风干，干后用画线器如上所述方法测量试样尺寸变化。

设湿后伸缩性（纵向或横向）为 S_1（%），浸水风干后的伸缩性（纵向或横向）为 S_2（%），纸试验长度要求为（200±2）mm，则分别按式（4-3）和式（4-4）计算：

$$S_1 = 0.5 \times \Delta L_1 \% \tag{4-3}$$
$$S_2 = 0.5 \times \Delta L_2 \% \tag{4-4}$$

式中　ΔL_1——湿后长度的变化，mm

　　　ΔL_2——浸水风干后其长度的变化，mm

注意事项

①测试纸张的方向分别报告结果，准确至 0.1%；

②报告采用的温湿处理条件，浸水时间及温度。

三、机 械 强 度

（一）抗张强度的测定

抗张强度是指纸或纸板在一定条件下所能承受的最大张力。表示方式有三种。

（1）绝对抗张强度

又称抗张强度，单位宽度的纸或纸板断裂前所能承受的最大张力，以 kN/m 表示。

（2）抗张力

由于纸张的抗张力是以 kN/m 表示的，对定量不同的纸张不能科学地反映其抗张特性，如薄纸和厚纸的绝对抗张力就不同，即厚纸抗张力大，薄纸抗张力小，为了消除纸张定量对抗张力的影响，而比较抗张力的强弱，以便求出其相对值，故一般以裂断长表示。所谓裂断长，系指将一定宽度的纸样的一端固定，另一端自由下垂，纸样所能承受本身质量至裂断时的计算长度，以 km 表示。

（3）抗张指数

它是以单位宽度、单位定量样品的抗张力表示的，其单位为 N·m/g。

抗张强度是绝大多数纸种应测指标。新闻纸、胶印纸以及一切用于轮转印刷机的纸张，应具有足够大的抗张强度，以承受高速印刷过程中的牵引力。尤其是用量很大的凸版纸要向胶印书刊纸过渡，这就要求有较大抗张强度。另外，抗张强度也是纸袋纸、包装纸、电力电缆纸、电报纸等纸种的重要指标。

（4）伸长率

是指纸或纸板受到张力至断裂时的伸长对原试样长的百分率。

（5）抗张能量吸收值

是纸张强度和伸长率的综合性函数，是反映纸张强韧性能的一项指标，也称之为破裂功，以 J/m^2 表示。抗张能量吸收指数单位 mJ/g。

应用仪器

目前用于纸和纸板拉伸性能试验的仪器有：恒速加荷的摆锤式抗张力试验机，恒伸长的电子万能拉伸试验仪，还有水平式电子抗张力试验机等。图 4-6 是水平式电子抗张力试验机。

图 4-6　水平式电子抗张力试验机

1—打印结果　2—左夹头　3—显示屏　4—控制键　5—右夹头

仪器的特点

测试抗拉强度、撕开时的伸长率、扩张能量吸收和扩张挺度。适合对各种纸张和纸板的测试，从新闻纸到牛皮纸板等。

仪器的结构

水平测试是测定纸张抗张强度属性的一种简便而可靠的方法。仪器由固定夹头和可移动夹头组成。载荷传感器与左夹头连接，右夹头用于以预定速度拉伸试样。夹头细长，具有圆柱形表面，可将试样夹紧在平面上。这可确保指定的测试长度。

测试方法

将试样正确放置夹头中，夹头即自动闭合。然后拉伸试样，直到将其撕开为止。测试结果随后以表格或测试曲线的形式显示在屏幕上。还可通过内置打印机打印结果或将结果导出至一台电脑中。

　　水平式电子抗张力试验机的测试过程如图4-7至图4-9所示。图4-10为符合ISO标准夹的纸夹头。

图4-7　试样切刀

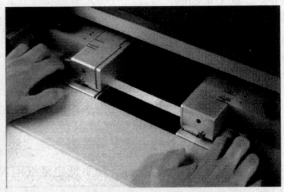

图4-8　装上试样，光传感器会检测
到试样，测试过程开始

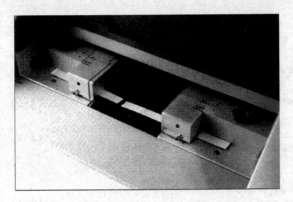

图4-9　试样撕开后，夹头返回到起始位置

图4-10　符合ISO标准夹的纸夹头

仪器规格

范围（力）：3~750N。

伸长率：测试间隔　100mm时最大64%，180mm时最大17%。

测试速度：2~100mm/min。

测试间隔：100mm和180mm。

试样宽度：15、25或50mm，无须更换夹头。

结果

测试值：抗张强度

—最大力

—裂断长

—伸长率

—伸长量

—2/3最大力时的伸长率

—抗张能量吸收

—抗张挺度

—弹性模量（杨氏模量）

统计参数：强度指数

—算术平均值

—中值

—标准偏差

—变异系数

—算术平均值或中值的纵向/横向比

—算术平均值或中值的几何平均值

测试结果的计算

（1）抗张强度

设抗张强度为 s（kN/m，薄页低定量纸用 N/m 表示），则按式（4-5）计算：

$$s = \frac{\overline{F}}{b_{\mathrm{w}}}$$ (4-5)

式中　$\overline{F}$——平均抗张力，N

　　　b_{w}——试验纸条的宽度，mm

计算结果取三位有效数字。

（2）裂断长

设裂断长为 L_{B}（km），则按式（4-6）或式（4-7）计算：

$$L_{\mathrm{B}} = \frac{1}{9.8} \times \frac{s}{G} \times 1000$$ (4-6)

或

$$L_{\mathrm{B}} = \frac{1}{9.8} \times \frac{F}{b_{\mathrm{w}} \cdot G} \times 1000$$ (4-7)

L_{B} 也可按式（4-8）计算：

$$L_{\mathrm{B}} = \frac{\overline{F}L_1}{9.8m}$$ (4-8)

式中　$\overline{F}$——平均抗张力，N

　　　s——抗张强度．kN/m

　　　G——定量，g/m^2

　　　b_{w}——试验纸条的宽度，mm

　　　L_1——夹子间初始长度，mm

　　　m——夹子间纸条的平均质量，mg

计算结果取三位有效数字。

（3）抗张指数

设抗张指数为 Y（N·m/g），则按式（4-9）或式（4-10）计算：

$$Y = \frac{s}{G} \times 1000$$ (4-9)

或

$$Y = \frac{\overline{F}}{b_{\mathrm{w}} \cdot G} \times 1000$$ (4-10)

式中　s——抗张强度，kN/m

　　　G——定量，g/m^2

　　　$\overline{F}$——平均抗张力，N

b_w——试验纸条的宽度，mm

测定纸张抗张强度的仪器还有立式的、测低定量纸张小量程的，见图 4-11。测试方法与水平式电子抗张力试验机相同。

（二）耐破度的测定

耐破度是指纸或纸板在单位面积上所能承受的垂直于试样表面的均匀地增大的最大压力，以 kPa 表示。

纸张的耐破度基本上和裂断长相似，其主要影响因素是纤维结合力，其次才是纤维平均长度、纤维强度和纤维在纸中的定位等。另外还与打浆度有关。

应用仪器

耐破度测试仪如图 4-12 和图 4-13 所示的两种，一种是用于纸板和瓦楞纸板耐破度测试（图 4-12），另外一种用于纸张耐破度测试（图 4-13）。

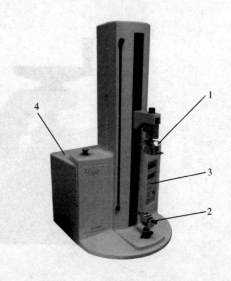

图 4-11 立式纸张抗张强度的仪器
1—上夹头 2—下夹头 3—控制面板 4—电机

图 4-12 纸板与瓦楞纸板耐破度测定
1—打印记录纸 2—显示屏 3—控制按钮 4—测试台 5—送纸辊 6—测试头

纸和纸板耐破度测试方法如下。

纸张测定方法

①接通电源开机后在仪器功能界面点击参数按键进入参数设置界面。

②进入参数修改界面后所示，轻触 提取 修改所要加减的位数，轻触 + - 修改参数，修改完成后轻触 确认 确认修改并返回上一界面，若不想修改轻触 返回 取消修改

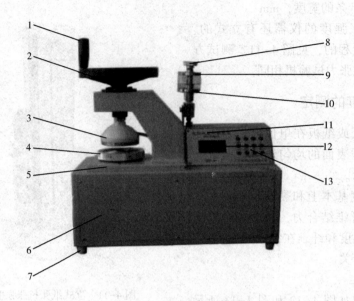

图 4-13　纸张耐破度测定仪

1—手轮手柄　2—手轮　3—上夹头　4—下夹环　5—压紧螺母　6—箱体　7—支足
8—旋钮　9—注油孔　10—注油杯　11—打印机　12—显示屏　13—按键

并返回上一界面。

③在功能选择界面上轻触仪器面板上的"测试"按键进入待测试界面。

④开始测试。将试样放在仪器下夹环上，顺时针转动手轮，使上夹头往下运动压紧试样，压紧后按测试键仪器自动完成一次测试工作循环，测试结果显示在显示屏上。测试完成后根据提示松开手轮，更换试样进行下一次试验，直至一组试验完毕。

⑤当一组试验完成后按停止键退出准备测试界面返回待测界面。

纸板耐破度仪器是根据压力传递的原理设计的。开动电机，驱使活塞运动，对介质施加压力，通过橡胶膜将压力传递到压环中间的试样，使之逐渐凸起，直至破裂，试样破裂时所能承受的最大压力即为试样的耐破度。

纸板测定方法

将纸样放在测试台上，自动送样，然后调低测量装置并按下开始按钮即可，卡爪随即下降，然后便开始测量耐破度。测量完毕后，样品被迅速松开，并自动送至下一测量位置。图4-14纸板耐破度测定过程。

仪器规格

测试范围　50~2000kPa（纸张耐破度仪）

　　　　　250~8000kPa（纸板及瓦楞纸耐破度仪）

试样厚度：最大 3mm（纸张耐破度仪）

　　　　　最大 9mm（纸板及瓦楞纸耐破度仪）

图 4-14　纸板耐破仪的测定过程

1—测试头　2—控制面板　3—纸样

结果

测试值：—标准耐破度

—补偿耐破度，可调整以便对胶膜韧性进行补偿

统计参数：—单个值

—平均值

—标准偏差

—变异系数

—最大值、最小值

（三）耐折度的测定

耐折度是指纸或纸板在一定张力下，抗往复折叠的能力，以折叠次数或其对数表示。耐破度测试现行标准为《GB/T 457—2008 纸和纸板　耐破度的测定》。

凡是在使用中常折叠的纸，对耐折度的要求较为严格。如对钞票纸、箱板纸、地图纸、晒图纸等要求有一定的耐折度。

耐折度主要取决于纤维本身的强度、纤维的平均长度和纤维间的结合状况。凡纤维长度大、纤维的强度高和纤维结合力大者，其耐折度就高。此外，适当地增加纸页的含水量亦可令纸张的强度增加而提高耐折度。在一定程度内提高打浆度亦会增加耐折度。但水分含量和打浆度再增加，其耐折度会下降，因而适当的控制是关键。

常用的耐折度测定仪有两种。一种是卧式的，亦称为肖伯尔式耐折度测定仪，在测定时将试样往复折叠180°；另一种为立式，亦称为 MIT 式耐折度测定仪，在测定时将试样往复折叠135°。现分而叙之。

1. 肖伯尔式耐折度测定仪

仪器结构

仪器结构如图 4-15 所示，主要包括两部分：

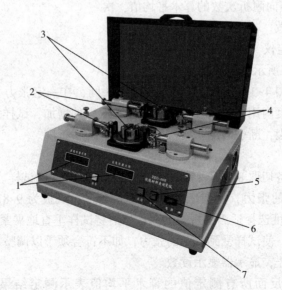

图 4-15　肖伯尔式耐折度测定仪

1—显示屏　2—左夹头　3—折叠刀　4—右夹头　5—启动按键　6—停止按键　7—电源按键

①传动部分：电机通过皮带轮带动两个曲臂，使折叠刀往返运动，由曲臂控制计数器的运动。下部的保护形状能使电机停止运转。

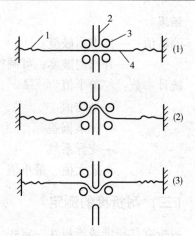

②测试部分：包括弹簧筒、夹头、折叠刀、计数器各一对。弹簧筒中的弹簧能对试样施加张力，试样在折叠刀间与其成垂直方向，测试时在滚轴之间与折叠刀作垂直往复运动，显示器即显示折叠次数。

仪器的测定原理如图4-16所示。测定时将试样置于夹头间，在两端施加规定的初张力，然后通过传动机构带动折叠刀做往复运动，使试样在辊轴间随之做近于180°的反复折叠，折叠过程中试样作周期性变化，当折叠刀移至极限位置时试样所承受的张力最大，由于折叠作用，使折叠处纤维结构松懈，强度下降，当降至不能承受张力时即断裂，断裂前的反复折叠次数即可确定。

图4-16　试样折叠所受张力示意图
1—弹簧　2—折叠刀　3—滚轴　4—试样

测定方法

从纸张的纵、横向至少各取10个长100mm，宽（15±0.10）mm的试样。

将试样平行地夹于仪器的两夹头间，拉开弹筒，给试样上施加（7.55±0.10）N的初张力，开动仪器，折叠刀行至最远位置时的最大张力为（9.81±0.10）N，往复折叠，直至折断，仪器自动停止，显示器显示读数。

如试样不在折叠线断裂，该试样应弃去不计。由于目前所用肖伯尔耐折度仪多为双折头，所以夹纸试样时应使一半试样的正面、一半试样的反面向着操作侧进行测定，以免因正反面而造成误差。

设耐折度为X，以往复折叠次数时的对数（以10为底）表示，则按式（4-11）计算：

$$X = \log_{10} N \tag{4-11}$$

式中　N——试样纵、横向耐折次数的算术平均值，次

计算结果取两位小数。

2. MIT式耐折度测定仪

仪器结构如图4-17所示。

仪器的测定原理如图4-18所示。试样置于两夹头间，在一定张力下，通过下夹头的左右摆动，使试样在一定角度内用往复折叠运动，随折叠次数的增加，试样强度逐渐下降，至不能承受弹簧的张力时即断裂，断裂时的折叠次数即为试样的耐折度。

测定方法

从纸张的纵横方向各切取8个长150mm，宽15mm±0.1mm的试样。

根据试样调节弹簧的张力，一般纸为9.81N（1kgf），纸板为9.81N或14.72N（1kgf或1.5kgf）。再根据试样厚度选择适当的折叠夹头，然后将试样垂直地夹紧于两夹头间。

松开弹簧固定螺丝，使试样受到规定的张力，如不符合须予以调整。启动仪器进行测试至试样断裂，仪器自动停止，显示器显示读数。

以纵、横向，正、反面所有测定值的算术平均值表示测定结果，并报告最大值、最小值。

计算结果修约至整数。

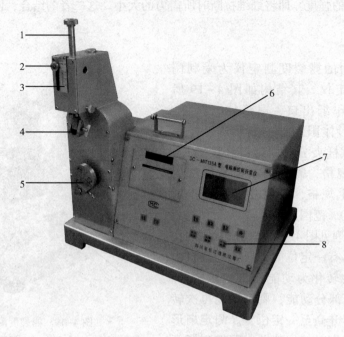

图 4-17　MIT 式耐折度测定仪

1—加荷钮　2—弹簧筒　3—刻度标尺　4—上夹头　5—下夹头　6—打印纸出口　7—数字显示屏　8—调节按键

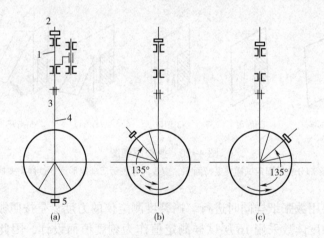

图 4-18　测定原理示意图（a）~（c）

1—张力弹簧　2—加荷钮　3—上夹头　4—试样　5—下夹头

（四）撕裂度的测定

撕裂度有内撕裂度与边撕裂度之分。边撕裂度是指沿纸的一边，被同一平面的力撕开时所需的力，单位为 N，我国尚未采用这一标准。通常所说的撕裂度如果没有特别指出，即指内撕裂度，其定义为撕裂预先切口的纸或纸板至一定长度所需要的力，以 mN 表示。

大多数纸在使用过程中都难免受到撕的作用，例如拷贝纸、包装纸等。对于不少纸种来说，撕裂度是一个十分重要的指标。

影响纸撕裂度主要有两大因素，一为纤维间互相结合力，撕力要克服结合力方能把纤维拉出；二为纤维本身的强度，即将纤维拉断时所需力的大小。这二者的结合，便构成了纸张耐撕裂的能力。

应用仪器

目前我国采用的撕裂度测定仪为爱利门道夫式撕裂度测定仪。其结构如图 4-19 所示。主要包括打印纸出口、扇形体、箱体、固定试样夹、扇形体限制器、显示屏、控制键等部分。其中试样夹分为固定夹和摆动夹。扇形摆有不同的规格，需根据试样撕裂度的大小选择摆的轻重规格，以便测定值能指示在量程的 20%～80% 范围内。

仪器的测定原理见图 4-20。在撕裂纸样时，将扇形摆抬高而具有一定位能，摆体一旦自由下落，其位能就会转化为动能而将试样撕开。撕裂试样后，损失部分动能，剩余动能再次转化为位能而使摆体升高至一定位置。测定扇形摆在摆动开始与结束时的位能差，即得到撕开试样时做的功，除以撕裂距离即得到撕裂试样总的撕力。

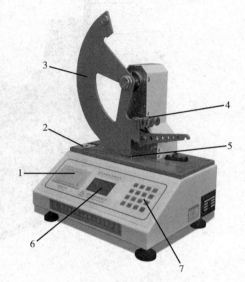

图 4-19　撕裂度测定仪
1—打印纸出口　2—箱体　3—扇形体　4—固定试样夹
5—扇形体限制器　6—显示屏　7—控制键

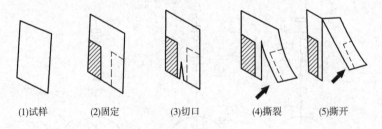

(1)试样　　(2)固定　　(3)切口　　(4)撕裂　　(5)撕开

图 4-20　撕裂原理图

注：阴影部分表示固定试样夹夹持面积，虚线部分表示活动扇形摆上试样夹夹持面积。

测定时，通常要用数张纸样同时进行。撕裂度测定仪的力度盘是按照撕裂试样所损失的位能而计算设计的，刻度读数采用 16 层试样测定值作为刻度值而设计，因此在撕裂度的计算中必须考虑换算系数，以取得正确的结果。

测定方法

将尺寸为 75mm×（63±0.5）mm 的纸样，按纵、横方向分别切取需要的层数，而层数的要求是一般纸板用 1 层、纸袋纸用 4 层、薄页纸用 16 层或 32 层。每个方向（纵、横向）最少要做 5 次试验。

将试样若干层横夹在两试样夹内，抬起切刀将试样下端切开 20mm，使撕裂长度为 43mm。拨动指针至垂直位置，紧靠指针限制器。按下制动器，使摆启动，进行测定。当扇形摆往回摆时，放松制动弹簧，用手轻轻抓住摆，使其停止，使指针与操作者的眼睛水平时，读取数值。

若试样在撕裂时的末端与刀口延长线左右偏斜超过 10mm，其结果可以保留，但在报告中应注明偏斜情况。

测定时一半试样的正面、一半试样的反面朝切刀方向。

设撕裂度为 $F_{撕裂}$（mN），则按式（4-12）计算：

$$F_{撕裂} = \frac{F_{平均} N}{n}$$
（4-12）

式中　$F_{平均}$——在试验方向上，平均刻度读数，mN

　　　　N——换算因数即刻度的设计层数，一般为 16

　　　　n——同时撕裂的试样层数，层

撕裂度还可以用撕裂指数表示。设撕裂指数为 X（mN·m²/g），则按式（4-13）计算：

$$X = \frac{F_{撕裂}}{G}$$
（4-13）

式中　$F_{撕裂}$——撕裂度，mN

　　　　G——纸的定量，g/m²

撕裂度按纵、横方向全部测定值的算术平均值表示。平均撕裂度和撕裂指数均取三位有效数字。

（五）柔软度的测定

柔软度是卫生系列用纸的一个重要指标。对于卫生纸、餐巾纸等一系列用纸来说，除干净卫生之外，还要求手感柔软、舒适。柔软度是一个综合性的指标，它包括了两个方面的因素，即纸的挺硬性和纸对人手的摩擦力。柔软度的测定是在规定的条件下，将一定宽度和长度的试样用一板状测头压入狭缝中一定的深度，测出试样本身抗弯曲力和试样与缝隙处摩擦力的矢量和。该值表示纸张的柔软度，以 mN 表示。不难看出，此值越小，说明纸张越柔软。

影响纸张柔软度的因素较复杂。它与成纸的结构、打浆情况、纤维的表面状况和纤维横截面形状以及纤维卷曲度等有关。

应用仪器

仪器外形如图 4-21 所示。仪器主要由机械传动系统和电测系统两部分组成。机械传动系统的功能主要是执行测量、力值传递和机械动作传递，它包括测量臂部件、主轴、重铊及其支承板、凸轮机构等组成。其测量工作原理如图 4-22 所示。

测头通过升降执行测量任务，所承受的压入反力由测量臂传至机电转换连接架再传至传感器螺杆，使传感器内部的应变梁受力，贴在上面的半导体应变片阻值发生变化，使电桥失去平衡，从而产生一个与拉力成正比的电信号。然后再通过电测系统执行放大并将其物理量转换为数字量并显示出来。

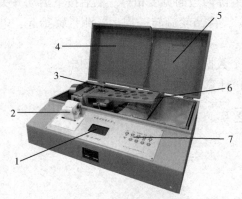

图 4-21　柔软度测定仪
1—数码显示板　2—打印纸数据输出　3—测定臂
4—左盖　5—右盖　6—测头　7—控制按键

主轴的作用是支撑测量以作为回转中心并承受扭力矩起弹性轴的作用。重砝是根据仪器量程的最大值设计的，其重力对运转中心的力矩必须大于测头承受的试样阻力对运转中心的力矩，它的大小可控制仪器的量程范围。凸轮直接装于电机轴端，电机驱动凸轮旋转，凸轮曲面

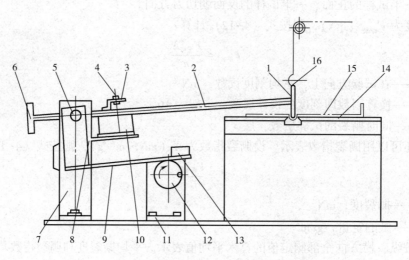

图 4-22　测定原理图

1—测头　2—测量臂　3—机电转换连接架　4—传感器螺杆　5—主轴　6—平衡砣　7—主轴支架　8—传感器支承架
9—重砣支承　10—传感器　11—电机架　12—凸轮　13—重砣　14—试样台　15—试样　16—砝码挂钩

推动测量臂运动，凸轮升降及安装位置将决定测头的行程距离。

测定方法

从纸张上切取 100mm×100mm 试样若干张，分别标明纵横向、正反面。各向的尺寸偏差为 ±0.5mm。试样的数量要视测试时的层数而定，一般皱纹卫生纸可采用双层或单层测定。不论采用多少层测试，试样数量必须保证测定所得的有效数据为 20 个。

将仪器通过预热 30min，根据产品标准调好测试缝隙宽度（皱纹卫生纸可采用 5mm），并调好仪器零点。仔细按校准方法校对仪器，把峰值/跟踪开关拨至峰值位置。

将样品水平地置于测试台上，尽量使试样在缝隙两边的宽度相等。然后按下启动开关，仪器板状测头开始运动，将试样压入缝隙内 8mm 深，待凸轮旋转一周后，测量臂抬起，电机自动停止，从显示器上读取测量值。

根据试样的纵、横向，正、反面分别各测 5 个数据，但试样不得重复测定。

设平均柔软度为 $F_{柔}$（mN），则按式（4-14）计算：

$$F_{柔} = \frac{\sum\limits_{i=1}^{n} F_i}{n} \tag{4-14}$$

式中　F_i——每次测量所得值，mN

　　　n——测试样片数

分别报告纵、横向柔软度值，结果精确到一位小数。

（六）挺度的测定

挺度是指一定的条件下弯曲 38mm 宽的纸板至 15°角时的力矩，以 mN·m 表示。

挺度是纸板的一项重要指标，对于黄纸板、白纸板、瓦楞原纸等包装材料来说，当做成纸箱或其他容器之后，须具有足够的挺度，方可以承受包装内容物或多层包装箱堆叠等外界压力而不至于弯曲变形或损坏。对于火车票纸板、扑克牌纸板等产品，挺度也是主要的强度指标。纸板的挺度与纸箱或纸盒的抗压强度有密切的关系。

应用仪器

纸板的挺度采用泰伯式挺度仪测定。其结构如图 4-23 所示。

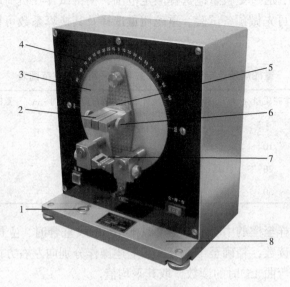

图 4-23　挺度测定仪

1—水平平衡器　2—固定夹　3—角度刻度盘　4—负荷刻度盘　5—摆　6—固定螺丝　7—小辊　8—底座

该仪器由传动部分和测试部分组成。测试部分由负荷盘、角度盘、摆、推纸辊、试样夹等组成。负荷盘为固定盘，左右各刻有 0~100 分度，指示弯曲力矩；角度盘为动盘，其上标有 7.5° 和 15° 刻度线。在角度盘的下部装有推纸架，架上装有一对推纸辊，测定时，通过推纸辊使试样受力弯曲。负荷摆支承在主轴上，可以绕轴摆动。在摆的上部一个平衡锤，下部有一个安放重砝的小轴。在摆的旋转中心处设有试样夹，其下缘中心与旋转中心重合。

　　仪器的工作原理如图 4-24 所示。试样置于夹纸器上，当仪器的角度盘旋转时，通过推纸架上的小圆辊，试样在垂直于中心线 OA 方向上的力 F 作用下绕中心点弯转，当小圆辊从 C 旋转至 C' 位置时，试样被弯曲一定的角度 α，与此同时，试样将弯曲力传递到仪器的摆上，使摆也绕中心点偏转一定的角度，从 A 到 A' 位置，当角度盘不再继续旋转时，试样处于平衡力矩状态，则有式（4-15）：

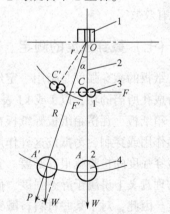

$$F \cdot r = W \cdot R \cdot \sin\alpha \qquad (4\text{-}15)$$

此时

$$S = W \cdot R \cdot \sin\alpha \qquad (4\text{-}16)$$

式中　S——试样的挺度，mN·m

图 4-24　挺度仪工作原理图

1—固定夹　2—试样　3—小辊　4—摆

　　　R——摆的摆动中心到重砝中心的距离 OA，m

　　　W——砝码的重力，mN

　　　r——OC' 之间距离，m

测定方法

切取长（70±1）mm，宽（38.0±0.1）mm 的试样，纵横向至少各 5 条。

将试样的一端垂直地夹于固定夹上，试样的另一端插于仪器下面的两小辊之间，然后用固定螺丝把试样固定。注意要使试样与摆的中心刻线重合。用小辊调距装置把试样和两小辊之间的距离之和调节成（0.33±0.03）mm（可采用如下办法：试样与两小辊接触后，将调距螺丝退回 1/4 圈即可）。

按试样的不同挺度，通过更换重砝选择测定范围，使得试样在负荷度盘上所测定的读数在 20~70 刻度之间。为此可先做预备试验。重砝质量选择及其换算系数可根据采用的测量范围来确定，如表 4-4 所示。

表 4-4　　　　　　　　　重砝质量选择及其换算系数和可采用的测定范围表

采用的测定范围/mN·m	重砝质量/g	换算系数 R	采用的测定范围/mN·m	重砝质量/g	换算系数 R
0~5	5	0.05	0~100	100	1
0~10	10	0.1	0~200	200	2
0~20	20	0.2	0~500	500	5
0~50	50	0.5			

启动仪器，弯曲试样至摆的中心线与角度盘上 15°刻线重合时，立即关闭开关，记下摆的中心线所指的负荷度盘读数，精确至半个分度。上述操作分别向左右方向进行，即分别测定试样向正面弯曲和向反面弯曲 15°时的读数，取其平均值。

如试样挺度过大或弯曲至 15°时折裂，可弯曲至 7.5°角，测定结果乘 2 可得出一个近似值，但要在报告中注明。

设纸板挺度为 $S_{挺度}$（mN·m），按式（4-17）计算：

$$S_{挺度} = \bar{S}_{挺度} R \tag{4-17}$$

式中　$\bar{S}_{挺度}$——向正、反面弯曲试样至 15°角时的读数平均值，mN·m

　　　R——所用测定范围的换算系数

以纵横方向所有测定值的平均值报告测定结果，并报告最大值和最小值。计算结果修约至 3 位有效数字。

（七）戳穿强度的测定

纸板的戳穿强度是指用一定形状的角锥穿过纸板所需的功，即包括开始穿刺及使纸板撕裂弯折成孔所需的功，以 J 或 kJ 表示。

箱纸板、瓦楞箱纸板等纸板在制成纸箱或其他容器之后，在使用或运输过程中难免要遭到冲撞作用或穿刺，为抵抗这种作用避免遭受损失，要求纸板应具有足够的抵抗戳穿的能力，因而戳穿强度的检验就很有必要。它与耐破度的区别在于耐破度是均匀地施加力而把试样顶破，从物理意义上讲属于静态强度，而戳穿强度是突然施加一个撞击力于纸板使之戳穿，属于动态强度。因此，对于某些材料，戳穿强度显得更有实际意义。

应用仪器

通常采用戳穿强度测定仪测定。其结构如图 4-25 所示。

仪器由四部分组成：

①座体：支持整个仪器，安装各种部件。

②摆系：由弧形摆体、摆轴、摆体手柄、戳穿头及配重砝等部件组成。悬挂在座体上，是产生戳穿力的能源。当摆体被释放机构限制时，具有一定的势能来戳穿被测试样；当戳穿后，摆体的剩余势能使指针留在刻度盘上的适当位置，得出正确的戳穿强度值。

图 4-25　戳穿强度测定仪

1—底座　2—打印纸输出纸　3—配重孔及摆体　4—固定装置　5—防护罩　6—上夹板　7—下夹板　8—戳穿头　9—显示屏

③压纸机构：是由上下夹板、手轮、丝杆、拨杆、横轴、支柱、加压弹簧等组成。并附有拉簧旋钮，可调节上下夹纸器，而改变其试样的压力大小。

④指针系统：由指针、指针座、拨杆、调整钉等组成。测定后用以指出刻度值。此系统附有摩擦力的调节机构，使指针在摆动时既不会和摆相对旋转，也不会因摩擦过大而影响仪器的指示精度。

测定方法

切取 175mm×175mm 大小的试样 10 张。然后将试样置于夹持装置上三角孔的正中间，用加压装置施加一定的压力，使试样在试验当中不松动。

根据试样戳穿强度的大小，选择合适的摆重，调整摆锤，使试验结果的读数在满刻度值的 20%~75%范围之内。

把摆锁在开始试验位置，压下释放按钮，摆即摆动，角锥完全戳穿地穿过试样。从相应的刻度中读出相当于用作戳穿试样和克服测定器摩擦作用所用的总功，结果在显示屏上读数。

试样分正反面、纵横向各一半进行测定。以正反面、纵横向所有测定值的算术平均值表示测定结果并报出最大值和最小值。

（八）环压强度的测定

用于制造纸箱的纸板必须有足够的抗压强度。纸箱在使用、运输及堆放过程中会受一定的压力，为保证纸箱的质量，必须测定纸板的环压强度。例如箱纸板环压强度都在 250N 以上。纸板的环压强度是指一定尺寸的试样，插在试样座内，形成圆环形，在两测量板之间进行压缩，在压溃前所能承受的最大的力，即为环压强度，以 N（牛）表示。

应用仪器

通常采用压缩强度测定仪进行测定。其结构如图 4-26 所示。该仪器系根据虎克定律以及梁的弯曲变形理论而设计的。即在弹性限度内，弹簧板梁弯曲变形量与外力的大小呈线性关系。

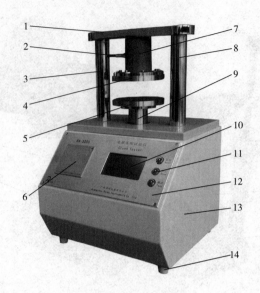

图 4-26　环压强度测定仪

1—上横梁　2—传感器引出线　3—左支柱　4—上压板　5—下压板　6—打印机　7—传感器　8—右支柱
9—升降套　10—显示屏　11—按键　12—铝合金面板　13—箱体　14—支足

仪器的技术特征如下：

①试样座的内径为（49.3±0.05）mm，深度为（6.35±0.25）mm，如图 4-27 所示。内盘的直径根据试样厚度不同而有不同规格，如表 4-6 所示。

②当压板开始接触时，压板压力增加的速度应为（67±13）N/s。

③切试样用的刀切出试样边必须整齐且平行度精确，其规格为宽 $12.7^{+0}_{-0.025}$ mm，长 $152^{+0}_{-0.25}$ mm。为此可使用双刀切样器，如图 4-28 所示。该刀为双刀，要求长边的不平行度小于 0.015mm。

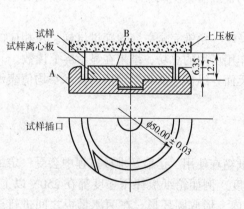

图 4-27　试样座
A—试样　B—试样座心板

图 4-28　双刀切样器
1—取样器底刀　2—取样器手柄　3—刀　4—限制板底座

测定方法

用专用切纸刀切取宽 12.7mm，长 152mm 的试样分别按纵、横向插入所需一定厚度的试样座内，内盘直径选择见表4-5。放试样座在下压板的中心部位上，试样开口朝前，插入试样时一半正面向里，一半反面向里。

表 4-5　　　　　　　　　　　　　　　　　　试样厚度与内盘的直径关系

试样厚度/mm	盘的直径/mm±0.05mm
0.15~0.17	48.8
0.17~0.20	48.7
0.20~0.23	48.6
0.23~0.28	48.5
0.28~0.32	48.3
0.32~0.37	48.2
0.37~0.42	48.0
0.42~0.49	47.8

开动电动机使上压板均匀地下降而压缩试样，直至试样边缘压溃，读取显示器读数。单位为 N。

每一包装单位中从取出的不同纸样上切取纵横向试样各10条进行测定，分别以纵、横向所有测定值的算术平均值、最大值和最小值报告测定结果。

（九）瓦楞纸板的平压、边压及黏合强度的测定

瓦楞纸板的产量在纸及纸制品中约占一半，是货物的主要包装材料之一。目前对瓦楞纸板原纸及瓦楞纸板的检验也日趋完善。由于瓦楞纸板主要用于制作包装箱、盒，对其耐压性能有较高的要求，都必须通过检验以保证纸箱材料的质量符合包装要求。通常检验瓦楞芯的平压强度、瓦楞纸板的边压强度和黏合强度。上述三种测定均使用纸板压缩强度仪测定。

1. 瓦楞芯平压强度的测定

测定是在一定温度下，将瓦楞芯纸在一定齿形的槽纹仪上，压成一定形状的瓦楞，然后在压缩强度仪上测定瓦楞所能承受的力，以 N 表示（也称 CMT 瓦楞芯试验）。

应用仪器

槽纹仪（压楞仪）。该仪器用于将瓦楞芯纸压成一定形状的瓦楞。它包括有两个 A 型槽纹压楞辊，每个辊上有 84 个齿，两辊间的压力控制在（100±10）N 内。辊的下面设有加热设备，由电热偶控制温度在（177±5）℃。此外还有一套放置压楞后的试样装置，具有 9 个齿，10 个谷。另有一块梳板和一块金属板。

压缩强度测定仪的规格与测定环压强度的仪器相同。

测定方法

切取宽（12.7±0.1）mm，长至少为（152±0.5）mm 的试样，边长为纵向。开动压楞设备，预先加热到（177±5）℃，然后将试样垂直插入压楞辊，将压楞辊的试样放在梳板上，再把梳齿压在试样上，用钢板压上贴牢，小心取出梳齿，将成形楞状的试样取下，根据产品标准要求，立即进行压缩试验或在恒温恒湿条件下处理 30min 后，再进行压缩试验。

压缩试验时，将试样放在压缩强度测定仪下压板的中间，未带胶带的面向上。开始压缩，

至完全压溃后读取千分表上的指示值，再由弹簧板的应力—应变关系曲线求得相应的压缩力，该力为试样的瓦楞平压强度，以 N 表示。若压缩时发现偏斜或试样有一点与胶带脱开即作废，重新试验。

每一包装单位中，从取出不同纸样上，切取 10 条试样进行测定，以所有测定值的算术平均值表示测定结果，并报告最大值和最小值，计算结果修约至一位小数。以 CMT_0 表示压楞后立即进行压缩试验，例 $CMT_0 = 350N$；以 CTM_{30} 表示压楞后在恒温恒湿条件下处理 30min 再进行压缩试验，例如 $CTM_{30} = 250N$。

2. 瓦楞纸板的边压强度的测定

瓦楞纸板的边压强度是指置压缩强度测定仪两压板之间并使试样的瓦楞方向垂直于耐压强度测定器的两板，然后对试样施加压力，至压溃前所能承受的最大压缩力，以 N/m 表示。

应用仪器

采用与测定环压强度同样的仪器。

金属导块：截面 20mm×20mm，长不少于 100mm 的打磨平滑的长方形金属块，用于支持试样垂直于压板，可用很细的砂纸包上，注意保持表面的平整和平行度。

测定方法

选用单楞（三层）、双楞（五层）或三楞（七层）的瓦楞纸板，用刀子或带锯或切模切取瓦楞方向为短边的矩形试样，其尺寸为（25±0.5）mm×（100±0.5）mm，至少切取 10 个。切口必须光滑，不允许有机械压痕、印刷痕迹和损坏。

将试样置于下压板的正中，使试样的短边垂直于两平板，再用金属导块支持试样，使端面与两压板交接处是直的，彼此平行，并且垂直于瓦楞的表面。

开动仪器，施加压力，待上压板负荷至 50N 时将导板移去，继续加压至压溃，记录最大负荷时的压力，精确至 1N。若压缩力用千分表指示时，可由弹簧板的应力—应变曲线求得试样压溃时的最大压缩力。

测定时试样若倾斜或面板裂开，应废弃重做。

设瓦楞纸板边缘耐压强度为 $\sigma_{耐压}$（N/m），则按式（4-18）计算：

$$\sigma_{耐压} = \frac{F \times 10^3}{L} \tag{4-18}$$

式中 　F——最大压缩力，N

　　　L——试样长边尺寸，mm

注意事项

以所有测定值的算术平均值表示结果，精确至 100N/m。

3. 瓦楞纸板黏合强度的测定

瓦楞纸板，以单层瓦楞纸板为例加以叙述，两张挂面纸板和已压成瓦楞的中芯牢固地黏合起来，这才能作为一个结构体发挥出强度效应，因而黏合强度是一个必要的特性指标。测定原理是将针形附件插入试样的楞纸和面纸之间（或芯纸之间），然后对插有试样的针形附件施压，使其做相对运动，直至被分离部分分开。

应用仪器

采用与测定环压强度同样规格的仪器。

附件：由上部分附件和下部分附件组成。是对试样各黏着部分施加均匀外力的装置。每部分附件由等距插入瓦楞纸板空间中心的针式件和支撑件组成（见图 4-29），针式件和支撑件的平行度应小于 1%。

测定方法

切取 10 个 25mm×80mm 的瓦楞纸板试样，瓦楞方向与 25mm 尺寸线方向一致，试样尺寸误差为±1mm。

将被测试样装入附件，如图 4-30 所示。然后将其放在测定仪下压板的中心位置。

开动测定器，以（12.5±2.5）mm/min 的速度对装有试样的附件施压，直至楞峰和面纸（或芯纸）分离为止。将所读取的千分表数值换算为弹簧板的应力—应变曲线上所显示的压力，精确至 1N。

以所有测定值的算术平均值表示结果。

设瓦楞纸板的黏合强度为 $\tau_{黏合强度}$（N/m^2），则按式（4-19）计算：

$$\tau_{黏合强度} = \frac{F}{A} \qquad (4-19)$$

式中　F——试样被全部分离时所需最大力，N

　　　A——试样面积，m^2

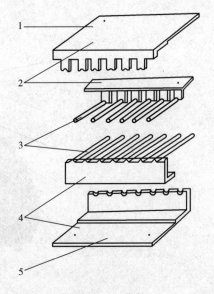

图 4-29　附件
1、5—支撑件　2—上部附件
3—针式件　4—下部附件

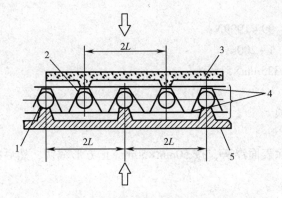

图 4-30　连接装置
1—下针式件　2—上针式件　3—上部附件　4—黏接部位　5—下部附件

（十）层间结合强度测定

纸板层间结合强度是指纸板层与层之间的结合强度。通常用于测定白纸板、箱纸板、牛皮纸、白卡纸、羊皮纸、铜版纸等，层间结合强度是纸板印刷性能的重要指标。当纸板在黏性油墨胶印机印刷过程中，内结合强度不够会使纸板内部剥离；内结合强度不均时会影响印刷质量。用于测定该项指标的仪器层间结合强度测定仪，见图 4-31。

以下介绍改进型的层间强度测定，该种仪器是采用电脑芯片高速采样控制，步进电机、精密滚珠丝杆传动，具有较高的精度和可重复性，

主要技术参数

测量范围：（10~1000）kPa；

分辨力：0.1kPa；

示值误差：±1%；

试验速度设定范围：1~200mm/min；

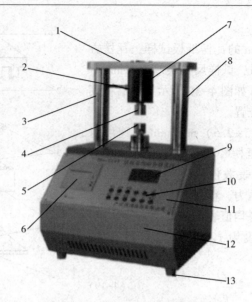

图4-31　层间结合强度测定仪

1—上横梁　2—传感器引出线　3—左支柱　4—上夹头　5—下夹头　6—打印机
7—传感器　8—右支柱　9—显示屏　10—按键　11—铝合金面板　12—箱体　13—支足

黏接压力设定范围：99~1999N；

加压时间设定范围：1~200s；

外形尺寸：335mm×325mm×515mm；

整机质量：33kg。

测定方法及注意事项

1. 试样制备

取待测的纸板，清除表面浮灰，按50mm×50mm正方形裁切，然后在正反两面分别粘贴好双面胶。

2. 开机

（1）待机界面

接通电源，打开电源开关，进入待机界面，建议冷态开机时预热10~30min后再复位一次仪器。

（2）黏接压力设定

在待机界面下按"选择"键选择"参数设定"项，按"停"键进入，再选择"黏接压力"项，按"提取"键进入，再按"提取"键选择数位，按"+"或"-"键，修改黏接压力数值，完成后按"停"键保存并返回。

注：仪器默认黏接压力值为900N。

（3）加压时间设定

在待机界面下按"选择"键选择"参数设定"项，按"停"键进入，再选择"加压时间"项，按"提取"键进入，直接按"+"或"-"键，修改加压时间数值，完成后按"停"键保存并返回。

注：仪器默认加压时间为6s。

（4）速度设定

在待机界面下按"选择"键选择"参数设定"项，按"停"键进入，再选择"速度"项，按"提取"键进入，直接按"+"或"-"键，修改速度数值，完成后按"停"键保存并返回。

注：仪器默认速度为 66mm/min。

（5）测试

各项参数设定完成后返回待机界面，按"停"键进入待测界面，根据试样特征确定上下压头之间的距离，可通过按"上""下"和"停"键来调整。

①将制备好的试样置于下压头测试面正中。

②按"测试"键，下压头以设定速度上升，接触到试样后会减慢速度直到压力值达到黏接压力的设定值后停止，然后保持此压力，直到设定加压时间到，下压头开始以设定的速度往下移动，仪器实时显示黏接力值，最后回到起始位置，测试结果显示在显示屏上。每次测试完成后须用有机溶剂清洗干净上下测试面。

③更换试样重复以上过程，直至一组试样测试完毕。

注：a. 使用过程中注意保护上压头上面的传感器，不能用力碰撞传感器。

　　b. 更换打印纸卷时，不能卡纸，如遇打印时卡纸，应立刻关掉电源，重新装好打印纸卷后，再开机测试！

（6）测试数据的提取、删除和打印输出

①一组试验完毕，按"提取"键，可提取显示每次试验的测试数据、一组数据中最大值、最小值及平均值。

②一次试验完毕后，按"删除"键，可删除当次试验数据。

③一组试验完毕后，按"提取"键，找到欲删除的试验数据，再按"删除"键，可删除任意一次试验数据。

④一组试验完毕，按"打印"键，可对该组试验数据进行打印输出。

注：a. 打印机右下角有两功能按钮，可控制打印的开启和走纸。

　　b. 当打印出结果后，应小心将纸截断取出，以免出现打印机卡纸现象，否则容易损坏打印机或相关电路。

四、结 构 性 能

（一）透气度的测定

纸的透气度是指在单位压差作用下，在单位时间内通过单位面积试样的平均气流量，以 $\mu m/$（Pa·s）表示。

透气度是许多技术用纸的重要性能指标，如水泥袋纸、卷烟纸、防锈包装纸、电缆纸、电容器纸、拷贝纸及工业滤纸等，都规定有透气度指标。其中电缆纸和电容器纸要求透气度最小，而工业滤纸要求透气度大。水泥袋在装水泥和受到冲击时容易破损，要求要有足够的透气度，必须不少于 $3.40\mu m/$（Pa·s）。对卷烟纸来说，为了保证正常的燃烧速度，也要控制适当的透气度。

纸和纸板的透气度实际上反映了纸张组织中空隙达到的程度。透气度随纸张紧度的增加而降低。提高打浆度，会增加纤维的比表面，增加了氢键的结合，减少成纸中的气孔的数量和大小，故透气度会降低。

测定透气度可采用肖伯尔法或葛尔莱法，下面介绍这两种方法。

1. 肖伯尔透气度测定法

应用仪器

采用肖伯尔式透气度测定仪，其结构如图 4-32 所示。

仪器由固定支柱上的容器、纸样夹环和压差计等组成。容器上部有排气阀门和带漏斗的加水阀门，蒸馏水可从漏斗注入容器内。容器的底部装有溢水阀门的调节阀门，用以控制水的流量来调节其压差为（1.00±0.01）kPa 或（2.00±0.01）kPa。

纸样夹环等固定在支架上，纸样夹环及空气室上有一个面积为 10cm² 的孔。空气室位于纸样夹环的下方，其上有两个接头，用橡皮软管分别与排气管及压差计相连接，仪器下面底座为整个仪器的基础，其上方有水准器，转动两只支持螺钉可调整仪器的水平位置。

仪器的工作原理可用下述过程说明。置试样于压环与空气室间，气室与 U 形压差计和插入玻璃容器水面下的排气管相通，开启放水阀门和针形阀，使玻璃容器中的水流入量筒，随之在玻璃容器上部形成真空，从而使空气透过试样进入气室，再经排气管进入玻璃容器的真空部分，进气量相当于水的流量，测定单位时间内流出水的体积，即可据此计算透气度。如图 4-33 所示。

测定方法

切取 60mm×100mm 的试样 10 片并标明正反面。测定时要 5 张正面朝上，5 张反面朝上。

关闭仪器的溢水阀门和调节阀门，然后启开加水阀门和排气阀门，将蒸馏水从漏斗中加入至注满玻璃容器。

关闭加水阀门和排气阀门，检查 U 形管内的水是否在零点。

将一张切好的试样置于压环与空气室间并夹紧，在溢水管口下方放置量筒。

启开溢水阀门并转动调节阀门，在 30s 内将压差调节至（1.00±0.01）kPa。稳定之后锁紧螺钉。参照表 4-6 选择好适合的测试持续时间，立刻测量透气试样的气流量。选择不同测定时间时，要以测定结果的读数偏差不超过 2.5% 为标准。

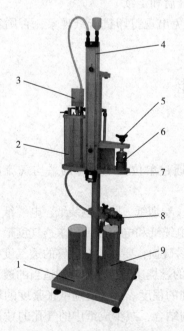

图 4-32 肖伯尔式透气度测定仪

1—底座 2—容器 3—加水漏斗 4—U 形压差计
5—纸机夹环旋钮 6—纸样夹环 7—空气室
8—排气阀门 9—量筒

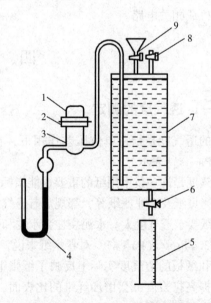

图 4-33 透气度测定原理图

1—压环 2—试样 3—空气室 4—U 形压差计
5—量筒 6—调节阀门 7—玻璃容器
8—放气阀门 9—加水阀门

表 4-6	测定时间选择表 [恒定压差（1.00±0.01）kPa]	
气流量/（μL/s）	测试持续时间/s	测出容积/mL
0.13~0.33	300	40~100
0.33~0.83	120	40~100
0.83~1.67	60	50~100
1.67~5.0	120	200~600
5.0~10.0	60	300~600
10.0~20.0	30	300~600
20.0~40.0	15	300~600

当测定高紧度的纸和纸板时，若透过试样的空气流量小于表 4-6 中最小数值时，则恒定压差可增加至（2.0±0.01）kPa，并采用表 4-7 中的相应持续时间测定。

设每张试样的透气度为 P_s [μm/（Pa·s）]，则按式（4-20）计算：

$$P_s = \frac{V}{\Delta p \cdot t} \tag{4-20}$$

式中　V——测定时间内通过试样的空气体积，mL

Δp——试样两面的压差，kPa

t——测定时间，s

P_s——透气度，μm/（Pa·s）（mL/min）[1μm/（Pa·s）= 1mL/（m²·Pa·s）]

表 4-7	测定时间选择表 [恒定压差（2.00±0.01）kPa]	
气流量/（μL/s）	测试持续时间/s	测出容积/mL
17~33	3000	50~100
33~67	1500	50~100
67~167	600	40~100
167 以上	240	40 以上

2. L&W 公司全自动透气度测定仪

L&W 透气度测定仪如图 4-34。

L&W 公司透气度测试仪采用最新技术，配合最通用的测试方法，测试纸张的透气度，其测试范围覆盖 0.003-100μm/（Pa·s），适用于大多数纸种。

这是一台完全集成化的仪器，测试的时候，只需要简单地将纸张样品放进测试位置即可。传感器将随即检测到纸张，测试过程就开始了。纸样在一个 1MPa 的夹紧压力下自动夹紧到位，接着仪器将根据预设的测试时间读数。随后找开夹头，即可测试下一个新的样品。

测试之前可以通过按钮进行 SI（标准透气度）、Bendtesn（本特森）、Gurley（葛尔菜）和 Shelffield unit（谢菲尔德单位）等制式单位的转换。

测试结果将以选定的测试单位显示在显示屏上，也可以通过内置的打印机打印出来。测试结果还可以通过信号输出发送到实验室计算机。

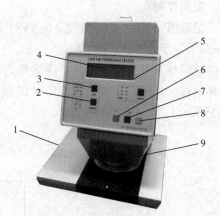

图 4-34　L&W 透气度测定仪

1—底座　2—报告按钮　3—单位选择按钮
4—显示屏　5—测试按钮　6—停止按键
7—复位按键　8—启动按键　9—测试头

测试范围

0.003~100μm/（Pa·s）

2~40000 葛尔莱 s（100cm³）

0.3~88000 本特森 mL/min

0.2~1400 谢菲尔德单位

仪器

5 位字母，最多保留 3 位有效数字

夹头压力：1MPa

测试气压：20kPa（2.9lbf/in²）

测试面积：50cm²

结果

测试值：透气度

统计参数：平均值

—标准偏差

—变异系数

—系列中的最大和最小值

（二）透湿度和折痕透湿度的测定

透湿度是指薄片材料两面保持一定的蒸汽压力差，在一定温湿度下，水蒸气 24h 透过 1m² 试样的质量，以 g/（m²·d）表示。

折痕透湿度是指在同样的试验条件下，水蒸气 24h 透过 100m 长的试样折痕的质量，以 g/（100m·d）表示。

透湿度对于某些用于物品防潮包装的纸张是一个重要的指标，例如条纹油纸的透湿度就规定不大于 90g/（m²·d）。

应用仪器

恒温恒湿箱：温度精度 ±0.5℃，相对湿度 ±2%，风速 0.5~2.5m/s。关闭箱门之后，15min 可达到规定的温湿度。

透湿杯及其封蜡定位器：透湿杯内的有效直径为 60mm，有效测定面积为 0.00283m²。透湿杯由杯、杯环、杯皿、杯盖 4 件组成。封蜡定位器由导正环、杯台和压盖 3 件组成（如图 4-35所示）。

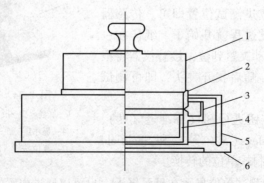

图 4-35　封样定位装置组装图

1—压盖　2—杯环　3—杯　4—杯皿　5—导正环　6—杯台

应用试剂

封样用蜡：温度 38℃时不软化，在 50cm² 暴露面积的情况下，24h 质量变化不大于 1mg。

干燥剂无：水氯化钙或经 120℃温度下烘干 3h 以上的硅胶。粒度为通过 4mm 筛孔，但通不过 1.6mm 筛孔。

仪器的测试原理是将试验用的纸张密封在装有干燥吸湿剂的透湿杯的口上，将其放在控制温度和相对湿度的环境中，在适当的时间间隔下称量杯子的质量，当质量的增加与时间间隔成比例时，以质量的增加测定透湿度。

测定方法

沿横向纸幅均匀切取直径为 64mm 的试片 8 片，取其中 4 片轻轻垂直交叉折叠，然后用宽 65mm，质量为 6.5kg 的金属压辊对每条折痕正反面各滚压一次（滚压时折线与压辊的轴平行），再用压辊压平折痕，制成带有折痕的样品，待测折痕透湿度（为减少匀度差的影响，折痕试片与未折痕试片应互相对应在邻近位置切取）。

在透湿杯杯皿内加入干燥剂，要使干燥剂表面平坦，与试样下面保持约 3mm 的距离，然后把试样放在杯口上，再把杯环对着杯口放在试样上，通过如图 4-35 所示的定位装置把杯环放正压好，然后把在 100℃水浴中溶好的封样用蜡铸进透湿杯的蜡槽内，待冷却后可用热刮刀将蜡刮平，并封住由于冷却时出现的裂纹。

用粗天平把封好的透湿杯连同杯盖粗称一遍，以便于以后的精确称量。然后，取下杯盖，小心地把各透湿杯放进温度为（38±0.5）℃、相对湿度为（90±2）%的恒温恒湿箱里，预处理 2h 后取出并盖好相应的杯盖称量，精确至 0.0005g，称量后再取下杯盖放入恒温恒湿箱中，每隔一定的时间称量一次（如 24、48h 或 96h，如试样透湿度过大也可选用 4h、8h、12h，但要控制透湿杯增加质量不少于 0.005g），待到邻近的两次称量其透湿度波动小于 5%时停止试验，以波动小于 5%的两次透湿度的平均值表示结果。

设透湿度为 $P_{透湿度}$ ［g/（m²·d）］，折痕透湿度为 $P_{折痕透湿度}$ ［g/（100m·d）］，则分别按式（4-21）和式（4-22）计算：

$$P_{透湿度} = \frac{m_1 \times 24}{A \cdot t} \tag{4-21}$$

$$P_{折痕透湿度} = \frac{(m_2 - m_1) \times 24 \times 100}{2D \cdot t} \tag{4-22}$$

式中　m_1——未折试样透湿杯所增之质量，g

　　　m_2——已折试样透湿杯所增之质量，g

　　　A——透湿杯的有效面积，m²

　　　D——透湿杯的有效直径，m

　　　t——两次称量的间隔时间，h

注意事项

①测定时要分别测定试样正面朝外和反面朝外时的透湿度和折痕透湿度。以所有测定值的平均值报告 $P_{透湿度}$ 和 $P_{折痕透湿度}$ 的测定结果，必要时报告最大值、最小值。计算结果修约至三位有效数字。

②必须在吸湿剂增加质量少于 10%时结束试验。

③每次应取数量相同的一组透湿杯称量，使总称量时间大致相同（不超过 30min），并且各透湿杯几次称量的先后顺序应一致。

五、吸 收 性 能

纸张根据其用途的不同，要求它具有一定的吸收性能。例如吸墨纸，要求具有良好的吸收性能，以吸收更多的水或其他液体。而对于包装用纸，却要求它有一定的憎液性，以保证被包装物不致受到水或潮气侵蚀。在造纸过程中，纸张的憎液性能绝大多数是通过施胶来获得的。

经过施胶的纸张，其憎液性能随施胶工艺、施胶量的不同而有较大的差异，即使是没有施胶的纸张，其吸收性能也是不相同的。为了评价这一性能，必须对此进行测定。目前测定纸张的吸收性能有数种方法，这些试验方法据试验原理不同，其适用性也不同。以下分而叙之。

（一）施胶度的测定

1. 墨水画线法

墨水画线法，是利用墨水在纸上画线，考察纸张对墨水不扩散、不渗透的程度，模拟人们在纸上书写时的情况。该法适用于一般书写纸、文化用纸。它利用墨水划在纸上风干后不渗透也不扩散时线条的最大宽度来表示施胶度。线条宽度越大，施胶度越高，纸张的憎液性也就越强。

应用仪器

纸的施胶度应用画线器（或鸭嘴笔）和标准墨水及印有一些标准宽度线条的胶片进行测定。画线器的结构如图 4-36 所示。

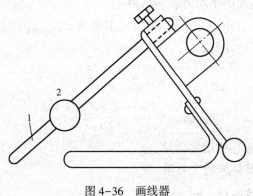

图 4-36　画线器
1—鸭嘴笔尖　2—调节螺丝

测定方法

首先对画线器或鸭嘴笔的画线宽度进行校准：根据产品要求调整好鸭嘴笔或画线器的宽度，然后充满墨水，在高施胶度的纸上（如海图纸或双胶纸）画一直线，并立即用滤纸或吸墨纸吸干，用标准图片测量线条宽度。如不符合要求，应予以调节。

将处理后的 150mm×150mm 大小的试样平铺于一块玻璃板上，将调好宽度的画线加墨水至最大含量，将画线器置于纸上，沿与纸幅纵向呈 45°角的方向以 10mm/s 的速度画一条 100mm 长的直线，每画一条线要重新补加一次墨水。

如果直接采用鸭嘴笔画，则要注意笔与玻璃板保持 45°角，并对试样施以轻微压力，以可画出线为准。如果施胶度大于1.5mm，则应改用阔头鸭嘴笔。

画线时鸭嘴笔要在线条开始点和结束点各停留1s。

画线时一般以产品标准规定宽度为基准画一条线，然后调整笔的宽度划出小于标准宽度或大于标准宽度的线条若干条。亦可从0.25mm开始，依次递增至2.0mm。

待在标准温湿度下风干后，即按"纸张对墨水渗透扩散比较板"鉴定其施胶度。找出试样最大施胶宽度，注意线条两端各15mm内不作为鉴定依据。

每次测试不少于3张试样，以正反面试验结果全部合格的最大宽度表示纸张或纸板的施胶度，单位为mm。

2. 液体渗透法

液体渗透法，是通过计算液体透过纸页上所需的时间来测定施胶度的，以s来表示。

测定原理是基于往漂浮在硫氰化铵溶液上的折成小船形状的试样上滴入三氯化铁溶液，一旦两种溶液通过渗透接触，即产生如下反应：

$$FeCl_3 + 3NH_4SCN =\!=\!= Fe(SCN)_3 + 3NH_4Cl$$

反应产物$Fe(SCN)_3$为血红色，因此，视试样红色出现的时间快慢便可知施胶度。显然该法仅适用于测定白纸的施胶度。

测定方法

每一包装单位中，从取出的不同纸样上切取至少10个30mm×30mm的试样，将试样的四边折起作一底约为20mm×20mm的小船，注意纸的正反面朝向，这10个小船中，应有一半纸的正面向上，一半纸的反面向上。

在培养皿内倒入适量的浓度为2%的硫氰化铵溶液（2.0g分析纯硫氰化铵溶于水中，稀释至100mL），然后将小船浮置于硫氰化铵溶液的液面上，同时用滴管在小船内滴入1滴1%三氯化铁溶液（1.0g分析纯三氯化铁溶于水中，稀释至100mL），立即开动秒表，至在三氯化铁溶液中刚一出现红色点时停止秒表，记录时间准确至1s。

注意事项

①以正反面所有测定值的算术平均值报告结果，准确至1s。

②操作时，滴管应倾斜约45°角，管口距纸面约10mm。每滴液量约0.06mL。

（二）毛细吸液高度的测定

纸和纸板的吸液高度，是指水或其他溶液在一定时间内沿与水平面垂直的方向毛细管吸收上升的高度。这个高度主要用来评价纸张的亲液性能，例如皱纹卫生纸的横向吸水性一般不低于0.20mm/s。由于吸水过程主要是通过毛细管吸收的，因而又称之为毛细管吸收速度。

应用仪器

毛细管吸液高度测定使用克列姆试验器进行，其结构如图4-37所示。

测定方法

切取长250mm，宽（15±0.5）mm的试样10条，纵横向各为5条。

将试样条平放在一玻璃板上，在距一端205mm的地方画一条与长度方向垂直的直线，如果采用其他浸入深

图4-37　克列姆试验器
1—水盆　2—标尺　3—试样　4—底座

度，则此线距端点距离应相应延长。然后将试样夹在夹纸器上，使横线与标尺的 200mm 刻度对齐。

夹好试样后轻轻放下夹纸器的横梁，使纸条垂直插入（23±1）℃的液体中 5mm。同时开动秒表计时。从而测定出液面沿试样上升一定的高度。一般采用 10min±3s 内上升高度表示，或者以 s/mm 或 mm/s 表示。

在读取数字时注意液体上升高度读准至 1mm，液体上升至一定距离所需时间读准至秒。

注意事项

①以纵横向所有测定值的算术平均值报告结果，精确至 1mm 或 1s。

②如果液体上升时润湿线倾斜或弯曲，应按平均高度读取结果。多层纸板里外吸收速度不同时，按平均值表示结果。

③试验用的试剂可用蒸馏水，亦可按照产品标准要求选用其他溶液。

（三）吸收性的测定

吸收性的测定主要是指纸和纸板在水溶液和其他溶液中以某种方式经吸收一定时间后所增加的质量，以此来评价其吸收性。显然，单位时间内，一定量的纸吸液质量增加越大，其吸收性也越大。测定的方法有浸水法和可勃法。

1. 浸水法

纸和纸板用浸水法表示吸收性的定义为：在规定的时间内，单位面积的纸或纸板所吸收液体的质量，其单位为 g/m^2。该法可用来评价纸和纸板的防水性能。

应用仪器

溶液槽：用于盛试验溶液，大小足以盛下 10 张垂直试样。

测定方法

切取（100±0.5）mm×（100±0.5）mm 的试样 10 张，按规定进行处理。处理后的试样装在一个预先称量的洁净塑料袋中，在感量为 0.001g 的天平上称量，然后将试样取出并竖直放入装有温度为（23±1）℃的溶液的槽内，试样上边缘在液面下（25±3）mm 处，并要保证样片与槽底及样片之间避免接触（可用小夹子夹住，但夹时夹口要在距试样边缘 5mm 以内）。浸泡时间可按产品标准规定或按下列条件确定：

低施胶纸：5min±15s；

中等施胶纸：30min±1min；

高施胶纸：24h±15min。

待试样在溶液中浸泡到规定时间后，用镊子垂直夹试样一个角，将试样从液体中取出，持样 2min 使溶液滴下。

将试样再放回原来的塑料袋中，放于天平上称量，读至 0.01g。

设吸水性为 G_w（g/m^2），则按式（4-23）计算：

$$G_w = (m_2 - m_1) \times 100 \tag{4-23}$$

式中　m_1——试样吸收液体前质量，g

　　　m_2——试样吸收液体后质量，g

　　　100——换算系数，每平米样品数，$1/m^2$

此外还可以相对吸收性 w_m（%）表示，按式（4-24）计算：

$$w_m = \frac{m_2 - m_1}{m_1} \times 100\% \tag{4-24}$$

式中　m_1、m_2——同上

注意事项

①试验应用蒸馏水，也可根据产品标准要求选用其他液体。

②报告中应注明溶液名称、浓度及温度。

2. 可勃法

可勃法是利用纸和纸板的表面吸水，单位面积的纸和纸板在一定压力、温度下，在规定时间内所吸收的水量即纸和纸板表面吸水量，以 g/m^2 表示。研究表明，可勃法用于测定防潮渗透型的纸袋纸和其他包装纸或纸板是比较适用的。

应用仪器

可勃吸收性试验仪：如图4-38，由一个底板和一个高约 50mm，内横截面积为（100 ± 0.2）cm^2［相应内径为（112.8±0.2）mm］的金属圆筒构成，在筒上有一个可固定的盖子，盖子内表面用薄的弹性胶皮覆盖。同时，仪器还配有翻转机构，由于盖子固定，所以在圆筒翻转180°时里面不应有液体流出。此外，仪器附带一个金属辊，用铜加工成辊宽为（200±0.5）mm、质量为（10±0.5）kg 的压辊。

测定方法

将处理后的试样切成直径为 125mm 的圆形试片 10 张（正反面各 5 张）。

检查同试样接触的圆筒环面与胶垫，要求干燥。用玻璃量筒准确量取 100mL 蒸馏水，小心倒入圆筒中。

将已称量的圆形试样安放于圆筒的环形面

图 4-38　可勃法吸收试验仪
1—金属辊　2—固定旋钮　3—翻转机构手柄
4—密封盖　5—金属圆筒　6—底座

上，被测面朝着有水的方向，并将试样压盖盖在试样上，并加以固定。将圆筒翻转180°，同时开动秒表计时。每测定 5 个试样，根据纸的吸水量大小再补加一定量的水。

吸水时间是指水与试样接触开始到吸水结束时的时间。这个时间可根据纸或纸板不同的吸收能力来选择，并与表4-8相符合。必要时可延长或缩短时间，但要在试验报告中注明。

表 4-8　　　　　　　　　　　　　　　　　推荐试验时间与完成吸水时间

推荐试验时间/s	记号	圆筒翻正时间/s	完成吸水时间/s
30	C30	20	30
60	C60	45	60
120	C120	105	120
300	C300	285	300

当吸水结束前10~15s时，将圆筒翻正。到达吸水时间前2s时，从圆筒上取下试样放在两张吸水纸上，注意试样吸水面向下，然后在试样上面再放一层吸水纸，在平整坚硬的台面上用光滑压辊在 4s 内往返压一次，使试样表面无水的光泽。辊压时，不能给辊子施加任何压力。

把试样迅速取出称时，准确至 0.001g，注意每张试样只能测试一次，不得重复使用。吸水纸只要能保证其吸水性能即可重复使用多次。

如果用吸水纸后表面仍有过量的水或试样本身已被水湿透，则应舍弃该试样，若试样舍弃超过 20% 时，则应缩短试验时间，直至得出满意结果，但试验时间最短应为 20s。

设可勃吸水值为 $G_{可勃}$（g/m^2），则可按式（4-25）计算：

$$G_{可勃} = (m_2 - m_1) \times 100 \tag{4-25}$$

式中　m_2——吸水后试样质量，g

　　　　m_1——吸水前试样质量，g

　　　　100——换算系数，$1/m^2$

注意事项

①以所有测定值的算术平均值报告结果，精确到 1 位小数；

②试验应使用（23±1）℃的蒸馏水；

③吸水纸定量为 $200 \sim 250 g/m^2$，毛细吸液高度应为 75mm/min。当吸水纸单层定量小于 $200 \sim 150 g/m^2$ 时，可用多层叠加以满足上述要求。

六、表面性能和印刷性能

根据纸和纸板的用途，要求其产品具有一定的表面性能和印刷性能，一般包括平滑度、粗糙度以及纸的表面强度等。如印刷用纸，平滑度能决定纸张与印版接触的紧密程度，与印刷质量有非常密切的关系，对书写纸来说，也要达到足够的平滑度才能书写流利。而纸的表面强度可评价纸张在印刷时掉毛掉粉的程度，是印刷用纸的重要指标。

（一）平滑度的测定

平滑度是指在一定的真空度下，一定容积的空气，通过一定压力，一定面积的试样表面与玻璃面之间的间隙所需要的时间，以秒表示。显然，纸张越平滑，纸面与玻璃面之间的间隙越小，透过一定容积的空气所需的时间就越长。

纸张的平滑度与纸张的匀度、纤维组织情况及纸浆的品种等有很大关系。提高纸浆的打浆度可以增加纸张的平滑度，填料能改进平滑度，特别是经过压光后更明显，表面施胶也能改进平滑度。平滑度还与纸张外观有联系，纸面上有过多的铜网印子、毛毯印子或有波浪皱纹、起毛及压花等均影响平滑度。另外纸张干燥时，控制好干燥曲线避免强干燥，对改善纸张的平滑度有好处。

印刷纸如凸版纸、胶版纸、铜版纸等对平滑度要求较高，其中铜版纸平滑度最高，经超级压光机压光的凸版纸也要求其平滑度在 150s 以上。

应用仪器

测定平滑度的方法很多，相应的仪器也有很多种。我国主要采用别克式平滑度测定仪，该仪器以空气泄漏方式为测定原理，按照这一原理，国内亦有生产无汞的电子平滑度测定仪，其基本结构参数与普通平滑度测定仪一样。只要掌握普通平滑度仪的测定方法，其他电子平滑度测定仪的测定亦不难掌握，故仅以普通别克式平滑度测定仪为例说明其原理和测定。

别克式平滑度测定仪的结构如图 4-39 所示，平测试测试原理见图 4-40。

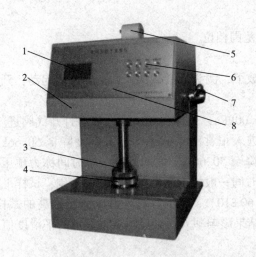

图 4-39　别克式平滑度测定仪
1—显示屏　2—壳体　3—测头　4—玻璃砧
5—打印纸卷　6—操作按键　7—操作手柄　8—操作面板

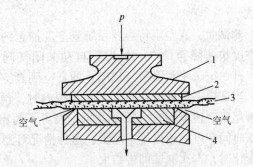

图 4-40　平滑度测定原理图
1—金属上压盖　2—胶膜　3—试样
4—玻璃砧　p-压力

试样夹持台：由一个金属压盖、一片胶膜和一个环形玻璃砧组成。胶膜厚（4±0.2）mm，硬度为（45±5）IRHD（国际橡胶硬度）。玻璃砧外径为（37.4±0.05）mm，内孔径为（11.3±0.1）mm，环形有效面积为（10±0.05）cm²。

加压机构：由加压杠杆和重铊组成。测试时，试样置于胶膜和玻璃砧之间，由杠杆加压机构通过金属压盖施于试样一定压力。

密封系统：由真空泵或抽气唧筒、三通阀、容器管和测量头组成。容器管包括大真空容器管和小真空容器管，它可以抽真空到 53.35kPa（约 400mmHg），并保证密封。大真空容器管容积为（380±1）mL，小真空容器管容积为（38±1）mL。

主要技术参数见表4-9。

表 4-9　　　　　　　　　　　　　　　主要技术参数

参数项目		技术指标
测量范围		（1~9999）s，分为（1~15）s、（15~300）s、（300~9999）s 三档
计时精度		计时 1000s，误差不超过±1s
真空容器系统容积	大真空容器	（380±1）mL
	小真空容器	（380±1）mL
接触压力		（100±2）kPa
真空度设定范围	I 档	（50.66~29.33）kPa
	II 档	（50.66~48.00）kPa
	III 档	（50.66~48.00）kPa
泄入空气体积	大真空容器	（10.00±0.20）mL
（50.66kPa 降至 48.00kPa）	小真空容器	（10.00±0.05）mL
外形尺寸（长×宽×高）		450mm×310mm×510mm

测定方法

沿横幅距纸两边 15mm 处切取 50mm×50mm 试样正反面各 10 张。

将一张试样置于玻璃砧上，放好胶膜和压盖，放下加压杠杆，调好水平，使试样承受

（100±2）kPa 的压力。

重复按动"档位选择"键，选取所需的测量范围档位。

按"压力清零"键将真空度清零。

在玻璃砧上放上试样，将仪器操作手柄轻轻放下，测头压紧试样，真空泵自动起动，开始测试。

测试时，真空泵将容器系统真空度抽至约 53.00kPa，并保持 50s 后，自动打开气阀进气，真空度快速降至约 50.75kPa，自动关闭气阀，进入正常测试状态，至真空度降至 50.66kPa 时，开始记录平滑度值。从停止抽真空到真空度降至 50.66kPa 之间的这一段时间称为预压时间，当试样平滑度值在 50~400s 范围内时，预压时间一般可不超出（60±5）s 范围；试样平滑度值超出上述范围时，预压时间一般可不超出（60±10）s 范围。对平滑度值特别高的试样，预压时间有可能超出规定范围，这种情况对测试结果影响不大。当显示屏上显示的平滑度值不再变化时，本次测试即告结束。

将操作手柄抬起停在上方，更换试样，重复测试。

（二）粗糙度的测定

粗糙度是指试样在一定压力下与平面金属环接触，环内通入一定压力的空气，以从试样面和金属环之间流出的空气量表示纸面的粗糙度，单位为 mL/min。

通常使用本特生式（Bendtsen）粗糙度仪进行测定。该仪器应用比较广泛，其测定速度很快，故又称使用该仪器测定的方法为本生式粗糙度仪快速测定方法。由于它是以单位时间内空气流量表示结果，同时测定值越大，表示纸张越粗糙，故而称之为粗糙度仪。实际上它与别克式平滑度仪一起从两个方面去考察纸的同一特性的。

应用仪器

L&W 公司的本特生式粗糙度测定仪如图 4-41 所示，粗糙度仪测量头结构示意图如图 4-42。由供气系统、调压器、测量系统三部分组成。

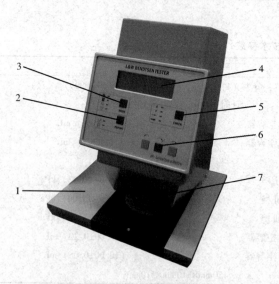

图 4-41　本特生式粗糙度测定仪
1—底座　2—报告按键　3—模式选择按键　4—显示器
5—测量按键　6—开停机按键　7—测量头

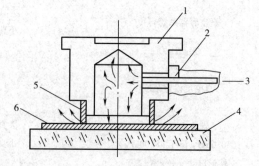

图 4-42　粗糙度测量示意图
1—测量头　2—气嘴　3—气流进口
4—光学玻璃　5—测量环　6—试样

仪器的工作原理是基于恒定压强的微弱气流在以特制的金属环与试样的接触面之间通过试样表面越粗糙，气流通过越顺利，单位时间内流过的空气量就越大。气体的流量可通过气体转子流量计指示出来。

测定方法

试样稳固地夹在玻璃板和测量环之间。空气从两个测量环之间的空间流过测量环和试样之间的接触面所流过的空气量以（mL/min 计）。

纸样放入测试位置后，传感器将随即检测到纸张，测试过程就开始，纸样被自动提升到测试头处，致使测试头可以 98kPa 的标准恒定夹头压力顶在纸样上，测试结束后，测试头松开纸样，并可以将纸样移动到另一个位置，可防止操作错误。

结果显示在数字屏上并通过内置打印机打印出来。

测试范围：0~4000mL/min

仪器

显示屏和打印机：5 位字符，最多保留有效数字。

夹头压力：98kPa 或 490kPa。

测试气压：1.47kPa。

结果

测试值：粗糙度

统计参数：平均值

—标准偏差

—变异系数

—最大值和最小值

（三）表面强度的测定

纸和纸板作为主要的印刷材料被印刷业广泛使用。在不同形式的印刷过程中，有受压、着墨、干燥等过程，在这些过程中，不同的纸表现出不同的性能，以往为了判断印刷用纸的性能，往往只测平滑度、可压缩性、白度、不透明度、光泽度、施胶度等，但这些测定项目不能全面反映印刷性能。为了保证印刷品的质量，人们研究了许多模拟试验方法进行测定，其中表面强度的测定便是其中的一项。

纸张的表面强度，是指在一定压力下，以一定黏度的油墨，使纸在加速条件下印刷，当作用于表面的外部拉力大于纸或纸板的内聚力时，引起纸或纸板表面的剥裂亦即出现起毛时的速度（也称之为拉毛速度），以 mm/s 或 m/s 表示。

纸张的表面强度是印刷纸的一项重要性能指标。表面强度不足的纸张，在印刷过程中易产生掉毛掉粉现象，随着印刷的进行，堆积在印版上的纸毛纸粉越来越多，最后导致糊版而影响印刷质量和印刷操作。因此，提高纸张的表面结合强度，对保证良好的印刷效果是非常重要的。

应用仪器

采用 IGT 型印刷适性仪。该仪器分为两部分。

（1）油墨分布仪

由四个金属筒辊和两个聚氨基甲酸酯胶辊组成。仪器中间装有电机微动开关，当手柄放下时，压下微动开关，电机开始工作，金属筒辊也开始转动。通过这个手柄，还可将胶辊与金属辊分离。在油墨分布仪后面一组金属辊下，装有 2 个胶制油墨分布装置，这两辊在仪器工作时可左右窜动。油墨分布仪的作用是将油墨均匀地分布于油墨盘上。其结构如图4-43所示。

（2）印刷试验仪

主要由弹簧加速器、扇形印刷板和一个或两个油墨盘安装轴组成。试验时，样品夹在扇形板上，调节油墨盘与样品间的压力。开始试验时，启动测试按钮，纸样与油墨盘接触并随着扇形板加速摆动，即可完成测试。印刷试验仪的结构如图4-44所示。

图4-43　油墨分布仪
1—油墨盘　2—胶辊　3—油墨盘支架

图4-44　印刷试验仪
1—调压手轮　2—油墨盘轴　3—扇形印刷板　4—显示器

测定方法

（1）油墨的分布

①用溶剂（汽油）将分布仪的各辊清洗干净。

②用油墨吸管吸取2mL的拉毛油或油墨，然后挤出1mL的油墨于聚氨酯树脂辊上，分布均匀。

③开动分布仪，即将聚氨酯树脂辊放下，并将小型分布辊与主动铬辊接触。使油墨分布8min。

④将宽10mm的油墨盘与聚氨酯辊接触运转90s取下。

（2）印刷测定

①切取宽22mm，长250~270mm的纸条，试样方向为纵向正面及反面，每一条各取5条。

②将试验纸条紧贴夹在纸垫上或胶垫上（新闻纸、凸版纸用纸垫，胶版纸、涂料纸用胶垫）。

③置油墨盘于印刷试验仪上，使扇形体带着纸条与油墨盘接触。

④调节印刷压力至（343±10）N，放开扇形体即进行了印刷试验。

⑤立即取下印刷后的纸条，在荧光灯下视线与纸面约成15°角检查纸条表面。如有起毛，记下开始连续起毛的位置。

⑥测量印刷开始至起毛和起泡、撕裂点的距离。印刷开始点为墨盘与纸条接触的地方，即在纸条上显有较深的印痕的中心线为起始点。由此点量到起毛点的距离，对照速度—压力曲线图表上查出该纸条的表面强度（拉毛速度）。

⑦每试验完一条，即用溶剂清洗油墨盘，后再用高档卫生纸将残余溶剂擦净。每试验10条试样后，即在聚氨酯树脂辊上再补充0.16mL的拉毛油或油墨，再分布3min。再上油墨盘继

续试验。印 50 条后，将仪器全部清洗，重新上油进行试验。

⑧如果所用的速度未能使试样起毛，就换用高一档的速度或较高黏度的油墨进行试验。若所用油墨的黏度使得试样在 20mm 以下就开始起毛，则应换较低黏度油墨或降低速度进行试验。

注意事项

①分别报告表面强度纵向正、反面的平均值及其最大值和最小值，以 mm/s 或 m/s 表示，修约至三位有效数字。

②注明所用油墨黏度、印刷压力、仪器型号和所用速度范围。

七、光 学 性 能

（一）白度的测定

纸和纸板、纸浆白度测定采用 457nm 的蓝光漫反射方法进行测定。所有仪器为国产的 RH-48B 白度测定仪。该仪器主要测量纸和纸板、纸浆和化纤用浆、棉花和化纤、纺织品、塑料、陶瓷、搪瓷、淀粉、食盐、白水泥、瓷土、滑石粉等各种物体的白度。还可以测量薄页材料的不透明度等光学性能。

①测定试样的蓝光漫反射因数（R457），称为"蓝光白度"或"ISO 白度"（ISO Brightness）。

②分析试样材料是否含有荧光增白剂，并可测定荧光发射产生的荧光白度，即增白度。

③测定试样的亮度刺激值 Y10，即绿色光漫反射因数 R_y。

④测定试样的不透明度、透明度、光散射系数和光吸收系数。

⑤测定纸和纸板的油墨吸收值。

有关计算公式：

设纸张的不透明度为 OP（%），则按式（4-26）计算：

不透明度：
$$OP = \frac{R_0}{R_\infty} \times 100\% \tag{4-26}$$

式中　R_0——黑背衬一张试样，漫反射因数 R_y 测定值

　　　R_∞——多层试样（不透明）R_y 测定值

设纸张透明度为 T（%），则按式（4-27）计算：

透明度：
$$T = \frac{R_{84} - R_0}{R_{84}} \times 100\% \tag{4-27}$$

式中　R_{84}——以 $R_y = 84$ 白板为背衬，一层试样 R_y 测定值

　　　R_0——同上

操作方法

1. 开机

①仪器应安放在稳固的水平台面上，防止震动，避免强光照射、灰尘和溅水。

②电源插座接地端应可靠接地。

③按下仪器后面的电源开关，预热约 2min。

2. 校准

（1）R457 校准

①推进大小拉板到底。

②调零。试样托上放黑筒，按"调零"键，显示"R_{457}调零，请放黑筒"，"↙"键，显示"请稍等，正在调零…"，几秒钟后显示"R_{457}调零完毕"，取下黑筒。

③校准。试样托上放 1 号工作板，按"调准"键，显示"校准：请放标准板，R_{457} = ×××.××"（可通过"▲"，和"▶"修改标准值）、"↙"键，显示"请稍等，正在校准…"，几秒钟后显示"R457 校准完毕"，取下 1 号工作板。

④调荧光。如被测试样不含荧光增白剂，本步序可省略。试样托上放 3 号工作板，按"测定键"，显示"R_{457} = ×××.××"。

a. 若显示值与 3 号工作板标准值相等（以相差不超过 0.3 为好），则荧光已调准，取下 3 号工作板。

b. 若显示值小于 3 号工作板标准值，则顺时针方向转动大拉板旁的荧光调节螺钉，同时将大拉板再向里推进到底，按"测定键"，直到显示值等于 3 号工作板标准值，取下 3 号工作板。重复上述调零、校准、调荧光步序。

c. 若显示值大于 3 号工作板标准值，则逆时针方向转动大拉板旁的荧光调节螺钉，按"测定键"，直到显示值等于 3 号工作板标准值，取下 3 号工作板。重复上述调零、校准、调荧光步序。

（2）R_y 校准

如不测定试样的绿色光漫反射因数 R_y、不透明度、透明度、光吸收系数和光散射系数、油墨吸收值等参数，本步序可省略。

①拉出小拉板到底，大拉板仍推进到底。

②调零。试样托上放黑筒，按"调零"键，显示"R_y 调零，请放黑筒"，"↙"键，显示"请稍等，正在调零…"，几秒钟后显示"R_y 调零完毕"，取下黑筒。

③校准。试样托上放 1 号工作板，按"调准"键，显示"校准：请放标准板，R_y = ×××.××"（可通过"▲"，和"▶"修改准标值）、"↙"键，显示"请稍等，正在校准…"，几秒钟后显示"R_{457} 校准完毕"，取下 1 号工作板。

3. 测量

（1）蓝光白度（R_{457}）和荧光增白度（F）的测量

①推进大小拉板到底。

②试样托上放被测试样，按"测定键"，即显示提示符 R_{457} 和试样的 R_{457} 白度值。

③对含有荧光增白剂的试样，在测定试样的 R_{457} 值后，接着拉出大拉板到底（小拉板仍推进到底），再按"荧光白度"键，即显示提示符 F 和荧光增白度值（%）。

（2）平均值测量

蓝光白度（R_{457}）、绿光漫反射因数（R_y）均可用"平均值"键获得多次测量的算术平均值。

在进行平均值测量之前，应先按"平均值"键（提示符显示 Av），再进行同一参数的多次测量（测量次数最多 20 次），然后再按"平均值"键，即显示该参数的平均值×× (Av) = ×××.××。

（3）绿光漫反射因数 R_y（亮度刺激值 Y10）的测量

①拉出小拉板到底，推进大拉板到底。

②试样托上放置被测试样，按"测定键"，即显示提示符 R_y 和试样的 R_y 值。

（4）试样的不透明度、光吸收系数、光散射系数的测量

①拉出小拉板到底，推进大拉板到底。

②以多层试样（层数以不透明为宜），按"R_∞"键，即显示R_∞数值（%）（可多次测量取平均值）。

③试样托上放一层试样，试样下面再放黑筒作为背衬，按"R_0 OP T"键，即显示不透明度OP（%）、光散射系数值S（m²/kg）和光吸收系数值A（m²/kg）数值（可多次测量取平均值）。

（5）试样的透明度测量

①拉出小拉板到底，推进大拉板到底。

②以R_y = 84±2的白板为背衬，放一层试样，按"R_{84}"键，即显示R_{84}数值（%）（可多次测量取平均值）。

③试样托上放一层试样，试样下面再放黑筒作为背衬，按"R_0 OP T"键，即显示透明度T（%）（可多次测量取平均值）。

（6）数据打印

在每次测量或按平均键后，可按打印键打印数据（适用于已配置打印机的机器）。

4. 仪器控制面板各按键

示意图见图4-45。

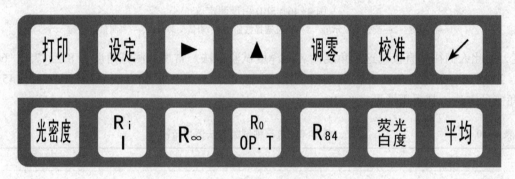

图4-45　控制面板按键示意图

白度仪外观如图4-46所示。

（二）纸和纸板光泽度测定

许多纸和纸板在使用中要求有良好的光泽度。特别是一些涂布印刷纸还要求印刷后油墨层具有良好的光泽度。光泽度实际上也是一个心理物理量，它取决于从物体表面沿与入射角相等的角度镜面反射的光量。因此，人们对光泽度下的定义为：光泽度是指物体表面方向性选择反射的性质。这一性质决定了呈现物体表面所能见到的强反射光或物体镜像的程度。相应的镜面光泽度的定义为：试样表面在镜面反射（规则反射）的方向到规定孔径内的光通量与相同条件下标准镜面的反射光通量之比，以百分数表示。造纸上所讨论的光泽度，就是镜面光泽度。当光照射到试样上，如没有镜面反射，则物体光泽度为零。如果对入射光全反射，则物体光泽度为100%。

光泽度的测定原理和方法很简单，就是以某种光源的光以一定入射角照射试样，在与入射角相同的反射角处接收试样镜面反射光量，以试样镜面反射光量与同样条件下标准光泽板的镜面反射光量之比（%）表示结果。然而纸张有许多种，其光泽度也是大小不一，因此，应选择各自适合的测定条件以适应不同类型的试样。由于测定条件中，最主要的是入射光和反射光的

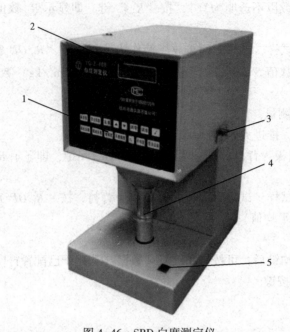

图 4-46　SBD 白度测定仪

1—控制键　2—读数的显示屏　3—挡位选择按钮　4—测量头装置　5—"测量"按键

角度，因此人们往往直接以这个角度命名光泽度试验方法。常用的测试角度有 85°，75°，60°，45°，20°，0°，但这些角度各自适用的范围不同。我国光泽度试验方法采用的是 75°、45° 和 20°角三种方法，其适用性见表 4-10。

表 4-10　　　　　　　　　　**75°、45 和 20°角三种试验方法适用范围**

角　　度	75°	45°	20°
适用范围	较低光泽度的涂料，非涂料加工纸及油墨膜，铜版纸	适用于中等范围光泽度的纸或纸板，如金属复合纸	高光泽油漆薄膜，玻璃卡纸，高光泽油墨等

由于有多种测量角度，在测量时必须考虑测量仪器是否适合于测量对象。现以测量中等范围光泽度的纸或纸板（测量角度为 45°）为例说明，其余可类推。

应用仪器

KGZ-1A 镜向光泽度测定仪。

该仪器光学系统如图 4-47 所示，图 4-48 为该光泽度仪的外形图。

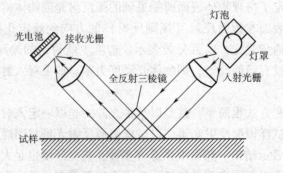

图 4-47　KGZ-1A 镜向 45°角光泽度测定仪光学系统图

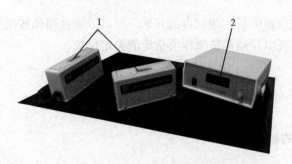

图 4-48　KGZ-1A 20°、45°角镜面光泽度测定仪
1—测量头　2—控制面板及显示器

该系统通过磨砂灯泡发光，照射在一个孔径为 1.5mm 的光栅上，光栅处于透镜的焦点位置，所产生的平行光束投射到试样表面上并发生反射，入射角和反射角均为 45°±0.5°，反射光通过第二透镜聚焦，在接收光栅孔上形成入射光栅孔影像，然后被光电池吸收。仪器附带有夹样板和吸紧装置。

测定方法

将测量头插入主机后板的插座上，接通电源并打开仪器电源开关，预热 10min。

将试样切成 100mm×100mm 的试片 10 张，并要避开水印、斑点及其他外观纸病。要将试样保持清洁、平整，不得用手触摸试样表面。在标准大气条件下处理并进行测试。

将第一张试片插进仪器测试孔，从显示器上读取光泽度值。一般每片试样正反面及纵横向都要进行测试，取每一面纵横向平均值作为样品的光泽度值。

注意事项

①该仪器系光学精密仪器，存放及使用地点应保持干燥，忌潮湿，标准板最好存放在干燥器中。

②测量头工作面朝上或朝下都可以使用，平常放置最好工作面朝下，以免灰尘落入测量头。避免强光直射而引起光电池疲劳。

③标准板应保持清洁，不得有任何脏物，以免划伤其表面，使用时应拿其边缘，切勿用毛巾、硬毛刷或硬纸等擦抹，也不要用嘴去吹。可使用脱脂棉或镜头纸沾无水酒精和乙醚的混合液 [（3~5）∶1] 轻轻擦抹。

拓展

图 4-49 是一种由 L&W 公司生产的全自动镜面光泽度仪。

备件：校正标准板、工作标准板和黑筒。用于设备和校正的计算机软件。

测试范围：0~100 光泽度单位（GU）或 0~10%。

角度：75°或者 20°。

仪器：显示屏和打印机 5 位字符，最多保留 4 位有效数字。

测试时间：4s。

光源：卤素灯。

图 4-49　镜面光泽度
1—测试头　2—报告按键　3—显示屏
4—测试按键　5—电源按键

测定方法

将试样放置在测试位置中后，测试自动开始。也可以通过操作按钮来启动测试。纸样通过仪器上的一个观察口，可以精确调整纸样所选定的测定位置。

八、外观性能

（一）外观纸病的检查意义

纸张外观检查即外观纸病检查，它是指通过检验者的感官，基本上可以不使用仪器就能测出的纸病。然而，有某些外观纸病如尘埃度、透光、孔眼等，却是必须用仪器才能准确检验出来的。

许多外观纸病，在不同程度上影响着纸的质量，它不但降低了纸的使用价值和成品率，同时增加了成品的损耗，而且严重的会使纸张成为废品。因此，外观纸病的检查是很重要的。

外观纸病和纸的物理性能也有很密切的关系，例如，透光不匀的纸，它的某些物理性能（施胶度、透气度、抗张强度等）也会受到一定的影响。

（二）尘埃度测定

尘埃，是指纸页表面上在任何照射角度下，用肉眼可见与纸面颜色有显著区别的纤维束及其他杂质。尘埃度是指每平方米面积的纸或纸板上，以具有一定面积的尘埃的个数表示或以每平方米面积的纸或纸板上尘埃的等值面积（m^2）表示。

由于生产纸张的工艺复杂，造纸过程中会有一些杂质不能除去或从外部混入。例如黑色尘埃的成分一般是煤渣；深黄色尘埃的成分可能是金属，也可能是铁锈；暗棕褐色尘埃则有可能是树脂点。尘埃严重的纸，用来印人则脸上有麻点，印文件会易发生标点符号错误造成严重影响，书写时则能使数字有差错。

应用仪器

尘埃度测定台

纸或纸板尘埃度的测定应在尘埃度测定台（见图 4-50）上进行测定。测定台上装有 20W 日光灯，其照射角度为 60°，测定台上设置一块可转动的试样板，用乳白色的玻璃或半透明塑料板制成，试样板的面积为 270mm×270mm。

测定方法

切取 250mm×250mm 的试样至少 4 张。将第一张试样放在可转动的试样板上，用板上四角压钳分别钳压紧，在日光灯下检查纸面上肉眼可见的尘埃，眼睛观察时的明视距离为 250~300mm，用不同标记圈出不同面积的尘埃。用标准尘埃图片鉴定纸上尘埃的面积大小，分别记录同一面积的尘埃个数。

然后将试样板旋转 90°，每旋转一次后将新发现的尘埃加以标记。直到返回最初的位置为止，然后再照上面方法检查试样的另一面。

按上述步骤测定其余 3 张试样。

试验结果的表示有两种方法：

（1）方法 1

按下表的分组计算出每一张试样正反面每组尘埃的个数，若单面使用的纸张则仅测定使用

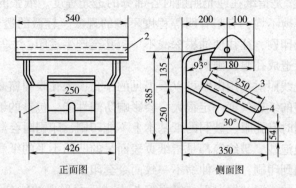

图 4-50 尘埃度测定台

1—测定台 2—日光灯 3—试样板 4—试样

面的尘埃，将 4 张试样合算，然后换算成每平方米的尘埃个数，计算结果取整数。

组别	尘埃面积
1	$\geq 2.0 \text{mm}^2$
2	$\geq 0.5 \sim 2.0 \text{mm}^2$
3	$\leq 0.3 \text{mm}^2$

设尘埃度为 N_D（个/m^2），则按式（4-28）计算：

$$N_D = \frac{M}{n} \times 16 \tag{4-28}$$

式中 M——全部试样正反面尘埃总数，个

n——进行检查尘埃试样的张数

16——换算系数，$1/\text{m}^2$

注意事项

①同一个尘埃穿透纸页，使两面均能看见时，应按两个尘埃计算。

②大尘埃及黑色尘埃取 5m^2 试样进行测定。

（2）方法 2

按每平方米的尘埃平方毫米数表示，设尘埃度为 S_D（mm^2/m^2），则按式（4-29）计算：

$$S_D = \frac{\sum A_x \cdot N_x}{n} \times 16 \tag{4-29}$$

式中 N_x——某一尘埃面积的个数

A_x——某一尘埃面积，mm^2

n——进行检查尘埃试样的张数

16——同上

（三）其他纸病的检查

1. 外观纸病的检查项目

外观纸病除尘埃外，还有其他各种不同的纸病需要加以检查，兹介绍如下：

①斑点：斑点与尘埃的区别在于尘埃与纸面的颜色有显著差别，而斑点与纸面的颜色区别不大，主要在于纸面色泽阴暗和反光不一致。斑点严重的纸，印刷时油墨不易吸收，因而印不上色，书写时墨水写不上，严重影响使用。

②透光（透明点）：是指纸在迎光照射时各部分的透光程度。纸张的透光不匀是因为纤维组织不良，纸上出现厚薄不均，有暗有明等程度不一的现象。轻微的透光一般不致影响使用，但严重透光的纸会影响印刷，往往使油墨深浅不一，甚至产生透印，书写时薄的地方墨水会渗透纸页，稍受外力就会造成孔眼或破洞。

③孔眼：是指在光线照射下用肉眼可以看得见的小孔，大孔眼叫窟窿。孔眼对使用上的危害是很大的，小孔眼多的纸透气度一定很大，会影响防潮性能，包针的纸、防潮纸、感光防护纸均不允许有孔眼。同时有孔眼、破洞的纸基本上不能印刷，印刷时会漏字或糊版。

④皱纹：鼓泡、泡泡纱、皱纹等都是指纸页表面呈的凹凸不平的纸病。皱纹纸病影响纸张美观，严重的皱纹影响到印刷，由于伸缩不一致而令套印不准。

⑤折子：是指在干的或湿的情况下，纸页经折叠或重叠形成的能分开或不能分开的折痕。在张力作用下能够伸开的叫活折子（但纸面上仍有折痕），反之叫死折子。死折子不能印刷，严重的死折子印刷时轧坏印刷胶辊，书写时妨碍书写，因此，死折子是各种纸张所不允许存在的纸病。

⑥疙瘩：纸页中有高出于纸面的、由纤维聚集而成结实的纤维团或附有小木块等未蒸解的原料，称为疙瘩。疙瘩纸病对纸张使用的影响是十分严重的，尤其是对于印刷用的纸危害更大，它在印刷中会轧坏胶辊。包装用纸会因疙瘩而降低纸的强度，引起包装破裂而污损商品，所以疙瘩是各种纸张不允许的纸病。

⑦裂口：纸的边部或中部被撕裂成裂缝叫作裂口。裂口影响纸张使用面积，是各种纸张都不允许有的纸病，但如果边沿裂口在 3mm 以内，对使用的影响并不大，可作为等外品。

⑧有光泽和无光泽条痕：在光线照射下可以看到和纸面光泽不同的条痕，也叫作烘缸道子或压光道子。有光泽和无光泽条痕严重影响纸张外观，由于吸收性不均匀，所以对于套版印刷出来的图画色彩深浅明暗不均一，一般产品标准规定不应有或不得超过标准规定。

⑨切边不整齐不洁净：是指纸张裁切后，纸边有锯齿状或带毛的现象。切边不整齐、不洁净，会影响纸的外观。若再切去不整齐不洁净的部分纸边，纸的尺寸就不合规定标准，影响到使用面积，造成用户的损失。边上有毛的纸在胶版印刷时，纸毛会掉到胶辊上，会造成图案、字迹模糊不清。因此有这种纸病的纸张，不能作为合格品。

⑩掉粉、掉毛：是在纸面上分离出填料微粒和折断的细小纤维。掉粉是铜版印刷纸和胶版印刷纸常见的纸病。掉粉、掉毛会降低纸的印刷性能（产生花印）；在凹版印刷和胶版印刷时，由于掉粉会造成糊版，竖起的纤维又极易被油墨黏起，使图案发花，图样模糊不清，严重影响使用效果，故应防止。

⑪色调不一致：是指同批产品，同令纸中的白度或颜色不一致。一般称为夹花。用夹花的纸印刷书刊，一本书有几种色调；用夹花的纸板制成纸盒，会使各盒之间或盒底盒盖之间颜色不同，都影响美观。但在实际生产中，要求纸张颜色保持绝对相同是比较困难的，因此各种纸张的质量标准，都只规定每批产品颜色不许有显著差别，并要求每件或每卷纸不许有两种以上的颜色差别。一般造纸厂对于白纸的白度，每批产品的差别控制在 5 度以内。

⑫纸两面不一：是指纸张的正面、反面的质量性能不一致。纸张两面不一，不仅影响外观，而且对书写和印刷也是不利的。

2. 外观纸病的检查方法

①迎光看纸病：将纸张迎着光源（或放在装有反光灯的玻璃上）照看，光线透过纸页，用肉眼观察纸病，主要用于检查纸张的匀度及孔眼。

②平看检查：将纸张置于平面或斜面上，光线由左方照射，眼睛离纸面大约为 0.3m，目

光正对纸面看，普通的外观纸病如皱纹、脏点、尘埃、孔眼、裂口等，都可以看出来。平看检查一般采取室内普通的光线，不宜用强烈灯光照明或在太阳光直接照射下进行。

③斜看检查：有些外观纸病如纸面的有光泽和无光泽条痕、毛毯印子等，用平看检查方法不易发现，必须用斜看方法来检查，用手把纸的一边提高一些，从不同的角度斜看。又如检查纸面是否起毛，先用手摩擦纸面，再把纸张的一边提高，凑近眼睛对着光线斜看，如纸面起毛，就可以看到纸面上竖立着许多细小纤维。

④手摸检查：有些纸病如疙瘩、纸张表面夹杂细小砂粒、纸张纤维组织内部夹杂木屑、草筋和纸的厚薄等，凭眼看往往不容易发现，要用手摸才能够感觉出来。另外，用手适度揉搓或抖动纸张，然后观察揉搓或抖动后的纸张有无裂口，就可以初步判断出纸张是否发脆。

⑤听声检查：纸张的强韧性通常叫作纸张的"身骨"，身骨好的纸张，用手捏住纸张一伸一缩地拉动时，发出的声响比较清脆，身骨较差的纸张发出的声响就比较微弱。身骨越强的纸响声越大，拉动时也不容易拉破；而身骨越差的纸响声越小，而且容易破裂。不同的原料制成的纸张响声也不同，如木浆纸清脆，草浆纸比较钝浊，棉浆则比较柔和。同样原料用不同制浆方法生产出来的纸张其响声也不同。一般硫酸盐法浆造的纸比亚硫酸盐法浆造的纸响声要大一些。

复习思考题

1. 为什么要对纸和纸板进行物理性能检验？
2. 物检前的纸张试样为什么要经恒温恒湿处理？恒温恒湿条件是什么？
3. 我国的印刷、书写和绘图纸幅面尺寸有几个系列？各个系列所采用的原纸分别是什么规格？
4. 平板纸的偏斜度用什么表示？
5. 如何分辨纸张的纵横向和正反面？
6. 定量的测定有什么经济意义？
7. 纸张的厚度测定应在什么条件下进行？为什么要选多个测量点？
8. 在测定哪几个项目后方可计算出纸张的紧度？
9. 纸张的伸缩性对使用有什么影响？
10. 试述纸张抗张强度测定仪的工作原理。
11. 怎样表示抗张强度的测定结果？
12. 湿强度的测定有什么意义？
13. 纸张的抗张能量吸收值是怎样测定的？
14. 耐破度测定仪的结构有哪几部分？压力是如何传递的？
15. 肖伯尔耐折度与 MIT 耐折度有什么不同？
16. 撕裂度的测试层数和测定结果有什么关系？
17. 柔软度的单位用什么表示？为什么说柔软度是一个综合性的指标？
18. 试述泰伯式挺度仪的工作原理。
19. 戳穿强度的测定原理是什么？
20. 环压强度的测定分别有哪几个过程？双刀切样器的作用是什么？
21. 瓦楞纸板的平压、边压及黏合强度如何测定？
22. 透气度的定义是什么？用什么表示？肖伯尔式透气度测定仪的真空环境是如何形成的？

23. 葛尔莱透气度测定仪的工作原理是怎样的？

24. 在透湿度和折痕透湿度的测定中，其封样定位装置各部分起什么作用？

25. 墨水划线法与液体渗透法测定施胶度各有什么特点？

26. 毛细吸液高度测定有何意义？

27. 纸张的吸收性可用浸水法和可勃法测定，哪一种方法更适用于防潮渗透型的纸袋纸和有关包装纸？

28. 平滑度与粗糙度在单位表示和测定方法上有哪些不同？

29. 试述 IGT 型印刷适性仪的工作原理（包括油墨分布仪和印刷试验仪）。

30. SBD 白度测定仪的调零与标准白度板校正分别起什么作用？

31. 爱利夫白度测定仪测定白度的优点是什么？

32. 纸张的透明度与不透明度对使用所造成的影响是什么？

33. 纸和纸板光泽度的测定对不同的纸种有什么选择要求？

34. 表示尘埃度的两种方法各是什么单位？

35. 外观纸病有哪几种？分别有什么特征？

36. 通常有哪几种方法检测外观纸病？

第五章　制浆造纸化工原料的分析

制浆造纸厂所用原料，除植物纤维原料外，还用了多种辅助原料。这些辅助原料中除少数是天然矿物外，多数为化工产品。例如用于硫酸盐法蒸煮的烧碱、硫化碱；用于漂白的漂白粉、液氯，用于施胶的松香、硫酸铝等都是基本常用的化工原料。此外，还有用于改善施胶效果或赋予纸品特种性能的一大类精细化工产品，例如湿强剂、干强剂、特种添加剂等，在纸厂日渐被广泛采用。

化工原料分析的任务是指进货、储存、使用过程中的分析。其目的是防止不合格原料进厂入库，以维护纸厂的利益；防止库存原料在存放期间变质，以利于原料的保管；对即将投入使用的化工原料进行分析，可以保证正确的工艺投料，发挥优质原料的使用效益。可见，化工原料的分析是纸厂中技术管理的一个重要环节，是制订原料消耗定额和进行经济核算的依据，是保证产量质量的重要措施。

化工原料分析的另一任务是确定什么样的原料适于生产什么纸品，例如含铁量高的化工原料就不适合生产高级纸张，如电容器纸等。

本章主要内容是对化工原料的主要成分及杂质进行分析，以确定其各自的含量。

一、试样的采取

化工原料采样的目的、基本原则、采样的方案、技术、采样的记录报告等，应遵照《GB/T 6678—2003　化工产品采样总则》。采样的基本目的是以被检的总体物料中取得代表性的样品。一般到厂的化工原料数量较大，包装方式、均匀程度不同，如缺乏代表性或丢失、掺入组分，即使分析十分准确，也没有实际意义，还会给生产带来危害。

纸厂是化工原料的使用单位，采样目的从技术方面来看，有确定原料的质量、确定原料随时间和环境的变化程度等。从商业方面看，有验证原料是否符合合同规定、销售价格是否合理。从法律方面来看，有为了仲裁等。目的不同，要求也不同。

（一）化工原料采样的规则

1. 制定采样方案应考虑因素

为了掌握总体物料的成分、性能、状态等特性，往往需要按一定方案从总体物料中采得能代表总体物料的样品，通过对样品的检测来了解总体物料的情况。在制定采样方案时，要充分考虑下列因素：

①被采总体物料的性质、物理状态和范围，范围可以是买卖的双方协议的某交货批，或间断生产的某生产批，当连续生产时，可以是某时间间隔内生产的物料；

②总体物料在生产时或产出后被污染或变质的可能性；

③可以接受的采样误差；

④被检物料的规格；

⑤物料判定标准的特性定义；

⑥物料的价值；

⑦简化采样操作的可能性。

2. 采样方案应包括内容

当了解采样方案所涉及的诸因素后，就可以根据采样目的和要求以及掌握的被采样物料的所有信息来制定采样方案的基本内容，它至少包括以下内容：

①确定总物料的范围；

②确定采样单元和二次采样单元；

③确定样品数、样品量和采样部位；

④规定采样操作方法和采样工具；

⑤规定样品的加工方法；

⑥规定采样安全措施。

3. 采样技术中针对物料均匀性采取措施

采样是一项艰苦细致的工作，既需要责任心也需要一定的采样技术。采样时会因偶然因素引起偏差；也会因采样方案不完善、采样工具不良引起系统误差。采样技术中还包括应注意物料的均匀性。物料按特性值变异性类型可分为两大类，即均匀物料和不均匀物料，它是设计采样方案的基础，一般根据经验来推断物料的均匀性。

（1）均匀物料的采样

均匀物料的采样，原则上可以在物料的任意部分进行。但要注意：

①采样过程中不应带进杂质。

②避免在采样过程中引起物料变化（如吸水、氧化等）。

（2）不均匀物料的采样

不均匀物料的采样，除要注意与均匀物料相同的两点外，一般采取随机采样。对所得样品分别测定，再汇总所有样品的检测结果，可得到总体物料的特性平均值和变异性的估计值。如果从总体物料中随机选取若干等量或不等量样品，合并成大样，再缩分成最终试样，那么从它得到的特性平均值的估计量误差较大，同时也得不到变异性的信息。

不均匀物料可分随机不均匀和非随机不均匀两大类。随机不均匀物料是指总体物料中任一部分的特性平均值与相邻部分无关的物料。其采样可以随机选取，也可以非随机选取。非随机不均匀物料又可分为三小类：定向、同期、混合不均匀物料。

物料特性沿某一方向改变的物料称定向非随机不均匀物料。如输送带上由于振动的"自然分层"现象，高温灌装后由近壁向中心凝固其杂质会形成梯度。对这样的物料要分层采样。

在连接的物料流中，物料的特性呈现出周期性变化的物料称周期非随机不均匀物料。其采样最好在物料流动线上采样，采样频率应高于变化频率，切忌同步。

由两种或两种以上特性平均值组成的物料称混合非随机不均匀物料。例如由几个生产批合并的物料。其采样尽可能使各组成部分分开然后按上述各种物料类型的采样方法采样。

4. 样品数和样品量

采样技术中包括样品数和样品量的确定。在满足需要的前提下，样品数和样品量越少越好。任何不必要的增加样品和样品量就可能导致采样费用的增加和物料的损失。能给出所需信息的最少样品数和最少样品量为最佳样品数量。

（1）样品数

对一般化工产品，都可用多单元物料来处理。其单元界限可能是有形的，如容器，也可能是设想的，如流动物料的一个特定时间间隔。

对多单元的被采物料，采样操作分两步，第一步，选取一定数量的采样单元。其次是对每个单元按物料特性值的变异性类型分别进行采样。

总体物料的单元数小于 500 的，采样单元的选取数，推荐表 5-1 的规定确定。总体物料的单元数大于 500 的，采样单元数的确定，推荐按总体单元数立方根的三倍数，即 $3 \times \sqrt[3]{N}$（N 为总体的单元数），如遇有小数时，则进为整数。例如单元数为 538，则 $3 \times \sqrt[3]{538} \approx 24.4$，将 24.4 进为 25，即选用 25 个单元。

表 5-1　　　　　　　　　　　　　　　选取采样单元的规定

总体物料的单元数	选取的最少单元数	总体物料的单元数	选取的最少单元数
1~10	全部单元	182~216	18
11~49	11	217~254	19
50~64	12	255~296	20
65~81	13	297~343	21
82~101	14	344~394	22
102~125	15	395~450	23
126~151	16	451~512	24
152~181	17		

（2）样品量

在满足需要的前提下，样品量越少越好，但其量至少满足以下要求：至少满足三次重复检测的需要；当需要留存备考样品时，必须满足备考样品的需要；对采得的样品物料如需作制样处理时，必须满足加工处理的需要。

（二）固体试样的采取

到厂的化工原料，不少其单元界限是有形的，如一桶、一箱、一袋。对于这种具有包装物料的取样样品数可按表 5-1 的规定或按总体单元数立方根的 3 倍选取单元数。对于粉末或小颗粒体装单元，采样时可用如图 5-1 的采样探子（《GB/T 6679—2003 固体化工产品采样通则》推荐有诸多取样工具），按一定方向，插入一定深度取足样品。对于粗粒和规则块状物，可先粉碎并充分混合后按粉末状物取样。取样探子插入时，应槽口向下，把探子转动两三次，抽回时应保持槽口向上，再将探子内物料倒入样品容器内。

一些性质比较稳定、数量又大的物料如煤、石灰、石灰石、硫铁矿等，大多数是散装堆放储存。其不均匀不但表现在颗粒大小不一，还表现在表面

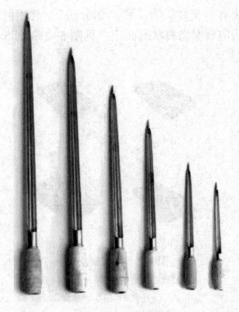

图 5-1　取样探子

内部的成分差异，堆放时出现自然分层现象（即大颗粒集中于外沿、底部，细颗粒聚集在中心）。采样时可先在堆四周表面划出相互垂直的直线而将堆表面分成许多格子，每个格子大小视堆的大小约为 $0.5 \sim 1 m^2$。用采样探子从交点插入堆中 $0.5 \sim 0.7 m$ 处取样。运动物料亦属散装物料，可用铲子或其他合适的工具从皮带运输机或物料的落流中随机或按一定的时间间隔取截面样品。散装物料采样的样品数当批量少于 2.5t，采样为 7 个单元（或点）；批量为 $2.5 \sim 80 t$，采样为：$\sqrt{批量（t）} \times 20$ 个单元，计算到整数；批量大于 80t 时，采样为 40 个单元。

固体样品采集时应注意环境温度、湿度、光线、氧气、二氧化碳等对物料的影响。例如 Na_2S 久置会氧化，固体 NaOH 久置会潮解吸收 CO_2。

（三）液体试样的采样

纸厂常用的液体原料多为常温下易流动的物料，如液体烧碱、燃料油等。贮存时多为混批立式罐或卧式贮罐。如果立式罐的侧壁或卧式罐的一端安装上、中、下配阀门的采样口，当满罐时可将三部位取样等体积混合即为样品。不满罐时，如果上部采样比中部更接近液面，则以中部采样口采 2/3 样品，以下部采样口采 1/3 样品。如中部采样品比上部口更接近液面，以中部口采 1/2 样品，以下部口采 1/2 样品。如果液面低于中部采样口，则以下部口采全部样品。只一个排料口时，则先把物料混匀，再以排料口采样。

一般原始样品量大于实验室样品量，因而必须将其缩分成两到三份小样。一份送试验室检测，一份保留。

（四）实验室样品的制备

现场采集到的固体样品一般量较大。须在实验室缩分成实验室样品，其步骤通常为：粉碎、过筛、混合、缩分，根据具体情况一次或多次重复，直至获得最终样品。手工缩分的方法有"交替铲法"和"四分法"。选用何种方法应根据物料状况而定，见图 5-2 和图 5-3。

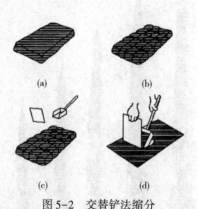

图 5-2 交替铲法缩分
（a）分成正方格的料堆 （b）均分等份
（c），（d）用小铲取样

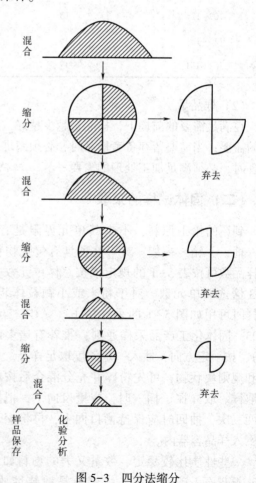

图 5-3 四分法缩分

制备样品的过程中应不破坏样品代表性，不改变样品组成，不使样品受到污染和损失。

最终样品的量应满足检测及备考的需要。把样品一般等量分成 2 份，一份供检测，一份留作备考。每份样品量至少应为检验需要量的 3 倍。

二、制浆造纸化工原料的分析

（一）烧碱的分析

烧碱即工业氢氧化钠，又称苛性碱，工业品有固体烧碱和液体烧碱两种。其主要杂质为碳酸钠、氯化钠、三氧化二铁等。工业上，在电化厂用水银法或隔膜法，电解食盐水溶液制得，亦可由碳酸钠与氢氧化钙作用即苛化法制得，以水银法制备的品质较高。固碱含量在 95%～99.5% 之间，液碱含量在 30%～45% 之间。烧碱多用于制备碱法蒸煮液，较少用于熬松香胶或制漂白液。

烧碱有强腐蚀性，易潮解，吸收二氧化碳生成碳酸钠而变质。故固碱的采样、称样应迅速。生成的碳酸钠不溶于液碱而沉积于罐底，取液碱样时应注意。

纸厂通常测定烧碱中氢氧化钠及杂质碳酸钠的含量。测定氢氧化钠时，试样溶液中先加入氯化钡，则碳酸钠化为碳酸钡沉淀，然后以酚酞为指示剂，以盐酸标准溶液滴到终点，反应如下：

$$Na_2CO_3+BaCl_2 \longrightarrow 2NaCl+BaCO_3 \downarrow$$
$$NaOH+HCl \longrightarrow NaCl+H_2O$$

测定碳酸钠时，试样溶液以甲基橙为指示剂，用盐酸标准溶液滴到终点，则测得氢氧化钠与碳酸钠总和（总碱量），再减去氢氧化钠含量，则可得碳酸钠之含量。

样品溶液的制备

固体烧碱属于定向不均匀物料。杂质由近壁向桶中心成梯度分布，取样时顺桶竖接口剖开桶皮，将碱击碎，迅速取出代表性样品混匀后，取不少于 400g 的试样装于干燥洁净具塞的广口瓶中，密封。液碱取样按液体样本取样方法。取出的样液混匀后，再取出不少于 500g 试样，备用。

用已知质量的称量瓶，迅速称取固体烧碱（38±1）g 或液体烧碱试样 50g（称准至0.01g），置于 500mL 烧杯中，用新煮沸刚冷却的不含二氧化碳的蒸馏水溶解，转入 1000mL 容量瓶中，烧杯与玻棒用蒸馏水洗三遍后一并转入，冷却至室温，加水稀释至刻度，摇匀。

1. 氢氧化钠含量的测定

用移液管吸取 50.0mL 试样溶液于 250mL 锥形瓶中，加入 20mL 100g/L 氯化钡溶液（用前以酚酞为指示剂，以氢氧化钠溶液中和至中性），摇匀，加入 2～3 滴 1.0% 酚酞指示剂，用1mol/L 盐酸标准溶液滴定至溶液由红色变为无色为终点。

固体烧碱中氢氧化钠含量 w_{NaOH}（%），按式（5-1）计算：

$$w_{NaOH} = \frac{c_{HCl}V_{HCl} \times 40/1000}{m_1 \times 50/1000} \times 100\% \tag{5-1}$$

液体烧碱中氢氧化钠含量 ρ_{NaOH}（g/L），按式（5-2）计算：

$$\rho_{NaOH} = \frac{c_{HCl}V_{HCl} \times 40/1000}{\dfrac{m_2}{1000 \times d} \times \dfrac{50}{1000}} \tag{5-2}$$

式中　　c_{HCl}——盐酸标准溶液的实际浓度，mol/L

　　　　V_{HCl}——盐酸标准溶液（以酚酞为指示剂）的滴定体积，mL

　　　　m_1——固体烧碱试样质量，g

　　　　m_2——液体烧碱试样质量，g

　　　　d——液体烧碱试样相对密度

$m_2/$（$1000×d$）——所称量液体烧碱的体积，L

　　　　40——NaOH 的摩尔质量，g/mol

2. 碳酸钠含量的测定

用移液管吸取 50.0mL 试样溶液于 250mL 锥形瓶中，加 2～3 滴 0.1% 甲基橙指示剂，以 $c(HCl)=1mol/L$ 盐酸标准溶液滴定到溶液由黄色变为橙红色为终点。

碳酸钠的含量 $w_{Na_2CO_3}$（%），按式（5-3）计算：

$$w_{Na_2CO_3} = \frac{c_{HCl}(V_2 - V_1) \times 52.99/1000}{m_1 \times 50/1000} \times 100\% \tag{5-3}$$

式中　V_2——以甲基橙为指示剂时，盐酸标准溶液的滴定体积，mL

52.99——$1/2Na_2CO_3$ 的摩尔质量，g/mol

其他符号同前。

注意事项

①亦可用双指示剂法测烧碱的总碱量、氢氧化钠含量、碳酸钠含量，但当烧碱中杂质碳酸钠含量高时，其准确度不如上述氯化钡法。

②以酚酞为指示剂时，盐酸滴入速度不宜过快，并充分摇匀，不使盐酸局部过浓而将碳酸钡沉淀也测定进去，致使结果偏高。

③氯化钡加入后，不宜长时间放置或震荡样液，以防止吸收空气中二氧化碳。

（二）硫化钠的分析

硫化钠俗称硫化碱，工业品为赤褐色，一级品硫化钠含量约为 63.5%。由硫酸钠与煤粉熔融而制得。硫化钠具有还原性，会潮解，腐蚀性强，有毒，易吸收二氧化碳而膨胀。硫化钠易溶于水，且水解生成硫氢化钠和氢氧化钠，而使溶液呈强碱性：

$$Na_2S+H_2O \Longleftrightarrow NaOH+NaHS$$

硫化钠在空气中易被氧化成硫酸钠、硫代硫酸钠等。硫化钠常含的杂质有：具还原性的硫代硫酸钠、亚硫酸钠和不具还原性的硫酸钠、碳酸钠、氢氧化钠等。

硫化钠与烧碱一起用于配制硫酸盐法蒸煮液。

硫化碱中能使碘所氧化的物质（硫化钠、硫代硫酸钠、亚硫酸钠）叫总还原物，这是硫化碱的主要测定项目，一般不作其个别定量测定。测总还原物时，由于硫化碱水解的强碱性，故不能用碘标准溶液直接滴定，只能在弱酸性介质中，利用碘的弱氧化性，加一定量过量的碘液与样液中全部还原剂作用：

$$Na_2S+I_2 \longrightarrow 2NaI+S\downarrow$$
$$Na_2SO_3+I_2+H_2O \longrightarrow Na_2SO_4+2HI$$
$$2Na_2S_2O_3+I_2 \longrightarrow 2NaI+Na_2S_4O_6$$

再用硫代硫酸钠标准溶液滴定剩余量的碘：

$$2Na_2S_2O_3+I_2 \longrightarrow 2NaI+Na_2S_4O_6$$

指示剂淀粉溶液由蓝色变成无色为终点。

如测定硫化碱中的硫化钠含量，则首先用硫酸锌使硫化钠变成硫化锌沉淀：

$$Na_2S+ZnSO_2 \longrightarrow ZnS\downarrow +Na_2SO_4$$

过滤除去硫化锌沉淀，按上述碘法测定滤液中亚硫酸钠+硫代硫酸钠总量，以 Na_2S% 计，如总还原物测定结果也以 Na_2S% 计，两者相减则得硫化钠含量。

另取滤液，用醋酸中和至微酸性，加入 40% 甲醇溶液与亚硫酸钠作用：

$$HCHO+Na_2SO_3+CH_3COOH \longrightarrow H_2C \overset{\displaystyle OH}{\underset{\displaystyle SO_2ONa}{\big<}} +CH_3COONa$$

滤去沉淀，再用碘液测定其中硫代硫酸钠量，并计算出亚硫酸钠量。

硫化碱中铁含量用比色分析法测定。

取样方法

采用全部取样方法。桶装产品以每批中随机选取一桶剖开桶皮，迅速击碎，取约 300g 代表性样品，装入干燥、洁净的具塞广口瓶中备用。

1. 总还原物的测定

测定方法

精确称取 2.5g（称准至 0.0002g）试样于 500mL 烧杯中，加新煮沸刚冷却的蒸馏水溶解，转入 250mL 容量瓶中，稀释到刻度，摇匀、静置。

用移液管移取 25mL $c(1/2I_2)=0.01mol/L$ 碘标准溶液，于加有 100mL 水的 250mL 具塞锥形瓶中。加入 10mL 20% 乙酸，然后用移液管移取 10mL 样液，边摇动锥形瓶边溶入样品溶液，加塞再摇匀。用 $c(Na_2S_2O_3)=0.1mol/L$ 硫代硫酸钠标准溶液滴定剩余的碘，当溶液呈浅黄色时，加入 1mL 0.5% 淀粉溶液，继续滴到蓝色消失为终点。

总还原物含量 $w_{总还原物}$（%），以 Na_2S 计，按式（5-4）计算：

$$w_{总还原物} = \frac{(c_{1/2I_2}V_{I_2} - c_{Na_2S_2O_3}V_{Na_2S_2O_3}) \times 39.02/1000}{m \times 10/250} \times 100\% \tag{5-4}$$

式中　$c_{1/2I_2}$——碘标准溶液的实际浓度；mol/L

　　　V_{I_2}——加入的碘标准溶液体积，mL

　　$c_{Na_2S_2O_3}$——硫代硫酸钠标准溶液的实际浓度，mol/L

　　$V_{Na_2S_2O_3}$——滴定时耗用硫代硫酸钠标准溶液体积，mL

　　　　m——硫化钠样品质量，g

　39.02——$1/2Na_2S$ 的摩尔质量，g/mol

注意事项

①硫化钠样品溶液注入锥形瓶时应不断摇动瓶子，防止硫化钠局部过浓。

因为 $S^-+2H^+ \longrightarrow H_2S\uparrow$，当硫化钠局部过浓时，因与醋酸作用会造成 S^{2-} 损失。

②碘标准溶液加入量应不使硫代硫酸钠标准溶液反滴定量过少。否则，需酌情增加碘液加入量。

③本测定需遵守分析化学中碘量法的有关注意事项。

2. 硫化钠的测定

测定方法

用移液管移取 100mL 上述试液于 250mL 容量瓶中，加入 50mL 10% 硫酸锌溶液，摇匀，加入 10mL 50% 甘油水溶液（防止溶液氧化），稀释至刻度，摇匀。静置，使沉淀下降，用滤纸过滤，弃去最初滤液，余下备用。

准确移取 25mL $c(1/2I_2) = 0.1mol/L$ 碘标准溶液于 300mL 具塞锥形瓶中，加入 10mL 20% 乙酸溶液。准确移取 100mL 上述滤液于锥形瓶中，加塞摇匀。用 $c(Na_2S_2O_3) = 0.01mol/L$ 硫代硫酸钠标准溶液滴定，当溶液为浅黄色时，加入 1~2mL 0.5%淀粉溶液，继续滴定到蓝色消失为终点。

亚硫酸钠与硫酸钠含量 $w_{Na_2SO_3+Na_2SO_4}$ （%），以 Na_2S 计，按式（5-5）计算：

$$w_{Na_2SO_3+Na_2SO_4} = \frac{(c_{1/2 I_2}V_{I_2} - c_{Na_2S_2O_3}V_{Na_2S_2O_3}) \times 39.02/1000}{m \times \dfrac{100}{250} \times \dfrac{100}{250}} \times 100\% \tag{5-5}$$

式中　$c_{1/2 I_2}$——碘标准溶液的实际浓度，mol/L

　　　V_{I_2}——碘标准溶液加入量，mL

　　　$c_{Na_2S_2O_3}$——硫代硫酸钠标准溶液的实际浓度，mol/L

　　　$V_{Na_2S_2O_3}$——滴定时所耗用的硫代硫酸钠标准溶液体积，mL

　　　m——硫化钠样品质量，g

　　　39.02——$1/2Na_2S$ 的摩尔质量，g/mol

$$w_{Na_2S}（以 Na_2S 计） = w_{总还原物} - w_{Na_2SO_3+Na_2SO_4}$$

（三）碳酸钠的分析

工业碳酸钠俗称纯碱或苏打。工业品为白色粉状结晶，不含结晶水，一级品 Na_2CO_3 含量 ≥98.05%，二级品≥98.0%。有天然来源，但主要由氨碱法制得。碳酸钠易吸收空气中水分与二氧化碳，使部分碳酸钠变成碳酸氢钠：

$$Na_2CO_3 + H_2O + CO_2 \longrightarrow 2NaHCO_3$$

纯碱主要杂质为 NaCl、$NaHCO_3$、Na_2SO_4 以及铁盐。纸厂用纯碱熬制松香胶或配制蒸煮液。

纸厂通常测定纯碱总碱量，用溴甲酚绿-甲基红混合指示剂或以甲基橙为指示剂，用盐酸滴定，纯碱中所含全部碱性物质均被中和。

$$Na_2CO_3 + 2HCl \longrightarrow 2NaCl + H_2O + CO_2\uparrow$$
$$Na_2CO_3 + HCl \longrightarrow NaCl + H_2O + CO_2\uparrow$$

取样方法

样品按试样采取方法取得，纯碱为袋装产品，取样时将取样钻顺着每袋的垂直中心线插入其深度的 3/4 处，每袋取样不少于 100g，将所取试样集于一处，充分混匀，以四分法采取平均试样 500g，放在清洁、干燥、具塞广口瓶中。其容积应使试样几乎充满。

1. 干基总碱量的测定

测定方法

称取 1.6~1.8g 试样，置于质量恒定的称量瓶中，放入高温炉内，打开称量瓶盖。开始温度不能高于 100℃，后逐渐升温至 250~270℃。烧至质量恒定，冷却后称量（称准至 0.0002g）。将试样仔细倒入 300mL 锥形瓶中，再称空的称量瓶的质量，前后质量之差为试样质量。

用 50mL 新煮沸刚冷却的蒸馏水溶解所取的试样，加 10 滴溴甲酚绿—甲基红混合指示剂，用 $c(HCl) = 1mol/L$ 的盐酸标准溶液滴定至溶液由绿色变为暗红色，煮沸 2min 驱除 CO_2，冷却后继续滴至暗红为终点。

纯碱干基总碱量 $w_{干基总碱量}$ （%），以 Na_2CO_3 计，按式（5-6）计算：

$$w_{\text{干基总碱量}} = \frac{c_{\text{HCl}}V_{\text{HCl}} \times 52.996/1000}{m} \times 100\% \qquad (5-6)$$

式中　c_{HCl}——盐酸标准溶液的实际浓度，mol/L

$\quad\quad V_{\text{HCl}}$——盐酸标准溶液的滴定体积，mL

$\quad\quad m$——纯碱试样质量，g

　52.996——1/2Na_2CO_3 的摩尔质量，g/mol

　2. 灼烧失量的测定

　　测定原理是将试样铺成薄层，在 $250 \sim 270℃$ 下加热至质量恒定，所失去的质量为灼烧失量。它是各种形式的水分以及碳酸氢钠中灼烧生成的水、二氧化碳的质量之和。

$$2NaHCO_3 \xrightarrow{\triangle} Na_2CO_3 + H_2O + CO_2$$

测定方法

　　用质量已恒定的扁形称量瓶称取 5g 试样（称准至 0.0002g），晃动称量瓶使试样成一均匀薄层，打开瓶盖，置于高温炉中，开始温度不能高于 100℃，渐渐升至 $250 \sim 270℃$，灼烧至质量恒定。

　　灼烧失量 $w_{\text{灼烧失量}}$（%），按下式计算：

$$w_{\text{灼烧失量}} = \frac{m_2 - m_1}{m} \times 100\% \qquad (5-7)$$

式中　m——试样质量，g

$\quad\quad m_2$——灼烧前称量瓶及试样质量，g

$\quad\quad m_1$——灼烧后称量瓶及试样质量，g

注意事项

　　①亦可用双指示剂法测纯碱总碱量、Na_2CO_3、杂质 $NaHCO_3$ 的各自含量。先以甲基橙为指示剂测得总碱，另以酚酞为指示剂测定盐酸消耗量为 V_1；则总碱量计算时盐酸体积为 V，Na_2CO_3 计算体积为 $2V_1$，杂质计算体积为 $(V-2V_1)$。注意以酚酞为指示剂时应防盐酸局部过浓，而将 Na_2CO_3 直接滴定成 CO_2 致使测定结果偏高。

　　②干基总碱量测定常用于来货或仲裁分析，生产上实际用的是含水分的纯碱（m），其称量计算如式（5-8）：

$$m = \frac{m_1}{w_{\text{干基总碱量}}(1 - w_{\text{灼烧失量}})} \qquad (5-8)$$

式中　m——含水分纯碱质量，kg

$\quad\quad m_1$——工艺规定需 100% Na_2CO_3 质量，kg

$w_{\text{干基总碱量}}$——干基总碱量，%

$\quad w_{\text{灼烧失量}}$——灼烧失量，%

（四）蒽醌的分析

　　蒽醌结构式为

　　纯净的蒽醌为荧光黄针状细晶体，不溶于水和绝大多数有机溶剂中，研磨能溶于温热的浓硫酸中，此性质可用于蒽醌的分离与提纯。于烧碱保险粉溶液中，蒽醌被还原成血红色的氢化蒽醌，氢化蒽醌具极强的还原性。蒸煮时，蒽醌与氢化蒽醌形成氧化还原的动态平衡而起蒸煮作用。故蒽醌常用于配制烧碱蒽醌法、亚硫酸钠蒽醌法蒸煮液。

蒽醌的测定系利用其能溶于浓硫酸的性质，从而与杂质分离。亦可利用蒽醌于250℃时会升华逸去进行简易测定。

测定项目

1. 蒽醌及其灰分含量的测定

测定方法

称取1g（称准至0.0002g）研细的干燥的样品，放入500mL烧杯中，在不断摇动下，加入100%硫酸30g（20℃为16.4mL），盖上表面皿，放在80℃水浴上加热30min，稍冷取下表面皿，在摇动下往此溶液中逐滴滴加热水，应在5min内（蒽醌含量低于97%的应在15min内）加入约15mL，然后继续加入热水至约300mL，在水浴上放置约20min。用铺有双层定量滤纸的细孔坩埚过滤，根据样品中是否含有菲醌杂质（菲醌的定性检验：把试样同8%NaHSO₃溶液一起加热至约80℃，过滤，当用盐酸酸化滤液时，如为淡黄色说明有菲醌），按下面注①或注②方法之一进行洗涤。过滤和洗涤时用真空泵轻轻抽吸。

注意

①试样不含菲醌的洗涤方法：用热水100mL，1%热NaOH溶液200mL、热水50mL，0.2mol/L热盐酸溶液100mL和热水200mL（均为80℃以上），分别依次进行洗涤沉淀。至最后滤液为中性。

②试样含菲醌时的洗涤方法：用热水100mL，8%热NaHSO₃溶液300mL，热水100mL，1%热NaOH溶液200mL，热水50mL，0.2mol/L热盐酸溶液100mL和热水200mL（均为80℃以上），分别依次进行洗涤沉淀，至最后滤液为中性。

洗涤完毕，将细孔坩埚连同沉淀放在90~100℃烘箱中烘至质量恒定。

用一不锈钢勺将细孔坩埚中的沉淀刮入到一个已在200℃下烘至质量恒定的灰皿或磁坩埚中，再将灰皿连同沉淀放在电炉上，于通风橱内升华，保持电炉表面温度为（200±20）℃，待升华物质停止逸出时，在干燥器内冷却至室温，称量。

干燥样品中蒽醌含量 $w_{蒽醌}$（%），按式（5-9）计算：

$$w_{蒽醌} = \frac{m_1 - m_2}{m} \times 100\% \tag{5-9}$$

式中 m_1——升华前沉淀质量，g

m_2——升华后残渣质量，g

m——样品质量，g

两次平行测得结果之差不应大于0.3%，取其平均值作为含量结果。

若将沉淀全部刮入一质量已恒定的瓷坩埚中，放入800~850℃的高温炉内灼烧至质量恒定，冷却称量。则灰分 $w_{灰分}$（%），按式（5-10）计算：

$$w_{灰分} = \frac{m_3}{m} \times 100\% \tag{5-10}$$

式中 m_3——灼烧后残渣质量，g

m——样品质量，g

2. 水分的测定

测定方法

称取试样 2g（称准至 0.0002g），置于质量恒定的扁形称量瓶中，于 90～100℃烘至质量恒定。

蒽醌水分 $w_{水分}$（%），按式（5-11）计算：

$$w_{水分} = \frac{m - m_4}{m} \times 100\% \tag{5-11}$$

式中 m_4——烘干后试样质量，g

m——试样质量，g

注意事项

蒽醌含量的简易测定如下：称取 2g 试样（称准至 0.002g）于质量恒定的瓷坩埚中，于 90～100℃下烘至质量恒定，得 m_1；再于 240～250℃下烘至质量恒定，得 m_2，此时蒽醌完全升华逸去。

蒽醌含量 $w_{蒽醌}$（%）按式（5-12）计算：

$$w_{蒽醌} = \frac{m_1 - m_2}{m} \times 100\% \tag{5-12}$$

式中 m——第一次烘前试样质量，g

（五）漂白粉的分析

漂白粉为白色粉末状固体，有强烈的氯臭味。它是将氯气通于消石灰中制成。其组成不确定，主要成分为次氯酸钙。漂白粉质量好坏取决于有效氯含量的多少。工业上漂白粉为三级，一级品含有效氯≥32%，二级品≥30%，三级品≥28%。

漂白粉化学性质极不稳定，暴露、受潮、受热极易放出有效氯而失效，故应储于阴凉干燥处，并与地表隔开，漂白粉受潮易发热，为安全起见，不可与松香一起堆放。

漂白粉是常用的氧化漂白剂，纸厂通常测定有效氯含量，所用方法为碘量法，即将碘化钾加入漂粉溶液中，然后加酸使漂白粉中有效氯析出并与碘化钾作用而游离出碘，用硫代硫酸钠标准溶液滴定碘，即可求出有效氯含量。

取样方法

样品按试样采取方法取得，漂白粉为箱装产品，从箱中取样时用取样钻在箱深约 3/4 处抽取样品（受潮或长期暴露的样品除外），取样量为 300～500g，迅速研匀混合，盛于棕色具塞广口瓶中盖紧。

测定方法

于天平上自称量瓶迅速称取 3.55g（称准至 0.002g）试样于事先盛有少量水的瓷研钵中，立即研至无灰团，转入 500mL 容量瓶中（瓶中预先盛有适量的蒸馏水），如此重复操作，直至试样完全研细并全部转入容量瓶中。全过程应迅速，以免跑氯。稀释至刻度，摇匀。

移取 50mL 试液于 250mL 具塞锥形瓶或碘量瓶中（瓶中预先放少许水），加入 10mL 20% 碘化钾溶液，摇匀加塞静置 5～10min，用 $c(Na_2S_2O_3) = 0.1mol/L$ 硫代硫酸钠标准溶液，继续滴定至浅黄色，加入 2～3mL 0.5%淀粉溶液，继续滴定至蓝色消失为终点。

有效氯含量 $w_{有效氯}$（%），按式（5-13）计算：

$$w_{有效氯} = \frac{c_{Na_2S_2O_3} V_{Na_2S_2O_3} \times 35.5/1000}{m \times 50/500} \times 100\% \tag{5-13}$$

式中　$c_{Na_2S_2O_3}$——硫代硫酸钠标准溶液的实际浓度，mol/L

　　　$V_{Na_2S_2O_3}$——滴定时耗用硫代硫酸钠标准溶液体积，mL

　　　m——样品质量，g

　　　35.5——$1/2Cl_2$ 的摩尔质量；g/mol

注意事项

①当 $c_{Na_2S_2O_3}$ 恰为 0.1000mol/L，m 恰为 3.55g 时，公式可化简为：$c_{有效氯} = V_{Na_2SO_3}$（%）。

②研和漂白粉时应使灰团充分分散，否则，滴定至终点后，会由于试液中的原因又析出氯，会使溶液立即"返蓝"，而造成较大误差。

（六）保险粉的分析

保险粉的化学名称叫连二亚硫酸钠（$Na_2S_2O_4$），不含结晶水为淡黄色粉末，含 2 分子结晶水为白色结晶状粉末。工业上由锌粉与甲酸钠和二氧化硫制得。一级品保险粉含量≥90%，二级品≥85%。

保险粉具强还原性，是常用的还原漂白剂，多用于高得率浆的漂白。保险粉易溶于水，性质极不稳定，有强烈的二氧化硫刺激臭味，在空气中极易吸湿，在水介质中易与空气中的氧及纸浆中的溶解氧作用而水解，并生成亚硫酸氢钠。保险粉在无氧时或纸浆中氧被耗尽后，发生水解反应——歧化反应，生成硫代硫酸钠。当干粉受潮分解热未及时散发时会自燃，于 75～80℃会自行分解。保险粉有强腐蚀性，水溶液于 pH＝10 较稳定，当 pH<5 时迅速分解。纸厂通常只测定保险粉中连二亚硫酸钠的含量。因其性质极不稳定，故先用甲醛将保险粉转化成雕白粉（性质较稳定、便于滴定）：

$$Na_2S_2O_4 + 2HCHO \longrightarrow Na_2S_2O_4 \cdot 2HCHO$$

$$Na_2S_2O_4 \cdot 2HCHO + H_2O \longrightarrow NaHSO_3 \cdot HCHO + NaHSO_2 \cdot HCHO$$

后采用碘量法，即加过量的碘标准溶液与还原剂雕白粉起作用，碘被还原：

$$NaHSO_2 \cdot HCHO + 2I_2 + 2H_2O \longrightarrow NaHSO_4 + 4HI \cdot HCHO$$

最后，用淀粉溶液作指示剂，用硫代硫酸钠标准溶液滴定剩余的碘。上述反应式归纳如下：

$$Na_2S_2O_4 \cdot 2HCHO + 2I_2 + 3H_2O \longrightarrow NaHSO_4 + 4HI + NaHSO_3HCHO + HCHO$$

取样方法

取样时应排除吸湿结块及密封不良的包装件。去掉表面约 5～6cm，以取样钻倾斜插入桶中，件少时不得少于 3 件，盛于棕色干燥具塞广口瓶中，混匀。整个取样及称量过程动作均应十分迅速。所取桶件应即时密封。

应用试剂

25%碱性甲醛溶液配制：于 100mL 试剂甲醛溶液中加入 5 滴酚酞指示剂，以 10%氢氧化钠溶液滴加至呈现浅红色，后加水稀释到 150mL（红色消失时再补加氢氧化钠）。

测定方法

方法一

用预先盛有 15mL 25%碱性甲醛溶液的高型称量瓶，称取 1g（称准至 0.0002g）样品，搅至全溶后转入 250mL 容量瓶中，稀释至刻度摇匀。用移液管移取 25mL 试液于 250mL 锥形瓶中，用 5%乙酸溶液中和至中性，过量 1mL，加入 10mL 0.5%淀粉溶液，以 $c(1/2I_2) = 0.1mol/L$ 碘标准溶液滴定至溶液呈蓝色 30s 不消失为终点。

保险粉的含量 $w_{保险粉}$（%），按式（5-14）计算：

$$w_{保险粉} = \frac{c_{1/2\,I_2} V_{I_2} \times 43.52/1000}{m \times 25/250} \times 100\% \tag{5-14}$$

式中　$c_{1/2\,I_2}$——碘标准溶液的实际浓度，mol/L

V_{I_2}——滴定时耗用碘标准溶液体积，mL

m——样品质量，g

43.52——1/4Na$_2$S$_2$O$_4$ 的摩尔质量，g/mol

方法二

移取 25mL 试液于锥形瓶中，用 5%醋酸中和至中性并过量 1mL，从滴定管准确放入 30mL $c(1/2I_2)=0.1$mol/L 碘标准溶液，以 $c(Na_2S_2O_3)=0.1$mol/L 硫代硫酸钠滴定剩余的碘，等滴到淡黄色时，加 10mL 0.5%淀粉溶液，继续滴至蓝色消失为终点。

保险粉的含量 $w_{保险粉}$（%），按式（5-15）计算：

$$w_{保险粉} = \frac{(c_{1/2\,I_2} V_{I_2} - c_{Na_2S_2O_3} V_{Na_2S_2O_3}) \times 43.52/1000}{m \times 25/250} \times 100\% \tag{5-15}$$

式中　$c_{1/2\,I_2}$——碘标准溶液的实际浓度，mol/L

V_{I_2}——碘标准溶液加入量，mL

$c_{Na_2S_2O_3}$——硫代硫酸钠标准溶液的实际浓度，mol/L

$V_{Na_2S_2O_3}$——硫代硫酸钠标准滴定耗用体积，mL

m——试样质量，g

43.52——（1/4Na$_2$S$_2$O$_4$）的摩尔质量，g/mol

（七）生石灰的分析

生石灰主要成分为氧化钙，由煅烧石灰石制得，其杂质为未煅烧完全的石灰石，以及少量硅、镁、铁、铝的氧化物或盐类。钙质生石灰有效氧化钙加氧化镁含量：一等品≥85%，二等品≥80%，三等品≥70%。镁质生石灰有效氧化钙加氧化镁含量：一等品≥80%，二等品≥75%，三等品≥65%。

生石灰微溶于水，长期露置会渐渐吸收二氧化碳生成碳酸钙而失效。故一次不可购入过多。纸厂主要用于液氯制漂白液及碱回收中绿液苛化制碱法蒸煮液，还可以用于石灰法制浆。

纸厂主要测定生石灰中有效氧化钙含量。测定方法基于在水中难溶的氧化钙与蔗糖作用，生成溶解度较大的蔗糖—钙：

$$C_{12}H_{22}O_{11} + CaO + 2H_2O \longrightarrow C_{12}H_{22}O_{11} \cdot CaO \cdot 2H_2O$$

而碳酸钙等杂质不与蔗糖作用，如经过滤则蔗糖钙转入滤液中；如不经过滤，则需注意滴定方式。再用酸滴定蔗糖钙中的氧化钙，即可求得有效石灰含量：

$$C_{12}H_{22}O_{11} \cdot CaO + 2HCl \longrightarrow C_{12}H_{22}O_{11} + CaCl_2 + 3H_2O$$

取样方法

采取能代表全部石灰的样品 10 余块，再敲下小样粉碎混匀缩减至约 50g，研细使之全部通过 100 目筛，储于干燥具塞广口瓶中。

测定方法

迅速精确称取 0.3g（称准至 0.0005g）试样于 500mL 烧杯中，加入 4g 化学纯蔗糖及 15~20 颗小玻璃球。加适量无二氧化碳的蒸馏水，研摇 15min，然后加水至约 50mL，加入 2~3 滴 1%酚酞指示剂，用 0.5mol/L 盐酸标准溶液滴定至红色显著消失，并能在 30s 内不再现红色为终点。

有效氧化钙含量 $w_{有效氧化钙}$（%），以 CaO 计，按式（5-16）计算：

$$w_{有效氧化钙} = \frac{c_{HCl}V_{HCl} \times 28.04/1000}{m} \times 100\% \qquad (5-16)$$

式中　c_{HCl}——盐酸标准溶液实际浓度，mol/L

　　　V_{HCl}——盐酸标准溶液滴定量，mL

　　28.04——1/2CaO 的摩尔质量，g/mol

　　　　m——石灰试样质量，g

注意事项

①由于本测定方法未经过滤，故滴定时应快摇慢滴，防止盐酸局部过浓，而将碳酸钙等杂质也测定进去，致使结果偏高。

②本测定不准加热，否则会生成难溶的蔗糖三钙，在室温下蔗糖三钙转化成蔗糖一钙过程较慢。

（八）松香的分析

松香其主要成分是松脂酸（$C_{19}H_{29}COOH$），由松脂蒸馏去松节油而得。工业松香主要按色泽深浅分为特级与 1~8 级，纸厂多用前 5 级。

松香不溶于水，易溶于酒精、石油馏出物、乙醚等有机溶剂。松香尤其粉碎了的松香，若长期露置于空气中，易被氧化，致使色泽变暗，不皂化物增加。松香在纸厂被用作纸张施胶剂。值得注意的是松香极易燃烧，且不易扑灭，故应注意储运安全。

纸厂通常测定松香的酸值、皂化值、不皂化物、软化点、灰分等。特别是酸值是用以判断松香是否适宜制松香胶料的主要指标。松香酸值一般规定特级至二级不低于 166，三级至五级不低于 164。

中和 1g 松脂酸所需氢氧化钾的质量（g）数称为酸值。

酸值的测定原理系中和法，先用合适的有机溶剂（如中性酒精）将松香溶解，然后以酚酞或百里酚酞为指示剂，用氢氧化钾乙醇溶液为标准溶液滴至终点，反应如下：

$$C_{19}H_{29}COOH + KOH \longrightarrow C_{19}H_{29}COOK + H_2O$$

取样方法

按试样采取方法采样，松香属箱装产品，开打后将松香敲成边长为 1~2cm 的小块，取约 500g 代表试样。按实验室试样处理办法缩减至 50g，研细使之全部通过 60 目筛，装于干燥棕色具塞广口瓶备用。

1. 松香酸值的测定

测定方法

称取 2g 试样（称准至 0.002g）于 250mL 锥形瓶中，加入 50mL 中性乙醇，摇动，必要时微热使之溶解，加入 2 滴 1.0% 酚酞指示剂，用 $c(KOH) = 0.5$mol/L KOH 标准溶液迅速滴定至溶液呈红色并且在 30s 内不褪色为终点。

松香酸值 $X_{酸值}$，按式（5-17）计算：

$$X_{酸值} = \frac{c_{KOH}V_{KOH} \times 56.1/1000}{m} \times 1000 \qquad (5-17)$$

式中　c_{KOH}——氢氧化钾标准溶液实际浓度，mol/L

　　　　m——试样质量，g

　　　V_{KOH}——氢氧化钾标准溶液滴定体积，mL

56.1——KOH 的摩尔质量，g/mol

注意事项

①由于氢氧化钾乙醇标准溶液价贵且配制较难，故可用相同浓度的氢氧化钠标准溶液代替，测定结果与计算相同。

②中性乙醇必须临用前配制，如又变酸性，则以酚酞为指示剂再以氢氧化钠溶液中和。

③松香酸值的测定有普遍意义，矿物油、动植物油脂、润滑油、酒精食品的酸值测定与此类似。

2. 皂化值的测定

皂化 1g 松香所需氢氧化钾的毫克数，称为松香皂化值。

其测定原理是在氢氧化钾乙醇标准溶液中加入松香，加热使松香中的松脂酸及有机脂类被碱皂化。过量的碱，用酸标准溶液反滴定，根据碱和酸标准溶液的消耗量即可计算出皂化值。反应如下：

$$C_{19}H_{29}COOH + KOH \longrightarrow C_{19}H_{29}COOK + H_2O$$

$$RCOOR' + KOH \longrightarrow RCOOK + R'OH$$

$$HCl + KOH \longrightarrow KCl + H_2O$$

测定方法

称取试样 2g（称准至 0.001g），置入 250mL 锥形瓶中，准确加入 25mL 0.5mol/L 的氢氧化钾-乙醇标准溶液，装上回流冷凝器，置水浴上煮沸 2h。在煮沸过程中应不时将瓶摇荡，以防止松香黏于液面处的瓶壁上。冷却，加入数滴 1.0%酚酞指示剂，用 $c(HCl) = 0.5mol/L$ 盐酸标准溶液滴定至红色恰好消失（如终点不明确可改用百里酚蓝为指示剂）。另取 25mL $c(KOH) = 0.5mol/L$ 氢氧化钾-乙醇溶液做空白试验。

松香皂化值 $X_{皂化值}$，按式（5-18）计算：

$$X_{皂化值} = \frac{c_{HCl}(V_1 - V_2) \times 56.1/1000}{m} \tag{5-18}$$

式中　c_{HCl}——盐酸标准溶液的实际浓度，mol/L

V_1——空白试验时所耗用盐酸标准溶液体积，mL

V_2——滴定试样时所耗用的盐酸标准溶液体积，mL

m——试样质量，g

56.1——KOH 的摩尔质量，g/mol

3. 酯值的计算

$$酯值 = 皂化值 - 酸值$$

4. 不皂化物的测定

松香不皂化物含量一级品为 6%、四级品为 7%、七级品为 8%，造纸用的松香要求不皂化物含量不宜过高，否则除降低松香熬胶得率外，甚至还会造成施胶故障。

其测定原理系用氢氧化钾-乙醇溶液与试样发生皂化反应。加乙醚萃取后，弃去已皂化物，驱除乙醚、烘干，称量剩余物，再减去其中的树脂酸量即得不皂化物含量。

测定方法

称取试样 5g（称准至 0.001g）于 250mL 锥形瓶中，加入 50mL 10%氢氧化钾-乙醇溶液，装上回流冷凝器，置水浴上加热煮沸 2h。然后移去回流冷凝器，继续加热蒸发剩余乙醇，蒸干后冷却，然后加 50mL 蒸馏水于瓶内，使瓶内固体物质溶解后将其转入分液漏斗，用 40mL

乙醚冲洗锥形瓶，洗液也转入分液漏斗中，震摇分液漏斗，静置分层，将下层皂液放入另一分液漏斗中，上层乙醚溶液留在原分液漏斗中。

分别用 30mL 乙醚对含水皂液萃取两次，乙醚溶液并入盛装乙醚溶液的分液漏斗中，加 5mL 蒸馏水洗乙醚溶液 3 次，再用 30mL 蒸馏水洗 2 次。将乙醚溶液倒入已于 110～115℃ 下烘至质量恒定的 150mL 蒸馏烧瓶中，用 15mL 乙醚冲洗漏斗，洗液并入烧瓶中。

将直型冷凝器连接于蒸馏烧瓶上，水浴加热蒸馏出乙醚（乙醚回收利用），移去冷凝器，将带有剩余物的烧瓶放在 110～115℃ 的烘箱中烘干 1h，在干燥器中冷至室温，称量。

剩余蒸发物含量为 $w_{剩余蒸发物}$（%），按式（5-19）计算：

$$w_{剩余蒸发物} = \frac{m_2 - m_1}{m} \times 100\% \tag{5-19}$$

式中　m_1——烧瓶的质量，g

　　　m_2——烧瓶的剩余物质量，g

　　　m——试样质量，g

然后测定树脂酸含量，用 15mL 中性异丙醇（或 30mL 中性乙醇）溶解烧瓶中的剩余物，加 2～3 滴 1.0% 酚酞指示剂，用 $c(KOH) = 0.05mol/L$ 氢氧化钾标准溶液滴至微红色 30s 不褪色为终点。

树脂酸含量 $w_{树脂酸}$（%），按式（5-20）计算：

$$w_{树脂酸} = \frac{c_{KOH} \times V_{KOH} \times 302/1000}{m} \times 100\% \tag{5-20}$$

式中　c_{KOH}——氢氧化钾标准溶液的实际浓度，mol/L

　　　V_{KOH}——氢氧化钾标准溶液的滴定体积，mL

　　　m——试样质量，g

　　　302——$C_{19}H_{29}COOH$ 的摩尔质量，g/mol

不皂化物含量为 $w_{不皂化物}$（%），按式（5-21）计算：

$$w_{不皂化物} = w_{剩余蒸发物} - w_{树脂酸} \tag{5-21}$$

两次平行试验允许相差 0.1%，以算术平均值报告结果，结果修约至小数点后一位。

（九）硫酸铝的分析

硫酸铝俗称为矾土，分子式 $Al_2(SO_4)_3 \cdot 18H_2O$，为无色晶体。工业上由煅烧的高岭土 $Al_2O_3 \cdot 2SiO_2 \cdot 2H_2O$ 或霞石 $Na_2O \cdot Al_2O_3 \cdot 2SiO_2$ 用浓度硫酸处理，过滤除去残渣 SiO_2，浓缩滤液而制得。

工业硫酸铝主要杂质有氧化铁、游离酸、砷及水不溶物。按杂质含量可分为精制硫酸铝及粗制硫酸铝两种，精制品又分为四级，各级氧化铝含量 ≥15.7%，氧化铁含量为 0.002%～0.7%，不含游离酸，水不溶物不大于 0.05%～0.3%，不允许有砷。

硫酸铝在造纸工业上常用作酸性施胶过程的松香沉淀剂。造纸施胶用的硫酸铝中 Al_2O_3 含量应在 12% 以上，铁含量应在 0.2% 以下，否则会影响纸的色泽。生产高级纸张要求硫酸铝中铁的含量更应在 0.08% 以下，水不溶物不多于 0.5%。用作净水剂的硫酸铝，其中砷（As_2O_3）含量应小于 0.01%。

取样方法

按试样采取方法取样，硫酸铝为袋装产品，开袋后从袋子中心取约 300g，打碎混匀，置于玻璃瓶中。用四分法从中取约 100g 样品研细，置于另一玻璃瓶中备用。

1. 水不溶物的测定

测定方法

称取 10g 试样（精确至 0.002g），溶于 150mL 热水中，用已知质量的 1G2 玻璃滤器或滤纸过滤，用热水冲洗残渣至无硫酸根（用氯化钡溶液检查）为止。滤液全部收集于 500mL 容量瓶中，冷却后加水稀释至刻度，摇匀，留作以下测定用。把残渣移入烘箱，于（105±3）℃烘干至质量恒定，计算水不溶物。

2. 游离酸的测定

加硫酸铵于试样中，使其中硫酸铝结合而成铵明矾，再加入中性乙醇使铵明矾沉淀析出：

$$Al_2(SO_4)_3 + (NH_4)_2SO_4 \xrightarrow{乙醇} (NH_4)_2SO_4 \cdot Al_2(SO_4)_3 \downarrow （白色结晶）$$

过滤，滤液用氢氧化钠滴定即可求得游离酸的含量。

测定方法

如前精确称取试样 2g（称准至 0.0002g），于 250mL 烧杯中，加 5mL 热水溶解后，加入饱和硫酸铵溶液 5mL，放置 15min 并不时搅和，加入 95%中性乙醇 50mL，则有沉淀析出，过滤，以 95%中性乙醇洗涤 3~4 次，集滤液及洗液于 250mL 锥形瓶中，装上冷凝器，在水浴上加热回收其中乙醇。残渣用水溶解，以 0.1%甲基红指示剂，用 $c(NaOH) = 0.1mol/L$ 氢氧化钠标准溶液滴定至恰现黄色为终点。

游离酸含量 $w_{游离酸}$（%），以 H_2SO_4 计，按式（5-22）计算：

$$w_{游离酸} = \frac{c_{NaOH} V_{NaOH} \times 49/1000}{m} \times 100\% \tag{5-22}$$

式中　c_{NaOH}——氢氧化钠标准溶液的实际浓度，mol/L

　　　V_{NaOH}——滴定时所耗用氢氧化钠标准溶液体积，mL

　　　m——试样质量，g

　　　49——$1/2H_2SO_4$ 的摩尔质量，g/mol

3. 氧化铁

在样品溶液中加入盐酸使呈酸性，煮沸，加入数滴硝酸使 Fe^{2+} 全部氧化为 Fe^{3+}，然后加入二氯化锡还原 Fe^{3+}：

$$2Fe^{3+} + Sn^{2+} \longrightarrow 2Fe^{2+} + Sn^{4+}$$

再用氯化汞除去过剩的二氯化锡：

$$2HgCl_2 + SnCl_2 \longrightarrow SnCl_4 + Hg_2Cl_2 \downarrow$$

最后用高锰酸钾溶液滴定所生成的 Fe^{2+}：

$$KMnO_4 + 5FeCl_2 + 8HCl \longrightarrow KCl + 5FeCl_3 + MnCl_2 + 4H_2O$$

应用试剂

二氯化锡溶液——溶解 11.5g $SnCl_2 \cdot 2H_2O$ 于 17mL 浓盐酸中，加水稀释至 100mL。

硫酸锰溶液——溶解 6.7g $MnSO_4 \cdot 4H_2O$ 于混合酸中（倾 13.8mL 85%磷酸及 13mL 浓硫酸于 50mL 水中，搅和均匀），再加水稀释至 100mL。

测定方法

精确称取 10g 试样于 250mL 烧杯中，加入 50mL 水溶解。再加入 20mL 盐酸溶液（1:1），煮沸 10min，停止加热，加入数滴浓硝酸。用滴定管徐徐滴入二氯化锡至黄色恰好消失后，再多加一滴。加水稀释至 100mL，再加入 10mL 氯化汞饱和溶液，此时溶液应出现氯化亚汞白色丝状沉淀（如有灰色金属汞析出或不生成沉淀，则说明二氯化锡加入太过量或不够，实验即告失败，应废弃重做）。冷后，加入 5mL 硫酸锰溶液，用 $c(1/5KMnO_4) = 0.1mol/L$ 高锰酸钾标准溶液滴定至恰现微红色，并能保持 30s 不消失。

氧化铁的含量 $w_{Fe_2O_3}$（%），以 Fe_2O_3 计，按式（5-23）计算：

$$w_{Fe_2O_3} = \frac{c_{1/5\ KMnO_4} V_{KMnO_4} \times 79.84/1000}{m} \times 100\% \tag{5-23}$$

式中　$c_{1/5\ KMnO_4}$——高锰酸钾标准溶液的实际浓度，mol/L

　　　V_{KMnO_4}——滴定时所耗用的高锰酸钾标准溶液体积，mL

　　　m——试样质量，g

　　　79.84——$1/2Fe_2O_3$ 的摩尔质量，g/mol

注意事项

①如加入二氯化锡过量，则析出金属汞使溶液呈灰色：

$$Hg_2Cl_2 + SnCl_2 \longrightarrow 2Hg\downarrow + SnCl_4$$

金属汞也能被高锰酸钾所氧化，致使结果产生误差。

②加入硫酸锰，是为了使滴定终点清晰。因硫酸锰溶液中，磷酸根能与铁离子作用成为无色的 $[Fe(PO_4)_2]^{3-}$ 络合物，这样就可以防止在测定过程中有黄色氯化铁生成，妨碍终点的观察。

$$\underset{\text{黄色}}{FeCl_3} + 2H_3PO_4 \longrightarrow 3HCl + \underset{\text{无色}}{H_3Fe(PO_4)_2}$$

4. 氧化铝的测定

在试样溶液中加入过氧化氢以氧化亚铁离子：

$$2Fe^{2+} + H_2O_2 + 2H^+ \longrightarrow 2Fe^{3+} + 2H_2O$$

再加入氯化钡使与试液中的铝、铁的硫酸盐及游离硫酸作用，使全部 SO_4^{2-} 沉淀：

$$Al_2(SO_4)_3 + BaCl_2 \longrightarrow 2AlCl_3 + 3BaSO_4\downarrow$$

$$Fe_2(SO_4)_3 + 3BaCl_2 \longrightarrow 2FeCl_3 + 3BaSO_4\downarrow$$

$$H_2SO_4 + BaCl_2 \longrightarrow 2HCl + BaSO_4\downarrow$$

然后用氢氧化钠标准溶液滴定生成的氯化铝、氯化铁及盐酸：

$$2AlCl_3 + 6NaOH \longrightarrow 2Al(OH)_3 + 6NaCl$$

$$2FeCl_3 + 6NaOH \longrightarrow 2Fe(OH)_3 + 6NaCl$$

$$HCl + NaOH \longrightarrow NaCl + H_2O$$

根据测定时所消耗的氢氧化钠标准溶液体积计算出总氧化铝量，再减去氧化铁和游离酸即为氧化铝含量。

测定方法

用移液管吸取测定水不溶物时所保留的溶液 50mL 于 250mL 锥形瓶中，加三滴 3% 过氧化氢溶液，用蒸馏水稀释至 100mL。加热至沸腾后，加入 10mL 10% 氯化钡溶液，继续煮沸片刻，以 1.0% 酚酞为指示剂，立即将该热的混合液用 $c(NaOH) = 0.5mol/L$ 氢氧化钠标准溶液滴定至呈微红色，此时已接近终点，再逐滴加 3~4 滴至呈红色为终点。

氧化铝含量为 $w_{Al_2O_3}$（%），以 Al_2O_3 计，按式（5-24）计算：

$$w_{Al_2O_3} = \frac{c_{NaOH} \times V_{NaOH} \times 17/1000}{m \times 50/500} \times 100\% - 0.347 w_{游离酸} - 0.6386 w_{Fe_2O_3} \tag{5-24}$$

式中　c_{NaOH}——氢氧化钠标准溶液的实际浓度，mol/L

　　　V_{NaOH}——滴定时所耗用的氢氧化钠标准溶液体积，mL

　　　m——试样质量，g

17——$1/6Al_2O_3$ 的摩尔质量，g/mol

0. 347——将硫酸换箕成氧化铝的系数

0. 6386——将三氧化二铁换算成氧化铝的系数

$w_{游离酸}$——游离酸的含量，%

$w_{Fe_2O_3}$——三氧化二铁的含量，%

注意事项

①H_2SO_4 的相对分子质量为 98，1mol（$1/2H_2SO_4$）的质量为 98/2 = 49g；Al_2O_3 的相对分子质量为 102，1mol（$1/6Al_2O_3$）的质量为 102/6 = 17g。故将 H_2SO_4 换箕为 Al_2O_3 的系数 = 17/49 = 0. 347。

②Fe_2O_3 的相对分子质量为 159. 7，1mol（$1/6Fe_2O_3$）的质量为 98/2 = 26. 62g，1mol（$1/6Al_2O_3$）的质量为 17g。故将 Fe_2O_3 换箕为 Al_2O_3 的系数为 17/26. 62 = 0. 6386。

（十）硫酸钠的分析

$Na_2SO_4 \cdot 10H_2O$ 称为芒硝，无水 Na_2SO_4 称为元明粉；两者化学性质相同，只是个别物理性质有差别，如溶解速度前者比后者快。硫酸钠溶解度曲线较特殊，于 32. 38℃时溶解度最大，为 33. 2%，相当于 430g/L。芒硝堆放日久容易风化失去结晶水，而使硫酸钠含量上升。工业无水硫酸钠共分五级，硫酸钠含量分别为：一级 99%，二级为 97%，三级为 95%，四级为 90%，五级为 85%。

硫酸钠在纸厂用做补充在制浆和碱回收过程中碱及硫化钠的损失。硫酸钠的主要杂质为氯化物、水不溶物、游离酸和铁盐等，尤其氯化钠含量若超过一定限度会因循环积累，而在碱回收设备及管道内结晶而堵塞管道。

1. 水分的测定

测定方法

用已于 105~110℃烘干至质量恒定的扁形称量瓶称取 5g 试样（0. 0002g），将试样排成薄层，于 105~110℃烘干至质量恒定，所失去的质量，即为水分。

水分含量 $w_水$（%），按式（5-25）计算：

$$w_水 = \frac{m - m_1}{m} \times 100\% \tag{5-25}$$

式中　m_1——干燥后试样质量，g

　　　m——试样质量，g

2. 水不溶物的测定

测定方法

精确称取 20g（称准至 0. 01g）试样溶于 100mL 热水中，用已烘干并称量的滤纸过滤，再用热水洗涤水不溶物至洗液不含硫酸根为止（用 10%氯化钡溶液检验）。滤液及洗液收集于 500mL 容量瓶中，冷却后，加水稀释至刻度，摇匀，供测定下列项目之用。将带有水不溶物的滤纸置于预先烘干至质量恒定的称量瓶中，移入烘箱，于 100~105℃烘干至质量恒定。

水不溶物含量 $w_{水不溶物}$（%），按式（5-26）计算：

$$w_{水不溶物} = \frac{m_2 - m_1}{m} \times 100\% \tag{5-26}$$

式中　m——试样质量，g

　　　m_1——称量瓶加滤纸质量，g

m_2——称量瓶加带有不溶物的滤纸质量，g

3. 氯化钠的测定

氯化钠测定系采用容量沉淀法的佛尔哈德法。用佛尔哈德法测卤素时要采用间接法，在酸性溶液中加过量硝酸银标准溶液于试液中，使氯化物沉淀为氯化银。以铁铵矾溶液作指示剂，用硫氰化铵标准溶液反滴定过剩的硝酸银。等当点时，溶液中微过量的硫氰化铵即与 Fe^{3+} 作用，形成红色的硫氰化铁而指示终点。其反应如下：

$$NaCl+AgNO_3 \longrightarrow AgCl\downarrow +NaNO_3$$
$$AgNO_3+NH_4CNS \longrightarrow AgCNS\downarrow +NH_4NO_3$$
$$3NH_4CNS+FeNH_4（SO_4）_2 \longrightarrow 2（NH_4）_2SO_4+Fe（CNS）_3（红色）$$

测定方法

移取 100mL 测定水不溶物所保留的滤液于 300mL 锥形瓶中，加入 5mL 新煮沸而已冷却的浓硝酸，再加 5mL 硝基苯及 2mL 铁铵矾 $[NH_4Fe（SO_4）_2·12H_2O]$ 饱和溶液（铁铵矾饱和溶液浓度约为 40%，若呈棕色，逐滴加入浓硝酸使颜色消失为止）。在摇动下由滴定管滴入 $c(AgNO_3)=0.1mol/L$ 硝酸银标准溶液至沉淀完全后，再多加 1~2mL，剧烈摇和使氯化银凝聚。再由另一滴定管滴入 $c(NH_4CNS)=0.1mol/L$ 硫氰化铵标准溶液于恰现红色为终点。

氯化钠含量 w_{NaCl}（%），按式（5-27）计算：

$$w_{NaCl}=\frac{（c_{AgNO_3}V_{AgNO_3}-c_{NH_4CNS}V_{NH_4CNS}）\times 58.45/1000}{m\times 100/500}\times 100\% \tag{5-27}$$

式中　c_{AgNO_3}——硝酸银标准溶液的实际浓度，mol/L

V_{AgNO_3}——加入的硝酸银标准溶液体积，mL

c_{NH_4CNS}——硫氰化铵标准溶液的实际浓度，mol/L

V_{NH_4CNS}——反滴定时所耗用硫氰化铵标准溶液体积，mL

m——试样质量，g

58.45——NaCl 的摩尔质量，g/mol

注意事项

①佛尔哈德法应在酸性溶液中而不能在中性或碱性溶液中进行测定，否则与指示剂铁铵矾中的 Fe^{3+} 离子以及硝酸银、氯化银都易产生沉淀。

②加入硝基苯目的在于使氯化银沉淀迅速凝聚，降低其吸附硝酸银及硫氰化铁 $[Fe（CNS）_3]$ 而造成误差，使滴定终点明显。由于氯化银沉淀转化成硫氰化银沉淀的反应速度较慢，加上硝基苯毒性较大，如要求不太高时，可不加硝基苯，而直接滴定。不过滴定速度要快，近终点时摇动不要太剧烈，免使氯化银沉淀来不及转化。

③煮沸浓硝酸是为了避免带入氨离子以及为取得性质较稳定的恒沸点溶液。

4. 硫酸钠的测定

在硫酸钠的水溶液中加入氨水与碳酸铵，使与硫酸钠中的杂质如钙、铝、铁等反应，变为氢氧化物及碳酸钙而析出。过滤将杂质除去，滤液的主要成分为硫酸钠及氯化钠，加入硫酸铵可使氯化钠转变为硫酸钠。

$$2NaCl+（NH_4）_2SO_4 \longrightarrow 2NH_4Cl+Na_2SO_4$$

然后将溶液蒸干，于高温炉中灼烧，氯化铵则分解为氨气和盐酸而除去。硫酸钠在高温中只会熔融而不会分解，故剩余物即为硫酸钠，再减去由氯化钠转化为硫酸钠之量即为芒硝中硫酸钠含量。

测定方法

吸取测定水不溶物的滤液 100mL 于烧杯中，加热至沸腾，再加 10% 的氨水 10mL 和 1~2g 碳酸铵，冷却，转入 250mL 容量瓶中，加蒸馏水至刻度，摇匀。静置澄清后，用移液管移取 50mL 透明溶液，放入已知质量的大瓷坩埚中，再加入 0.2~0.3g 硫酸铵，置水浴上蒸干，然后小心灼烧，逐渐提高温度达红热，至质量恒定为止。

硫酸钠含量 $w_{Na_2SO_4}$（%），按下式计算：

$$w_{Na_2SO_4} = \frac{m_1 \times 100\%}{m \times \frac{100}{500} \times \frac{50}{250}} - 1.215w_{NaCl} \tag{5-28}$$

式中　m_1——灼烧后硫酸钠质量，g

　　　m——样品质量，g

　　w_{NaCl}——式（5-27）测定的氯化钠含量，%

　1.215——氯化钠换算为硫酸钠系数

（十一）　造纸填料的分析

造纸常用的填料有滑石粉、高岭土、轻质碳酸钙、轻质碳酸镁等。滑石粉为鳞片状有滑腻感的白色晶体，其近似化学组成为 $3MgO \cdot 4SiO_2 \cdot H_2O$，成品白度为 80~90 度，造纸要求白度大于 80 度，粒度要求 325 目和 200 目筛通过率为 98%。尘埃度 ≤0.5~1.0mm^2/g。高岭土的化学组成为 $Al_2O_3 \cdot 2SiO_2 \cdot 2H_2O$。轻质碳酸钙要求一级品 $CaCO_3$（以干基计）含量% ≥98.2；二级品 ≥96.5。120 目筛余物一级品无；二级品 ≤0.005%。

抄纸加填目的是提高纸张白度、不透明度及平滑度，改善适印性，降低浆耗，增加纸重和降低成本。但加填料太多除增加填料流失率外，也会破坏纸张的物理机械性能。

1. 白度的测定

方法一：将填料置于烘箱中干燥 4h 以上，冷却，盛于一直径 6cm 的扁形称量瓶中，用盖压实并刮平。为防止污染白度计测量孔，先在样品上覆盖一适宜厚度的白纸，置于测量孔下松开圆筒并压实。降下圆筒，仔细抽掉白纸，即可测量。

方法二：本方法是将试样与标准白度板或与标准白度的样品比较，比较白度应使试样与标准白度样品水分一致，为此两者均先置于烘箱干燥 4h 以上。

将干燥过的试样磨碎，置于一光滑的白纸上，该纸的另一旁亦散布同样数量的标准白度的样品，两者相继移动使其接触交界紧密而又不掺和，压平，视其接壤是否存在明显界限。若没有界限，则标准样品的白度即为试样白度。

2. 细度及杂质的测定

称取试样（20±0.1）g，置于 200 目标准筛中，用水边冲边筛，能通过筛孔的粉末随水流出，至筛上无圆形气泡为止。然后将筛上的残余粉末洗入一烧杯中，用已经干燥和称量的滤纸过滤，连同滤纸放入（105±3）℃的烘箱中干燥至质量恒定。

试样细度 $w_{试样细度}$（%）、杂质 $w_{杂质}$（%），分别按式（5-29）和式（5-30）计算：

$$w_{试样细度} = \frac{m - m_1}{m} \times 100\% \tag{5-29}$$

$$w_{杂质} = \frac{m_1}{m} \times 100\% \tag{5-30}$$

式中　m——试样质量，g

m_1——筛上粗粒质量，g

3. 尘埃度的测定

精确称取试样 1g（称准至 0.001g）于 250mL 烧杯中，加蒸馏水 100mL 并充分搅拌后，倾入一事先放有滤纸的布氏漏斗中过滤，用少量蒸馏水洗涤杯壁，洗液一并倾入漏斗中。取出滤纸，放在尘埃测定箱的玻璃板上，以镊子拣出与填料不同颜色的尘埃点，与标准尘埃图比较，并记录下大于 0.05mm² 尘埃的个数及面积。

尘埃度 $X_{尘埃度}$（mm²/g），按式（5-31）计算：

$$X_{尘埃度} = \frac{A}{m} \tag{5-31}$$

式中　A——大于 0.05mm² 尘埃度面积总和，mm²

　　　　m——试样质量，g

复习思考题

1. 为什么要对化工原料进行分析？

2. 如何进行固体化工原料的采样？

3. 测定工业液碱中活性碱 NaOH 含量有如下三种方法：

（1）氯化钡法：加入 $BaCl_2$ 溶液，完全沉淀后，移取上层清液测活性碱。

（2）氯化钡法：加入 $BaCl_2$，充分摇匀后，移取混浊液测活性碱。

（3）双指示剂法测活性碱。

以上三种实验方法，哪一种较好？哪一种较不好？为什么？

4. 为什么工业烧碱中杂质 Na_2CO_3 含量高时，只能用氯化钡法，最好不用双指示剂法测活性碱 NaOH？

5. 当以甲基橙作为指示剂时，工业纯碱测定时有什么物质参与了反应？生成些什么物质？

6. 工业硫化碱总还原物的测定，如试液很快加入到已被酸化的碘标准溶液中有何坏处？

7. 硫化碱的总还原物测定属于直接碘法，有如下几个方式：

（1）Na_2S 试液加到 I_2 溶液中；

（2）I_2 液加到 Na_2S 液中；

（3）I_2 液加到已酸化的 Na_2S 中；

（4）Na_2S 试液加到已酸化的 I_2 标准溶液中。

哪种方法是正确的？为什么？写必要的反应式。

8. 叙述工业硫化碱总还原物的测定原理。

9. 硫化碱溶液加到 I_2 标准溶液后，如混合液显示：

①深红棕色；②浅黄色；③乳白色浑浊。各说明什么？哪一种情况好些？

10. 碘量法测定漂白粉有效氯时，将漂白粉水溶液加入到 KI 溶液中只显浅黄色，加入 HAc 溶液后才显红棕色，这现象说明了什么？为什么？

11. 在硫酸钠含量的计算中为何要考虑钙、镁硫酸盐的含量？

12. ①$BaCl_2$ 法测烧碱中的活性碱 NaOH；②双指示剂法测纯碱中 Na_2CO_3；③石灰石中有效氧化钙的测定。

以上测定要求滴定时所用标准溶液，不要在反应体系中局部过浓，分别说明理由。

13. 生石灰测定中为何要加入蔗糖？

14. 回答以下问题：

（1）什么是松香酸值？

（2）浓度相同的 NaOH 标准溶液与 KOH 乙醇标准溶液滴定相同质量的松香，滴定数是否相等？

（3）试分析上述两种标准溶液测酸值的优缺点。

（4）实验时如用 NaOH 标准溶液进行松香酸值的测定，酸值的计算公式能否用：

$$X_{酸值} = \frac{c_{NaOH} V_{NaOH} \times 40.0}{m_{松香}} \text{ 或 } X_{酸值} = \frac{c_{NaOH} V_{NaOH} E_{NaOH} / (1000 \times 1)}{m_{松香}}$$

15. 什么是松香的皂化值和酸值？写出测松香酸值与皂化值时的化学反应式。熬胶过程中实际上发生了哪些反应？为什么常用酸值测定值作为熬胶投料的参考？

16. 测定硫黄的酸度有什么意义？

17. 硫铁矿中硫的含量大小有何意义？测定硒含量时要加入氯酸钾–硝酸混合液的作用是什么？

18. 石灰石、白云石、苦土的主要成分是什么？测定所含的氧化铝及氧化铁含量时加入氢氯化铵的作用是什么？所含的氧化钙和氧化镁是如何测定的？

主要参考资料

［1］林润惠．制浆造纸分析与检验［M］．北京：中国轻工业出版社，1999.

［2］石淑兰，何福望．制浆造纸分析与检测［M］．北京：中国轻工业出版社．2003.

［3］L&W 公司资料．

［4］BTG 公司资料．

［5］BASF 公司资料．